目标毁伤效果计算与评估

武　健　李邦杰　张大巧　编著

西北工業大學出版社
西　安

【内容简介】 本书全面阐述了目标毁伤效果计算与评估所涉及的多领域基础理论和工程技术，主要包括导弹落点散布规律、毁伤效应及其参数计算方法、目标易损性、目标毁伤效果指标、目标毁伤效果指标计算、目标毁伤效果评估流程。

本书可为高等学校和相关科研院所的教师、学生和研究人员，以及相关工程计算人员提供参考。

图书在版编目(CIP)数据

目标毁伤效果计算与评估 / 武健，李邦杰，张大巧编著. — 西安 ：西北工业大学出版社，2022.9（2024.8重印）
ISBN 978－7－5612－8205－2

Ⅰ.①目… Ⅱ.①武… ②李… ③张… Ⅲ.①弹药-杀伤性能 Ⅳ.①TJ410.1

中国版本图书馆 CIP 数据核字(2022)第 135202 号

MUBIAO HUISHANG XIAOGUO JISUAN YU PINGGU
目 标 毁 伤 效 果 计 算 与 评 估
武健　李邦杰　张大巧　编著

责任编辑：郭军方　胡莉巾　**策划编辑：**梁　卫
责任校对：王玉玲　**装帧设计：**董晓伟
出版发行：西北工业大学出版社
通信地址：西安市友谊西路 127 号　**邮编：**710072
电　　话：(029)88491757，88493844
网　　址：www.nwpup.com
印 刷 者：西安五星印刷有限公司
开　　本：787 mm×1 092 mm　1/16
印　　张：11.375
字　　数：298 千字
版　　次：2022 年 9 月第 1 版　2024 年 8 月第 3 次印刷
书　　号：ISBN 978－7－5612－8205－2
定　　价：58.00 元

前　言

目标毁伤效果计算与评估是研究战斗部爆炸形成的杀伤要素对目标作用效果规律的一门科学，可分为计算和评估两个环节。在弹药学和目标分析研究的基础上，在业内学者的不断努力与辛勤工作下，这一问题已更加系统化，更具有自己的独有特色。

目标毁伤效果计算与评估是研究效应作用于目标的过程，本书详细介绍了目标毁伤效果计算与评估的基础理论和知识，提供了计算公式、方法和实验数据。全书共九章：第一章绪论，简要介绍了目标毁伤效果计算与评估的概念、基本方法和实施的基本条件；第二章介绍了导弹落点的散布规律；第三章详细讨论了毁伤效应及其参数计算方法；第四章简要介绍了人员目标、地面车辆、地面和地下建筑物，以及飞机的易损特征及其评价；第五章详细讨论了目标毁伤效果指标；第六、七、八章分别讨论了毁伤效果指标的计算方法；第九章介绍了目标毁伤效果评估的基本流程。本书可作为作战目标工程、火力指挥与控制工程等有关专业本科生的教材，亦可作为从事导弹战斗部使用、作战指挥运用研究人员的参考书。

本书由武健、李邦杰和张大巧担任主编，由李亚雄、马峰和舒健生等担任副主编。其中第1、2、6章由武健编写，第3、4章由李邦杰编写，第5章由张大巧编写，第7章由李亚雄和马峰编写，第9章由舒健生编写，全书由武健、李邦杰统稿。

在编写过程中，参考和引用了国内外专家、学者、工程技术人员和研究生发表的著作和论文的部分内容，谨在此一并表示诚挚的感谢！同时，还参考了兄弟院校的有关教材及书籍资料。

由于我们的知识结构和水平有限，本书无论在内容上或编排上存在很多不足之处，希望广大读者批评指正。

编　者

2022年2月

目　　录

第一章　绪　　论

目标毁伤效果计算与评估是联合火力打击过程的重要环节，计算与评估结果直接应用于火力计划的生成、完善和作战过程的控制，及时、准确的毁伤效果计算与评估是实现精确打击、提高作战效益的有效手段。

第一节　目标毁伤效果计算与评估的概念及意义

目标毁伤效果计算与评估研究涉及面广、跨度大，是一项复杂的系统工程。它不仅涉及导弹落点理论、目标易损性理论，还涉及评估技术、毁伤侦察和组织指挥，属于交叉学科。应该从基本概念和原理入手来理解和总体把握毁伤效果评估问题。

一、基本概念

目标毁伤效果计算与评估研究主要涉及以下五个基本概念。

（一）目标毁伤

目标毁伤是指火力作用于打击目标所造成的毁伤结果，主要包括目标实体毁伤、目标功能毁伤和目标系统毁伤。目标实体毁伤是指目标的结构及其功能部件的毁伤；目标功能毁伤是指目标遭受打击后其功能的丧失或降低；目标系统毁伤是指目标系统内各目标毁伤对目标系统整体功能的影响。

（二）目标毁伤效果计算

目标毁伤效果计算是指对敌方目标或目标系统实施火力打击所取得的毁伤效果进行预测。

（三）目标毁伤效果评估

目标毁伤效果评估是指对敌方目标或目标系统实施火力打击所取得的毁伤效果进行判定。评估结果直接服务于作战指挥，是进行作战指挥决策和组织火力打击行动的重要依据。

（四）目标毁伤等级

目标毁伤等级是指对目标毁伤程度的区分和表征，一般分为轻度毁伤、中度毁伤、重度毁伤三级。

（五）目标毁伤效果计算与评估可信度

目标毁伤效果计算与评估可信度是指对所确定的目标毁伤等级可信程度的定性描述，在评估中一般分为可能、很可能和确定三级。

二、目的及意义

信息化条件下的现代战争中，着眼实现最大作战效果的联合火力打击而进行的目标选择和火力打击方案优化，日益成为远程精确打击作战筹划的核心。随着我军制导武器种类迅速增加，命中精度大幅提高，作战效能有力提升，如何科学运用手中武器对敌要害目标构成精确高效毁伤，成为指挥员和指挥机关面临的现实而紧迫的难题。目标毁伤效果计算与评估是目标选择与打击决策的重要基础，及时、准确地计算与评估目标毁伤效果，是优化火力打击方案、高效配置打击资源、有效控制作战进程、推动作战顺利发展的重要保证，直接决定着战争的进程和结局。

(一)战场火力配备和运用更加科学、有效

通过目标特性分析和毁伤效能评估确定用什么弹种和战斗部打击最有效，达到预期毁伤效果至少要打多少发弹，为战役指挥员正确决策提供可靠依据，并能实现火力优化，提高战役资源利用率。为了制定最佳的作战方案，特别是在战场上适时修改作战计划，必须对作战毁伤效果做出实时评估。这就要求在平时必须进行系统、深入的目标特性和毁伤效果研究，在此基础上提出实用的武器毁伤效果快速评估方法。

(二)提高武器装备规划论证的科学性与合理性

未来的作战任务对武器研制提出了迫切需求，研制什么样的武器，优先研制什么武器，武器研制中的设计技术指标如何确定，是顶层规划论证不可回避的问题。针对未来作战目标的毁伤效果研究和评估，是制定武器装备研制规划和战术技术指标的重要依据之一，开展武器对目标的毁伤效果研究与评估对提高武器装备规划论证的科学性与合理性有直接促进作用。

(三)显著提高武器战斗部研制水平

常规武器对目标的有效毁伤，大多数是通过战斗部对目标的近距离作用或直接命中来实现的。这意味着常规武器战斗部设计与毁伤效能研究及目标特性分析等密切相关。武器所打击目标的特性和对目标的毁伤效能是武器设计的基本输入条件，也是经常困扰武器设计者的两大难题。只有将打击目标的特性和弹药的毁伤作用机理与效能研究透彻，才能设计出适用、实用、管用的武器。

第二节　目标毁伤效果计算与评估的研究概况

一、国外研究概况

(一)毁伤评估

国外对目标易损性常规武器的毁伤评估进行了广泛、深入的研究。从其研究进程看，可以划分为三个阶段。

1.毁伤评估的初级阶段

初级阶段主要对常规武器各种毁伤元素的单一效应进行评估。这一阶段的显著特点是建立了各种毁伤效应的特征及相应标准，但到目前为止，还没有形成统一的标准。

早期的研究主要是从弹药角度出发，通过目标射击试验，提高弹药的威力和效能。据史料记载，早在1860年英国就进行过线膛炮对地面防御甲板的射击试验。此后，各种穿甲威力试验纷至沓来，如1861年对由不同材料支撑的装甲板的试验、1862—1864年用10.5英寸（1英寸＝2.54厘米）口径大炮对模拟舰船目标进行的实弹射击试验、1871年对带有双层装甲的模拟舰船的试验、1872年对军舰炮塔的试验等。

20世纪两次世界战争的爆发使武器弹药的研究得到更加空前广泛的开展，各种各样高威力、高效能的新式武器弹药（如导弹、航空火箭弹、原子弹等）相继研制成功，并投入使用。同时，一系列新发明（如坦克、飞机等）付诸军用。尤其在第二次世界大战期间，大量飞机在战争中丧失，使人们意识到目标抗毁伤能力的研究是非常重要的。至此，这种研究出现了新的变化，开始从目标的角度研究其易损特性。许多国家相继投入大量人力、物力进行关于目标易损性的研究工作。例如，美国在第二次世界大战后不久，就制定了关于飞机易损性的研究计划，目的是研究飞机及其部件对各种弹药的易损性。该计划规模非常庞大，当时仅次于对核武器效应的研究。同时，对其他各种战场目标也进行了大量的全尺寸实物射击试验。例如，1959年在加拿大进行了400发反坦克弹药对装甲车辆（包括美国的M－47和M－48坦克）实弹射击试验；1963—1976年又进行了各种各样的全尺寸试验，包括小成型装药战斗部对装甲输送车（110发，于1964年）、HE弹丸对坦克（228发，于1971年）、30 mm GAU－8弹药对坦克（153发，于1975年）、大口径动能弹丸对坦克（6发，于1976年）的试验。

基于试验手段的易损性毁伤评估研究方法得到了大量的基础数据，使人们对目标的毁伤规律有了初步的认识。但是试验工程浩大，限制因素诸多，且费用极高。一些发达国家探索采用以理论分析、综合计算为主的易损性毁伤评估研究方法。特别是高速计算机的出现和快速发展，为这种研究方法提供了必要的条件。

英国国防部防务评估研究局对侵彻坚固目标的终点效应评估进行了多年研究。其中包括对成层靶标（土－混凝土－土－空气－混凝土）的动能弹侵彻过程数值模拟技术的研究、对多层地质材料的侵彻计算与试验研究等，既有缩尺模型试验，也有足尺模型试验，以前者为主，用模型试验检验数值计算方法的精确性与可靠性。

重型钢筋混凝土结构通常用来防护要害（具有战略意义的）目标。除重点加固之外，这些防护结构很可能建在地下，并具有多道防护层以提高防护能力。钻地武器可用来穿透多道防护层在特定的位置爆炸，并摧毁目标。为了决定最佳的摧毁或防护方案，特别是在战场上实时制定作战方案，必须迅速模拟设计出各种不同的侵彻与爆炸方案（场景），提供用于快速评估摧毁地下或地面混凝土防护结构的不同作战方案的手段。美国UTD公司1984年研究出的IMPACT程序，近年来一直在不断改进，功能不断加强。该程序能够评估不同类型的弹体在土、砂、岩石、混凝土、冰、钢材及其组成的层状介质的斜侵彻（包括正侵彻）的破坏效果。IMPACT程序可以和其他作战毁伤评估代码耦联，并且做进一步改进之后，可以应用于地面结构的作战毁伤评估功能。

为了评估航弹爆炸破片对防护门和孔口活门的毁伤效应，瑞典救援服务局研制了计算机程序和破片发生器，进行模拟试验以检验计算程序。

荷兰的TNO Prins Maurits实验室编制了RISKANAL计算机程序。该程序既可以用来计算现有武器弹药库内部和外部的安全性,也可以在新建弹药库时进行安全评估。此处的内部安全性是指其中一个洞库爆炸时引起整个弹药库感应爆炸的可能性;外部安全性是指在弹药库外部引起致命和严重的人员伤害的可能性。计算中考虑冲击波和飞散物的破坏杀伤作用。

WES提出了常规武器作用下浅埋结构内冲击响应的评估分析程序ISSV3,能够对较大、复杂的多层多跨结构冲击进行快捷和准确的分析和评估。

2.毁伤评估的中级阶段

中级阶段主要对常规武器打击下特定目标的毁伤进行评估。第二次世界大战结束后,美军陆军部提出了关于常规弹药实战破坏威力的研究计划,由Lehigh大学研究所承担,对欧洲战场和某些和平区数千起爆炸事件的几百份资料综合分析后,发表了关于工业设施、建筑物的最终研究报告。在建筑物部分,按建筑物的外部特征和结构特点分为7大类型,每一大类又按其具体情况细分为若干小类。根据弹药的大小和类型不同,建筑物的易损性可划分为4级。在后续的研究中,提出了不同类型建筑物的破坏等级和对应的破坏程度和破坏特征,给出了达到每种破坏特征的破坏准则。在以上研究基础上发展了关于建筑物的毁伤评估方法和相应的计算程序。

为了评估地下军火库的安全,美军在白沙试验场进行了实弹试验,主要目的是确定一个战斗部爆炸能否引爆其他战斗部和点燃推进剂,评估仓库能否充分经得起爆炸产生的空气冲击波作用,以及评估周围建筑物的破坏程度。实弹试验中,全部试验设施包括3个导弹地下仓库、20座房屋(均为两层楼房)和6个仪器掩体。试验中所用的6枚导弹全是整装弹,战斗部全重1 106磅(1磅≈453.6克),装药重650磅。试验中布置了空气冲击波超压、加速度和位移传感器,并对试验房屋和仓库的破坏过程进行了高速摄影。在白沙试验场正式试验之前,事先在阿佰丁试验场进行了预备试验。该试验包括若干缩尺模型试验。

1968年美空军完成了“统计技术进行破坏分析Ⅲ型模型”的研究,对破坏地下工程的多种不确定因素进行了理论分析。通过使用蒙特卡罗方法,以可能的进攻想定模拟和研究了核攻击条件下的生存概率问题。这个模型几经修改,一直用到1988年,美空军才用“战略系统概率分析的模型”加以替代。新模型仍使用蒙特卡罗方法模拟,但涉及了范围更广泛的进攻想定和破坏机理。在20世纪80年代,美空军还开发了几个使用概率分析的空军基地受攻击模拟模型,用于从预定的进攻想定中来评价整个基地的破坏效率。例如,委托兰德公司所开发的TSARINA模型,用于空军展示实验性攻击所产生的整体性破坏结果。如一个设施可受多少次打击的积累破坏?不同设施的破坏标准是什么?“有效性/易损性评价三维模型”是美空军拨款开发的又一个模型,用于评价加固目标遭受打击下的实际破坏情况。根据1999年5月召开的第九届国际常规武器效应会议中的有关文章报道,美空军又更新开发了“标准效应易损性评价模型”,用于模拟加固结构和地面结构在受常规武器攻击下的结构响应。

3.毁伤评估的高级阶段

高级阶段主要对常规武器打击下各类目标组成的目标群和目标体系的毁伤进行评估。在火力应用方面,美军十分重视战前毁伤评估和战后毁伤效果资料的搜集和分析。在伊拉克战争中,美军十分广泛地应用作战模拟帮助提升作战能力,并最终取得了作战胜利。可以说,战争在兵戎相见的实战之前就已经打响,美英联军的军事胜利在那时候就初见分晓了。一般而言，作战模拟是指使用作战演习、室内图上（或沙盘）作业、数学或逻辑推演、计算机模拟、仿真器和网络技术等演练、测试手段，对于两支或多支军事力量的冲突，按照给定的规则或程序进行的演练。在伊拉克战争前后，美军正是利用作战模拟进行了许多次这类活动。在对伊拉克开战之前，美、英军队就多次举行有针对性的军事演习。

在第一次海湾战争期间，美国陆军概念与分析局就曾经使用“战区评估模型”及其改进型“战区兵力评估模型”等，对“沙漠盾牌”的不同作战方案、不断变化的战场态势和作战行动提供过分析支持。国防部及陆军领导认为：“分析小组为‘沙漠盾牌’和‘沙漠风暴’行动提供的支持是非常杰出的。”在这以后，美国军事运筹学会曾经于1991年12月在“分析海湾战争教训研讨会”中，进一步对国防系统分析方法学的发展展开了讨论，会上作战毁伤评估是十分重要的议题。这些行之有效的模拟分析和评估手段得到了进一步改进和完善，经过10年的发展，结合其他领域中的科学技术进步（如计算机技术、GPS、GIS、C^4ISR、仿真虚拟技术等），美军的模拟分析和评估手段得到了空前的发展，在伊拉克战争中发挥了重要作用。

要实现精确的毁伤评估并非易事。例如，在对阿富汗实施空中打击时，美军尽管使用了最先进的毁伤评估设备和手段，但效果仍然欠佳。比如，只能看到建筑物的表面被破坏的情况，却无法了解其整体破坏程度。对防空、指挥控制、通信设施及后勤供应系统的破坏程度也很难准确掌握。科索沃战争后，华盛顿战略与国际问题研究中心在总结航空兵与导弹战役的经验教训时指出：“由于战场效果评估能力不佳，导致了很多重复打击，削弱了空战的有效性。据统计，平均每天至少有40次重复打击，战争快结束时达到顶峰，空袭第86天时重复打击达近160次。”为了吸取这一教训，美国将“实时战场毁伤效果评估”作为优先发展项目，并组织实施多项计划。2001年1月15日，美国防部公布了1999财年的11项先期概念技术演示项目，预算额约9 000万美元。这些项目中就包括了联合战场毁伤评估，即对打击目标体系进行物理毁伤评估、功能毁伤评估和战役毁伤评估。

综上所述，美、俄等国家非常注重开展毁伤效应及毁伤评估方面的研究工作。多年来美国陆续制定了一系列规模庞大的目标易损性与毁伤机理和终点效应的研究计划，研究了战场上几乎所有重要军事目标或可能成为重要军事目标的易损特性和对其毁伤的机理，积累了丰富的实验数据，对各种目标毁伤模式研究得较透彻，为爆炸、侵彻、杀伤等毁伤机理建立了较完善的基础理论，对较重要的军事目标一般都建有相关毁伤准则。几十年的研究成果使美国在毁伤技术领域始终处于最前沿。其现状和发展趋势主要体现在建立了一套较完整、科学的评价体系，从武器系统的综合作战效能出发，在对战场目标进行科学分类、易损性研究、毁伤机理和毁伤效应研究的基础上，应用现代系统控制理论和数字虚拟现实技术，建立起适用于各种武器杀伤力和易损性的评估方法，已广泛用于武器系统综合作战效能评价和指导战斗部设计。美国目前有数十个实验室、大学和研究机构从事战斗部与高效毁伤技术的研究工作，针对不断涌现的新军事目标，研究高效毁伤这些新目标的最佳模式和技术，并应用于先进战斗部或毁伤元的设计。在毁伤评估组织程序上，美军已设立了作战毁伤评估工作组、司令部作战毁伤评估小组等一系列作战毁伤评估组织机构，参联会和国防情报局也制定了一些相应的文件，明确了各类作战毁伤评估的组织实施流程、时间限制、各种机构的职责，形成了一套可操作的规范和流程。无论是评估的技术基础，还是评估程序、各部门职责分工均已成熟、明确，目标毁伤效果评估系统已比较完善，在几场局部战争及武器研制中得到了充分实际应用，并发挥了巨大威力，已成为联合作战指挥方案制定的重要依据。

(二)目标毁伤效果计算与评估案例

美军在近期的几次局部战争中,进行了大量的评估工作,并把评估结果作为衡量打击效果、确认是否进行再次打击的基本依据。尽管取得了良好的效果,但美军认为现时的毁伤效果评估工作还存在许多问题,是制约联合火力打击效果的瓶颈之一。主要问题如下:评估人员缺乏训练,难以迅速、准确地判别信息;缺乏科学的方法和手段,影响结论的可信度;数据传输过程复杂,增加了失误概率;通信带宽不足,影响战斗毁伤评估数据的接收与传送等。

近期几场战争中,美军由于评估工作失误对作战产生不利影响的四个实例如下。

实例一:科索沃战争后,华盛顿战略与国际问题研究中心在总结航空兵与导弹战役的经验教训时指出:“由于战场打击效果评估能力不佳,导致了很多重复打击,削弱了空战的有效性。据统计,平均每天至少有 40 次重复打击,战争快结束时达到顶峰,空袭第 86 天时重复打击达近 160 次。”

实例二:在阿富汗战争中,美军联合部队下属空军司令部在摧毁了机场跑道后,对地面的每架飞机也进行了攻击,联合部队下属空军司令部判定并向上报告塔利班的 25 架飞机已经被摧毁,而中央司令部战斗毁伤评估机构则依据照片认为仅摧毁了 2 架。直到 2 天后中央司令部战斗毁伤评估机构才做出了所有飞机被摧毁的结论。事后美军认为“即使这样一次仅仅攻击 25 架飞机的小战斗,正规的战斗毁伤评估机构都难以及时、准确地评估空中力量的效能,至少影响了 2 天的作战。”

实例三:伊拉克战争中,钻地弹对机堡的打击中,机堡外形损失不明显,无法判定损失结果,只能补充打击。

实例四:海湾战争指挥官施瓦茨科普夫曾嘲笑评估人员,10 个孔梁的桥梁被摧毁 3 个,就报告该桥被摧毁了 30%,而实际应该是实体被摧毁 30%,功能已经 100% 丧失。这影响到桥梁的使用和修复评估。

二、国内研究概况

我国在 20 世纪 80 年代中期之前集中力量进行核爆炸效应研究,但对常规武器的毁伤效应(能)及毁伤效果评估研究相对薄弱。从 20 世纪 80 年代开始,我国开始重视常规武器破坏效应及毁伤效果评估研究,对不同当量、不同弹种、不同爆炸方式的武器破坏效应进行了较为广泛的研究。目前,我国毁伤评估研究仍处于起步阶段,主要集中于毁伤效应及毁伤模型的研究方面。

第三节　目标毁伤效果计算与评估的基本方法

根据评估采用的技术和方法不同,一般将目标毁伤效果计算与评估的基本方法分为四类。

(一)基于仿真的毁伤效果评估

基于仿真的毁伤效果评估主要是利用建模与仿真技术,建立弹药效能(破片、冲击波、电磁等)模型、目标实体模型和毁伤仿真模型,通过弹药和目标之间的作用获得目标结构及其组件的毁伤效果，从而根据仿真结果对目标的毁伤程度进行评估。

（二）基于经验的毁伤效果评估

基于经验的毁伤效果评估主要是根据历次战争、各种军事演习和靶场试验等毁伤效果评估的经验（数据），评估相似目标在相似火力打击作用下可能产生的毁伤效果。

（三）基于侦察信息的毁伤效果评估

基于侦察信息的毁伤效果评估主要是利用卫星、有人/无人侦察机、弹载侦察设备等获取的目标毁伤图像、视频信息，以及特种部队侦察、谍报、国内外新闻媒体报道等情报信息，分析目标毁伤情况，并依据一定的毁伤效果评估准则得出评估结果。

（四）综合评估

综合评估是综合利用历史经验、预测信息和侦察信息，通过建立数学模型对目标毁伤效果进行综合评判。

第四节 目标毁伤效果计算与评估的基本条件

在实施联合火力打击的过程中，要成功地对打击目标进行毁伤效果评估，必须具备一定的条件，这些条件既有对评估技术手段的要求，也有对组织指挥的要求。其主要包括以下四个方面。

（一）高效的信息获取与处理能力

毁伤效果评估对信息获取与处理，即毁伤侦察、识别、数据分析和处理等方面有着特殊的要求。只有具备高效的信息获取能力，以及图像识别、数据融合、数据挖掘、智能推理等信息处理能力，才能够为毁伤效果评估提供准确、有效的评估信息支持。

（二）明确的评估指标和标准

毁伤效果评估指标和标准是毁伤效果评估的技术规范和纲领性文件，是毁伤效果评估“有法可依”的标志。根据我国军队联合火力打击作战指挥的需要，应该统一制定目标毁伤等级划分标准，并对具体目标建立明确的毁伤效果评估指标和标准，从而提高毁伤效果评估的可操作性。

（三）充分的目标特性、弹药效能信息

毁伤效果评估除需要目标毁伤情报之外，还需要有充分的目标实体结构、功能、易损性等目标特性，以及弹药效能信息。只有将这些数据信息与目标的毁伤侦察情报信息（特别是目标毁伤图片或视频）相比较，才能够对目标的毁伤程度做出准确评估。

（四）完善的组织机构和运行机制

联合火力打击强度大、节奏快、行动迅速，要求在很短的时间内就应该对打击目标的毁伤情况做出准确的评估。这就需要建立完善的毁伤效果评估组织机构和运行机制。

第五节　目标毁伤效果计算与评估的实施

总体来看，目标毁伤效果评估可以分为战前毁伤效果预测评估、战中毁伤效果实时评估和战后毁伤效果评估三个阶段，其评估的手段、目的和组织均有所不同。

一、战前毁伤效果预测评估

战前毁伤效果预测评估是在制定火力打击计划的过程中，根据一定的作战目的和作战对象制订火力打击计划以后，需要对其是否能够达到预期火力打击效果或任务进行评估，从而为作战指挥人员调整和完善火力打击计划提供依据，并最终形成科学的火力打击计划。

（一）战前毁伤效果预测评估的任务

在实施火力打击之前，预测在计划火力打击强度下目标或目标系统产生的毁伤效果，并和预期毁伤效果进行比较，从而为调整作战企图、选择打击目标、确定毁伤指标、打击能力分析、计划火力提供依据，如图 1.1 所示。

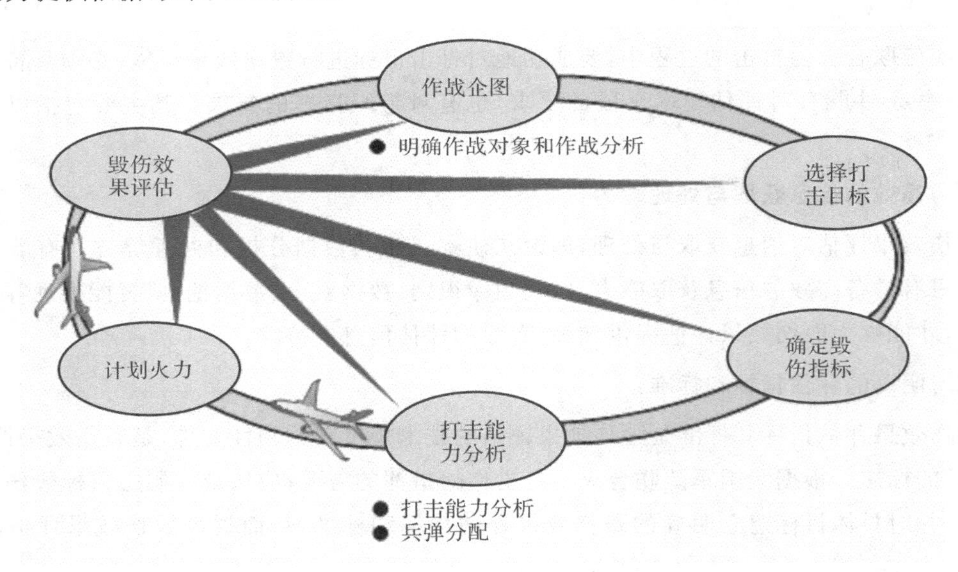

图 1.1　战前毁伤效果预测评估的任务

（二）战前毁伤效果预测评估的过程

战前毁伤效果预测评估的基本过程如图 1.2 所示。相关部门组织进行战前毁伤效果预测评估，对计划火力所取得的毁伤效果进行预测，根据预测结果判断是否能够达成联合作战目的，如果能够达到预期联合作战目的，就下达作战任务，组织进行联合火力打击；否则，调整联合火力打击计划，进行新的一轮毁伤效果预测评估，直到联合火力打击计划能够达成联合作战目的。

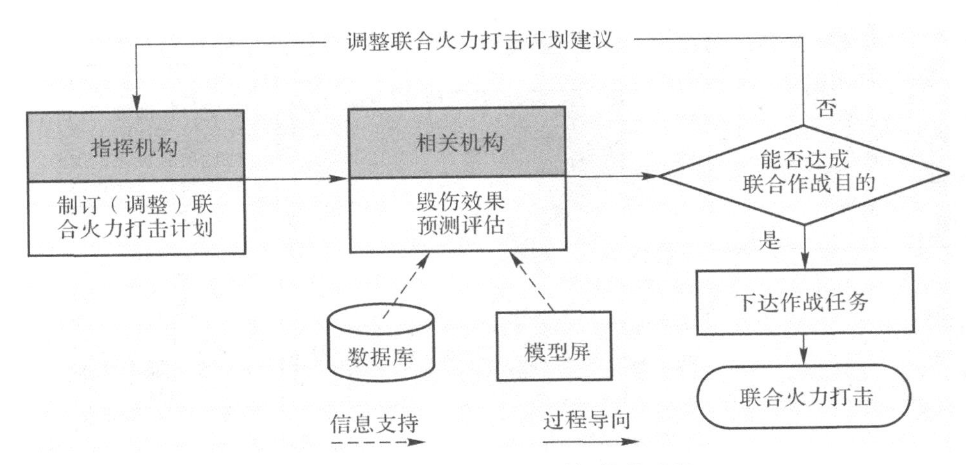

图 1.2 战前毁伤效果预测评估的过程

在战前毁伤效果预测评估阶段，联合作战指挥机构 BDA 中心需要完成以下两方面的工作。

1. 广泛收集评估所需的信息

在毁伤效果预测评估之前，应协调相关机构其他部门，广泛收集预测评估所需的信息，如目标特性、打击策略信息、打击武器弹药效能信息等。这些信息可能来源于目标特性、武器弹药效能数据库。

2. 进行毁伤效果预测评估

综合考虑各方面的信息，对火力打击计划会取得的毁伤效果进行评估，并及时向指挥机构汇报评估结果，为制订、调整联合火力打击计划提供依据。

（三）战前毁伤效果预测评估的方法

战前毁伤效果预测评估主要采用基于仿真和基于经验的毁伤效果评估方法。因此，需要建立完善的目标毁伤仿真模型，或者具有相对充足的历史经验。

二、战中毁伤效果实时评估

战中毁伤效果实时评估是指在对敌方目标实施火力打击的过程中，对每一次或每一轮火力打击下目标或目标系统的毁伤效果进行实时或近实时的评估，从而为确定是否对敌目标再次实施打击提供依据。

（一）战中毁伤效果实时评估的任务

通过对打击目标进行毁伤效果实时评估，确定目标实体和功能的毁伤情况，并判断对目标系统产生的影响，从而为确定是否对敌目标再次实施火力打击提供依据。

（二）战中毁伤效果实时评估的过程

战中毁伤效果实时评估主要分为三个阶段：目标实体毁伤评估阶段、目标功能毁伤评估阶段和目标系统毁伤评估阶段。具体评估过程如图 1.3 所示。战中毁伤效果实时评估是逐步深入进行的，难度逐渐加大，需要的信息越来越多、越来越精确，前后衔接紧密。

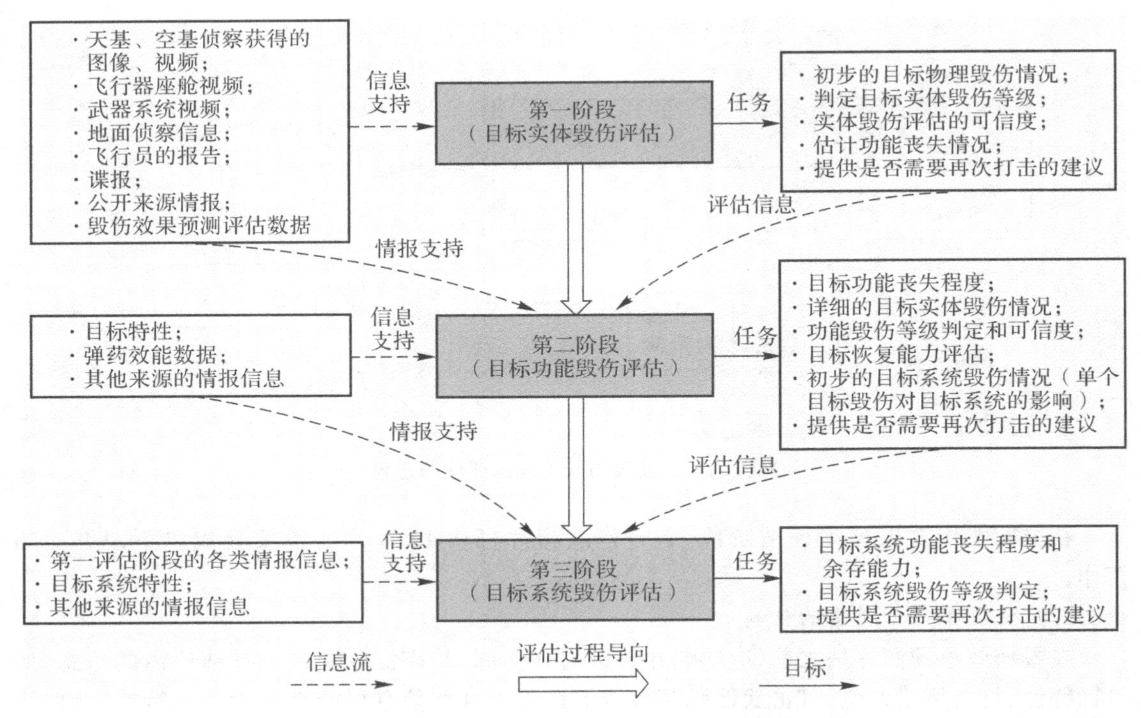

图 1.3　战时毁伤效果实时评估的“三阶段”方式

1. 目标实体毁伤评估

在对目标实施火力打击后，应对被打击目标实体结构的毁伤情况进行评估。

(1)目标实体毁伤评估的任务。

目标实体毁伤评估的任务是在对特定目标实施火力打击后，依据获取的目标毁伤情报信息，对目标实体毁伤程度进行评估，初步判定目标实体的毁伤等级，并给出目标实体毁伤评估的可信度。根据目标实体毁伤情况，初步估计目标功能丧失情况，提供是否需要再次打击的建议。

(2)目标实体毁伤评估的情报信息。

目标实体毁伤评估所需的情报信息包括卫星、有人/无人侦察机侦察获得的图像、视频，飞行器座舱视频，武器系统视频（如导弹可以携带摄像设备拍摄目标毁伤情况），地面侦察信息（包括特种部队侦察），飞行员、前方哨所观察员、火力打击实施人员等对观测到的目标毁伤情况进行的口头报告，谍报，公开来源情报，毁伤效果预测评估数据，等等。

(3)目标实体毁伤评估的过程。

1)信息获取。运用一切可以利用的毁伤侦察手段从各种渠道获取目标毁伤的情报信息。

2)评估目标实体毁伤等级。各类情报的获取速度有快有慢，一旦收集到有效的目标毁伤情报，就应立即进行目标实体毁伤评估。按照制定的各类目标实体毁伤评估标准，判断目标实体毁伤情况。例如，如果打击目标为一栋建筑物，就可以根据获取的建筑物毁伤图像估计建筑物的损毁面积，然后按照建筑物的实体毁伤评估标准得出评估结论，确定建筑物的实体毁伤等级。

3)确定毁伤等级评估结果的可信度。为了明确目标实体毁伤评估结论的可信度，将评估结论分为确定、很可能和可能三级。例如，经过评估认为某建筑物的毁伤等级为摧毁，为了表征评估结果的可信度，将评估结果表征为确定摧毁、很可能摧毁或可能摧毁。

4）估计目标功能的丧失。目标实体毁伤情况在某种程度上反映了目标功能的丧失情况，根据目标实体毁伤评估的结果，初步估计毁伤目标的功能丧失情况，为进行功能毁伤效果评估做准备。

5）提供再次打击的建议。通过实体毁伤评估，如果确定目标没有受到实体毁伤或实体毁伤较轻，就可以提供再次打击的建议。

6）完成目标实体毁伤评估报告。为下一阶段的目标功能毁伤评估提供参考，并把目标实体毁伤评估报告提交给作战指挥机构，为其做出作战指挥决策提供参考。

2. 目标功能毁伤评估

如果获取了充足的目标毁伤情报信息，在完成目标实体毁伤评估的基础上应进行目标功能毁伤评估。目标功能毁伤评估是对目标执行任务的能力或作战能力进行定性评估，是战中毁伤效果实时评估的第二阶段。目标功能毁伤评估的结论是根据目标实体毁伤评估的结果和所有来源的情报信息推断出来的。毁伤评估人员需将打击目标现状与初始任务目标进行比较，以确定是否实现预定的打击效果。

（1）目标功能毁伤评估的任务。

1）对目标实体毁伤评估得出的所有结论进行审查和进一步分析，并需整合各种情报来源，确定打击目标的功能丧失程度。

2）详细评估目标实体毁伤情况，如目标是否着火、冒烟，重要部件的实体毁伤情况，等等。

3）评估目标功能毁伤等级。

4）根据目标功能毁伤情况，参考打击武器及弹药的效能数据，对弹药效能进行评估。

5）估计恢复毁伤目标的功能所需的大概时间。

6）初步的目标系统毁伤评估，评估目标毁伤对目标系统产生的影响。

7）提供是否需要再次打击的建议。

（2）目标功能毁伤评估的情报信息。

1）目标实体毁伤评估的所有情报信息，尤其是高质量的图像情报信息。

2）目标特性信息。明确目标关键功能部件的易损性，以及这些关键功能部件损伤对目标功能产生的影响。

3）弹药效能数据，为弹药效能评估提供支持。

4）其他情报来源。

（3）目标功能毁伤评估的过程。

目标功能毁伤评估的过程主要是一个定性的评估过程。详细的评估过程如下：

1）确认目标实体毁伤等级。综合运用所有来源的情报资源，对目标实体毁伤等级进行确认。

2）评估目标功能毁伤等级。根据目标特性及其关键部件，综合运用所有来源的情报资源，分析目标关键部件的毁伤情况，从而判断目标功能的丧失情况，并评估目标功能毁伤等级，给出目标功能毁伤评估结论的可信度。

3）评估弹药运用效果。根据目标实体和功能毁伤评估的结果，估计恢复目标毁伤功能所需的时间，并结合武器弹药命中目标的误差情报信息和目标毁伤情况，对弹药运用效果进行评估。

4)初步的目标系统毁伤评估。根据上述评估过程中得到的结果初步评估目标毁伤对整个目标系统产生的影响。例如,空军基地可看成是一个目标系统,包括机场跑道、飞机洞库、指挥机构、弹药库等目标,如果机场跑道确定发生了实体和功能摧毁,那么它对空军基地的整体功能会产生什么样的影响。

5)提供再次打击的建议。经过上述评估,如果确定目标功能没有受到毁伤或毁伤程度较轻,就可以提供再次打击的建议。

6)完成目标功能毁伤评估报告。为下一阶段的目标系统毁伤评估提供参考,并把目标功能毁伤评估报告提交给作战指挥机构,为其做出作战指挥决策提供参考。

3.目标系统毁伤评估

目标系统毁伤评估是战中毁伤效果实时评估的第三阶段,也是最终阶段,主要是整合系统内各个目标的实体和功能毁伤评估结果,对整个目标系统的打击效果和影响进行综合评估,用以估计目标系统的余存能力,确定削弱或摧毁敌军战斗力的具体情况,进而确定预定战役或战术任务是否得以实现,辅助下一步作战决策。

(1)目标系统毁伤评估的任务。

1)确定目标系统的功能丧失程度和余存能力。

2)目标系统毁伤等级。

3)提供是否需要再次打击的建议。

(2)目标系统毁伤评估的情报信息。

目标系统毁伤评估所需的情报信息除第一、二阶段所需的情报信息之外,还包括目标系统的特性信息。

(3)目标系统毁伤评估的过程。

1)整理目标系统内各目标实体和功能毁伤评估结果。

2)评估目标系统毁伤等级。根据各目标的毁伤情况及其对目标系统功能毁伤的影响程度,对目标系统毁伤程度进行综合评估,并划分目标系统毁伤等级。

3)提供再次打击的建议。经过目标系统毁伤评估,如果确定对目标系统的毁伤程度没有达到预期的打击效果,就可以提供再次打击的建议。

4)完成目标系统毁伤评估报告。将目标系统毁伤评估报告提交给作战指挥机构,为其进行作战指挥决策提供参考。

4.弹药运用效果评估

弹药运用效果评估是在对敌目标实施火力打击之后,对武器弹药运用所取得的毁伤效果进行评估,为调整打击方式、战术运用、武器弹药、发射等提供依据,从而提高再次实施火力打击的效能。它与战中毁伤效果实时评估相互联系和交互。因此,弹药运用效果评估也是战中毁伤效果实时评估研究需要考虑的问题。

弹药运用效果评估应该回答的问题:

1)是否正确选择了打击武器及弹药?

2)是否正确运用了打击武器及弹药?

3)弹药是否命中或覆盖目标?

4)弹药是否起作用?

进行弹药运用效果评估,可以根据目标实体和功能毁伤评估的结果,结合各种情报信息,依据评估人员的经验,对弹药运用效果进行直观评估。为了提高弹药运用效果评估的准确性,可以建立一定的评估模型。

5.毁伤目标恢复能力评估

毁伤目标恢复能力评估是战中毁伤效果实时评估的重要组成部分,是反映目标实体和功能毁伤程度的重要指标,主要包括两项内容:

1)毁伤目标恢复时间预计。

2)毁伤目标恢复工作量预计。

进行毁伤目标恢复能力评估,可以根据各种侦察手段获取的目标毁伤情况,依据评估人员的经验,对毁伤目标恢复能力进行直观评估。为了提高毁伤目标恢复能力评估的准确性,可以建立一定的评估模型。

(三)战中毁伤效果实时评估的方法

战中毁伤效果实时评估主要采用的是基于侦察信息的毁伤效果评估方法。在缺乏侦察信息的情况下,考虑目标(目标系统)特性、武器弹药的杀伤效能、命中精度,以及气候对精确制导武器精度的影响等信息,可以借助仿真技术和手段对目标毁伤情况进行模拟仿真,从而得到目标毁伤效果。如果存在相似的历史经验,那么可以参考相似经验估计目标毁伤情况。评估方法不同,评估结果可能会有所不同。在这种情况下,为了提高毁伤效果评估的准确性和可信度,可以综合利用历史经验、预测信息和侦察信息,通过一定的模型对目标毁伤效果进行综合评估。

三、战后毁伤效果评估

战后毁伤效果评估是指在军事行动结束后,对某些重要设施的毁伤情况进行现场评估,确定己方部署的打击系统与弹药的真实效能,并收集这些目标的毁伤数据,为日后开展毁伤效果评估研究提供数据支持。

(一)战后毁伤效果评估的任务

主要是通过对目标毁伤情况进行战场实地勘查,并对勘查结果与毁伤效果评估情报和报告进行比较,从而总结毁伤效果评估的准确性和存在的缺陷。

(二)战后毁伤效果评估的过程

主要是联合作战指挥机构 BDA 中心在战后对目标毁伤效果进行的事后评估,战后毁伤效果评估过程如图 1.4 所示。在军事行动结束后,由联合作战指挥机构 BDA 中心收集目标毁伤情报(如侦察卫星拍摄到的目标毁伤视频或图像、谍报信息等)和评估报告。在能够保证人员安全的情况下,组织领域专家、毁伤效果评估人员、研究人员对重要目标实际毁伤情况进行现场勘查,评估目标实际毁伤程度,并与收集到的目标毁伤信息和评估报告进行比较,对目标毁伤效果评估的结果进行确认,从而为完善评估方法和手段以提高目标毁伤效果评估的准确性,以及日后开展研究提供依据。

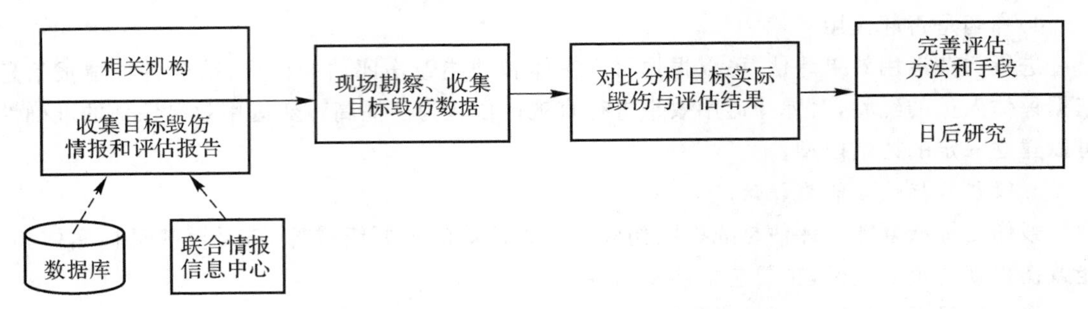

图 1.4　战后毁伤效果评估过程

(三)战后毁伤效果评估的方法

战后毁伤效果评估主要是通过对目标毁伤情况进行战场实地勘查,并对各种毁伤效果评估情报和报告进行审阅、分析,总结毁伤效果评估的不足和缺陷。

思　考　题

1. 试分析目标毁伤效果计算的意义及运用过程。
2. 试分析目标毁伤效果评估的意义及运用过程。
3. 试分析目标毁伤效果计算与评估的基本方法。
4. 试分析目标毁伤效果计算与评估的基本条件。
5. 试分析目标毁伤效果计算与评估的实施过程。

第二章　导弹落点的散布规律

影响目标毁伤效果的因素很多，但最重要的是导弹能否准确命中目标，即射击误差的确定。导弹武器射击误差是衡量导弹落点偏离目标瞄准点的重要标志，是射击精度的主要体现。为计算目标毁伤效果，必须对导弹武器射击误差进行分析，找出其落点的散布规律，提高目标毁伤效果。

导弹武器在设计、制造和使用时，不可避免地会产生各种误差。这些误差综合作用的结果，便是使导弹不能严格按照预定的弹道飞行，而是在预定的弹道附近摄动飞行，偏离目标瞄准点，产生射击误差。

导弹的射击误差是指导弹的实际落点相对于目标瞄准点的偏差量，或导弹爆心投影点相对于目标瞄准点的偏差量，用符号 $\boldsymbol{\Delta}$ 表示。该落点偏差量 $\boldsymbol{\Delta}$ 是平面上的随机向量。为研究问题方便起见，通常将该向量投影于直角坐标系中，如图 2.1 所示。该坐标系位于含目标点的水平面上，原点与目标点重合，x 轴位于射面内，z 轴过原点，且垂直于射面。由此可定义 $\boldsymbol{\Delta}$ 在 x 轴上的投影 x_c 为纵向偏差或射程偏差；$\boldsymbol{\Delta}$ 在 z 轴上的投影 z_c 为横向偏差或方向偏差。

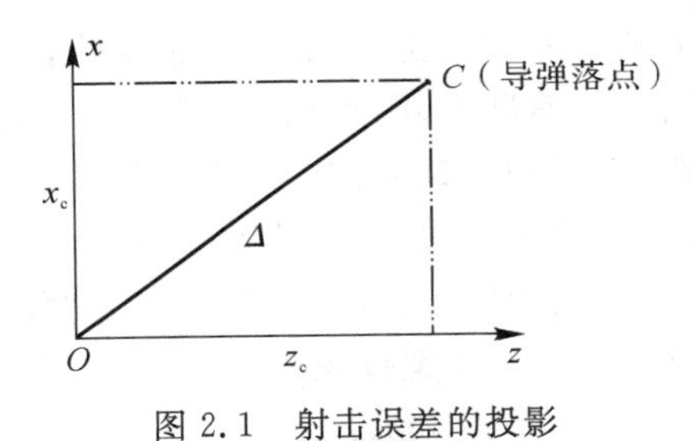

图 2.1　射击误差的投影

第一节　影响射击误差的主要因素

在理论上，当给定导弹发射、飞行条件（如发射点位置、目标点位置、射击方向、导弹武器战术技术状态参数及地理条件、气象条件等标准弹道条件）后，就可得到一条理论弹道，而实际的发射及飞行条件与标准弹道条件是有差别的，除导弹武器系统在生产、研制和使用过程中不可避免地产生各种误差之外，导弹在飞行过程中还要受到导弹内、外部各种干扰因素的影响。将各种误差和干扰因素进行归并分类，影响导弹命中精度的基本因素大体可分为制导误差和非制导误差两大类。

一、制导误差

导弹控制系统包括制导系统和姿态控制系统两大部分。制导系统用于控制导弹的质心运动，使主动段飞行结束后导弹弹头在被动段飞行的最终落点满足所要求的精度。因此，制导系统对导弹主动段飞行时质心的运动进行导引，并控制发动机的关机时刻。姿态控制系统用于控制导弹绕质心的运动，使导弹主动段飞行时能稳定沿预定弹道飞行，并可根据制导系统发出的导引指令，改变推力方向，以实现对质心运动的控制。因此，姿态控制系统主要是保证导弹飞行的稳定性。但是，控制导弹的姿态与提供的控制力和控制力矩有关，直接影响导弹的质心运动，也将影响导弹的射击精度。

制导误差是指导弹武器的控制系统在设计、加工制造、测试、安装，以及环境条件变化等因素引起的误差，可分为制导方法误差和制导工具误差。

(一)制导方法误差

导弹飞行过程中各种干扰因素产生作用于导弹上的干扰力和干扰力矩，原则上制导系统应消除这些干扰因素所造成的落点偏差。实际上，由于导弹制导系统方案不完善和必要性及其他条件(如硬设备)的限制，制导方法常做某些简化，因此，这些干扰因素的作用仍将造成一定的落点偏差，这些偏差就称为制导方法误差。随着制导方法的完善，制导方法误差占总误差的比例将减小。

(二)制导工具误差

制导系统的引入虽可大大减小外部干扰作用引起的落点偏差，但又不可避免地带来新的误差因素，即制导设备惯性平台、加速度表、瞄准装置、计算机等性能不完善引起的落点偏差。它是由于这些惯性器件在制造、安装和测试调试中的误差所造成的，是制导系统误差的主要因素。据现有资料统计，它占总误差的80%左右。因此，为进一步提高导弹设计精度，必须要在制导工具误差上下功夫，进一步提高制导工具的精度。对于射程为10 000 km的弹道式导弹，要使偏差小于1 km，这种导弹所使用的陀螺仪漂移量应小于$0.01^\circ/h$，其加速度表测量的偏差应小于$0.01\ cm/s^2$。如果要求导弹的命中精度达到几十米，那么这种导弹所使用的陀螺仪漂移量必须小于$0.001\,5^\circ/h$，加速度表测量偏差应小于$0.001\,5\ cm/s^2$。由此可见，要大幅度减小制导工具误差，必须对惯性仪表的加工制造提出非常严格的要求，同时还必须大大改善其使用条件。

二、非制导误差

非制导误差是指那些与导弹控制系统无关的干扰因素所引起的射击误差。造成非制导误差的主要因素包括如下四个方面。

(一)后效冲量偏差

后效冲量是指导弹在飞行控制系统发出关机指令后，发动机的推力偏离其额定值的推力冲量。后效冲量出现偏差，将直接影响导弹的纵向精度。通常，后效冲量偏差与发动机工作时间偏差及计算机发出关机指令的延迟有关。

(二)被动段随机干扰误差

弹道导弹在被动段飞行过程中,尤其是在再入段飞行过程中,因大气参数偏差、弹头特性偏差和气动力的影响而使导弹落点产生较大偏差。这些偏差和影响统称为被动段随机干扰误差。

(三)射击准备过程中的随机误差

该项误差主要是指惯性仪表调谐误差,燃料温度、比重、密度测量误差及瞄准中的随机误差。

(四)射击准备误差

射击准备误差是指为保障导弹发射进行的测地、情报、诸元计算等保障存在的误差对导弹射击精度的影响。它主要包括目标定位误差、发射阵地联测误差、地球重力场模型误差、诸元计算误差等。

1.目标定位误差

目标定位误差是指目标瞄准点坐标的误差。它主要包括因情报来源不准确而造成的定位误差、目标图编绘制作误差、不同坐标系统的换算误差,以及图上量取瞄准点坐标的量取误差等。

2.发射阵地联测误差

发射阵地联测误差是指发射点坐标、重力加速度及其瞄准方位角联测误差等。

3.地球重力场模型误差

导弹始终在地球重力场中飞行,无时无刻不受到地球重力的巨大作用。对于惯性制导的弹道导弹,其惯性加速度表只能测量视加速度,不能敏感地球重力的影响,因此,需要建立精细的地球重力场模型,以便精确计算导弹飞行弹道上各点的重力加速度。为此,必须进行大面积的重力测量,找出其变化规律,建立重力场模型。在重力场测量及其重力资料归算和模型的建立中,不可避免地会存在误差,直接影响导弹的飞行和射击精度。

4.诸元计算误差

诸元是导弹飞行控制的主要依据。诸元量的计算是非常复杂的数值计算过程,由于计算方法的简化和计算时的精度限制,在诸元计算的过程中必将产生一些误差,直接影响导弹的射击精度。诸元计算误差主要包括计算方法误差、修正系数补偿误差和计算参数的舍入误差等。

如图 2.2 所示,由于导弹在发射及飞行中受到各种误差和干扰因素的影响,弹着点(或爆心投影点)不可能正好落在目标瞄准点上,而是按照一定散布规律散布于目标瞄准点周围,并且上述各种误差和干扰因素对导弹落点的影响各不相同。如果由同一发射阵地向同一目标瞄准点发射多发导弹,各种误差和干扰因素中有的对各发中的每一发的影响是相同的,是重复性误差;有的对各发中的每一发的影响不同,是非重复性误差。这两种误差对导弹落点的影响各不相同。为此把这两种条件下的射击误差分为两大类,射击理论中称作两组误差型,即随机误差和系统误差(见图 2.3)。

随机误差是由导弹的非重复性误差综合影响的结果,随着不同的各发而随机变化。它使导弹的落点偏离其散布中心 C 一个 ΔP,我们把 ΔP 称为随机误差(见图 2.2)。随机误差是由上述制导误差和非制导误差中的后三种综合影响造成的。

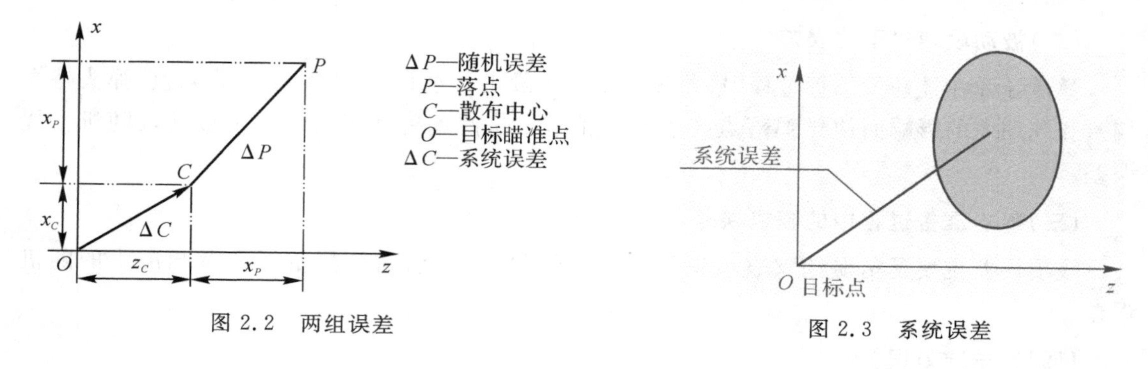

图 2.2 两组误差

图 2.3 系统误差

系统误差是由导弹的重复性误差综合影响的结果。这种误差对一次射击的各发来讲，都是固定不变的。它的作用是使导弹的散布中心偏离目标瞄准点一个 ΔC，我们把 ΔC 称为系统误差。它是由上述制导误差和非制导误差中的前三种综合影响造成的。

例如，在同一条件下，对水平面上的某个目标进行射击，我们将导弹落点(或爆心投影点)离目标中心的偏差记录下来。所有落点(或爆心投影点)都处于某个椭圆范围内，如图 2.3 所示。散布中心对目标中心的偏差就是射击的系统误差。每个弹着点对散布中心的偏差表示射击的密集度，就是射击的随机误差。

由于系统误差是重复性误差综合影响的结果，对一次射击的各发都是固定不变的，因此，在统计学中，系统误差被定义为那些能被事先预见的误差，射前可利用各种方法和手段进行修正和补偿，能被消除；而随机误差是非重复性质误差所致，随不同的各发而随机变化，是不可预见的误差，射击中不能对这种误差进行消除和修正。因此，通常人们所说的导弹精度，或武器战术技术性能指标中所给的射击精度是指导弹的散布误差。它描述了各发导弹的落点(或爆心投影点)相对散布中心的离散程度。

第二节 射击误差的散布律

射击误差是随机变量，具有一定的散布规律。试验表明，当向目标发射多枚导弹时，导弹的落点散布均服从平面坐标的正态分布律。由概率论可知，正态分布律是通过中心极限定理得到的，即大量具有任意分布律，且相互独立的偏差之和的分布律趋近于正态分布律。通常，射击误差能满足这些条件。

可用下式表示平面射击误差的正态分布密度：

$$f(x,z)=\frac{1}{2\pi\sigma_x\sigma_z\sqrt{1-r^2}}\exp\left\{-\frac{1}{2(1-r^2)}\left[\frac{(x-m_x)^2}{\sigma_x^2}-\frac{2r(x-m_x)(z-m_z)}{\sigma_x\sigma_z}+\frac{(z-m_z)^2}{\sigma_z^2}\right]\right\} \tag{2.1}$$

式中：m_x, m_z—— 弹着点在坐标轴上的随机偏差 x, z 的数学期望；

σ_x, σ_z—— 射击的均方根误差；

$r=\dfrac{K_{xz}}{\sigma_x\sigma_z}$——$x$ 与 z 的相关系数，K_{xz} 为相关矩。

射击误差的正态分布密度函数 $f(x,z)$ 实际上就是导弹弹着点落入面积元 $\Delta x\Delta z$ 内的概率。不难证明，射击误差沿各个坐标轴分别服从下列正态分布律：

$$f_1(x)=\frac{1}{\sigma_x\sqrt{2\pi}}\exp\left[-\frac{(x-m_x)^2}{2\sigma_x^2}\right] \tag{2.2}$$

$$f_2(z)=\frac{1}{\sigma_z\sqrt{2\pi}}\exp\left[-\frac{(z-m_z)^2}{2\sigma_z^2}\right] \tag{2.3}$$

$f(x,z)$ 的形状近似小山丘（见图 2.4）。小山丘的顶峰位于点(m_x,m_z)的上方，即 $f(x,z)$ 在点(m_x,m_z)处取得最大值：

$$f_{\max}=\frac{1}{2\pi\sigma_x\sigma_z\sqrt{1-r^2}} \tag{2.4}$$

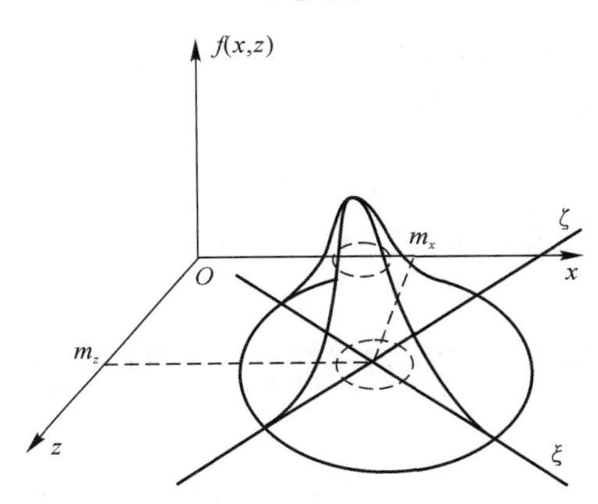

图 2.4　正态分布

小山丘的底面宽度为无限大，即当 $x\to\pm\infty$ 或 $z\to\pm\infty$ 时，$f(x,z)\to 0$。小山丘的坡度取决于均方根误差 σ_x 和 σ_z。底宽度可近似地取为 $\pm3\sigma_x$ 和 $\pm3\sigma_z$[σ_x 和 σ_z 从点(m_x,m_z)算起]。

用一系列平行于 xOz 的平面横截曲面 $f(x,z)$，即可得到一簇相似的椭圆。这些椭圆在 xOz 平面上的投影具有同一个中心点(m_x,m_z)。在每个椭圆的所有点上，概率密度 $f(x,z)$ 都相同，这样的椭圆称为等密度椭圆或散布椭圆。散布椭圆的长轴 ζ 和短轴 ξ 称为主散布轴。

为了简化计算，如果将原点置于点(m_x,m_z)，并将 x 轴和 z 轴旋转 α 角，使它们与主散布轴重合，就可将散布椭圆方程表示为典型形式。其 α 角由下式确定：

$$\tan2\alpha=\frac{2r\sigma_x\sigma_z}{\sigma_x^2-\sigma_z^2} \tag{2.5}$$

经这样的坐标变换后，其二维正态分布密度函数的典型形式如下：

$$f(\xi,\zeta)=\frac{1}{2\pi\sigma_\xi\sigma_\zeta}\exp\left(-\frac{\xi^2}{2\sigma_\xi^2}-\frac{\zeta^2}{2\sigma_\zeta^2}\right) \tag{2.6}$$

式中：σ_ξ，σ_ζ——沿主散布轴的射击均方根偏差。

在处理弹着点与目标的平面偏差的测量结果和计算毁伤效果时，通常需要进行坐标变换，尽可能使 x 轴、z 轴与主散布轴相重合。因此，应当使 x 轴与发射方向重合。这样，x 轴和 z 轴便为主散布轴，沿 x 轴和 z 轴的均方根偏差就是沿主散布轴的均方根偏差，其正态分布密度函数将具有下列形式：

$$f(x,z)=\frac{1}{2\pi\sigma_x\sigma_z}\exp\left(-\frac{x^2}{2\sigma_x^2}-\frac{z^2}{2\sigma_z^2}\right) \tag{2.7}$$

此时，用平行于 xOz 的平面横截 $f(x,z)$ 曲面便可得典型情况下的等密度散布椭圆。若令平行于 xOz 平面的截面方程为

$$f(x,z)=c \quad \left(0\leqslant c\leqslant \frac{1}{2\pi\sigma_x\sigma_z}\right) \tag{2.8}$$

则该散布密度椭圆方程为

$$\frac{x^2}{\sigma_x^2}+\frac{z^2}{\sigma_z^2}=k \tag{2.9}$$

其中

$$k=\ln\frac{1}{2c\pi\sigma_x\sigma_z}$$

从该散布密度椭圆方程可以看出，它的长、短半轴的大小与相应的随机变量的均方根偏差成比例。当 $k=1$ 时，可得如下椭圆方程：

$$\frac{x^2}{\sigma_x^2}+\frac{z^2}{\sigma_z^2}=1 \tag{2.10}$$

此椭圆的长、短半轴分别等于随机变量的均方根偏差。

第三节　散布指标及其换算关系

衡量导弹落点相对于落点散布中心密集程度的指标称为落点密集度指标或导弹落点散布指标。在导弹精度分析和毁伤效果计算中，常用的散布指标主要有公算偏差、均方根偏差和圆概率偏差三种。

一、散布指标

(一) 公算偏差

公算偏差又称为概率偏差或中间偏差，一般用符号 E 表示。它分为纵向公算偏差 E_x 和横向公算偏差 E_z 两部分。

1. 纵向公算偏差 E_x

由上述分布律可知，纵向正态分布被表示为

$$f(x)=\frac{1}{\sqrt{2\pi}\,\sigma_x}\exp\left[-\frac{(x-m_x)^2}{2\sigma_x^2}\right]$$

该分布对称于点 m_x，其分布图形如图 2.5 所示。

根据概率论知识可知，区间$[x_1,x_2]$与分布密度函数 $f(x)$ 所包围的面积就是 x 发生在区间$[x_1,x_2]$上的概率，即导弹落入该区间内的概率。因此，曲线 $f(x)$ 与 x 轴所包围的面积应为单位1。在武器系统效能分析中，我们通常取一合适的区间$[x_1,x_2]$，x_1,x_2 对称于分布中心 m_x，若导弹落入该区间内的概率为 50%，则该区间长度的一半就称为纵向公算偏差 E_x。

2. 横向公算偏差 E_z

同样，由横向分布密度函数

$$f(z)=\frac{1}{\sqrt{2\pi}\,\sigma_z}\exp\left[-\frac{(z-m_z)^2}{2\sigma_z^2}\right]$$

可得到横向分布如图 2.6 所示。

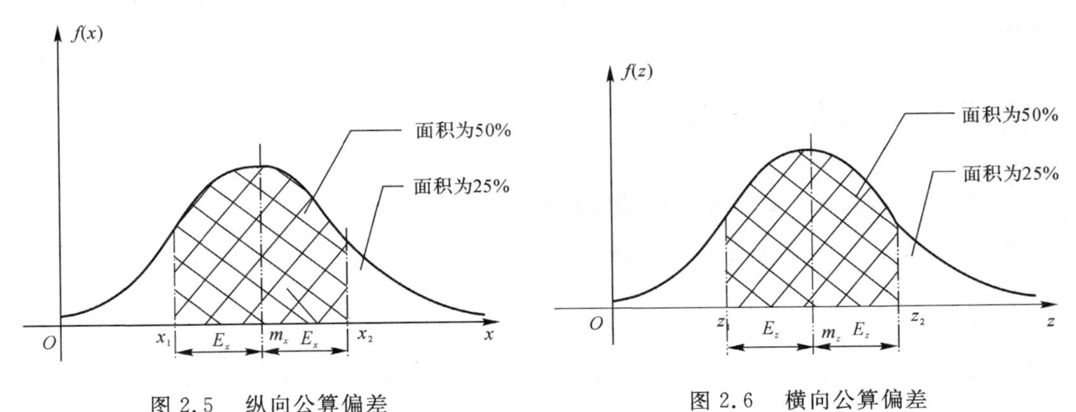

图 2.5　纵向公算偏差　　　　图 2.6　横向公算偏差

若区间$[z_1,z_2]$对称于 m_z，且导弹落入该区间内的概率等于 50%，则该区间长度的一半为横向公算偏差 E_z。

（二）均方根偏差 σ

均方根偏差有时也称为标准偏差，通常用符号 σ 表示。在大多数统计工作和制导误差分析中，为便于误差的测量和统计，常用标准偏差。根据前面分布律的分析，可知标准偏差 σ 也可分为纵向标准偏差σ_x 和横向标准偏差σ_z。标准偏差是指在导弹落点散布的区域内，在散布中心前或后（左或右）一个均方根偏差的区间长度。下面以纵向标准偏差为例分析导弹落点分布情况，如图 2.7 所示。

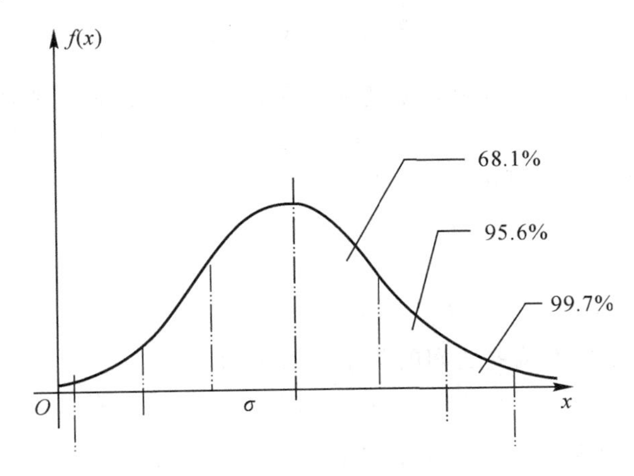

图 2.7　均方根偏差

由图 2.7 可知，导弹落入散布中心前后各一个 σ_x 区间内的落点概率为 68.3%，前、后各两个 σ_x 区间内的落点概率为 95.6%，前、后各 3 个 σ_x 区间内的落点概率为 99.7%。其横向分布情况与此相同，这里不再赘述。

(三) 圆概率偏差(CEP)

圆概率偏差(Circular Error Probable,简记为CEP)的定义:以散布中心为圆心、R为半径画圆,导弹落入该圆内的概率为50%,则该圆称为半数必中圆,半径之长度称为圆概率偏差CEP。

二、指标间的相互关系

(一) 均方根偏差与公算偏差之间的转换关系

为讨论问题方便,我们取原点为导弹散布中心($m_x = m_z = 0$),则导弹纵向散布密度函数为

$$f(x) = \frac{1}{\sqrt{2\pi}\sigma_x}\exp\left(-\frac{x^2}{2\sigma_x^2}\right) \tag{2.11}$$

由公算偏差的定义可知,导弹落入区间$[-E_x, E_x]$上的概率应为50%,即

$$\int_{-E_x}^{E_x} f(x)\mathrm{d}x = \frac{1}{\sqrt{2\pi}\sigma_x}\int_{-E_x}^{E_x} \mathrm{e}^{-\frac{x^2}{2\sigma_x^2}}\mathrm{d}x = \frac{1}{2} \tag{2.12}$$

令

$$u = \frac{x}{\sigma_x}, \quad u' = \frac{E_x}{\sigma_x} \tag{2.13}$$

则

$$\mathrm{d}u = \frac{1}{\sigma_x}\mathrm{d}x$$

$$\int_{-E_x}^{E_x} f(x)\mathrm{d}x = \frac{1}{\sqrt{2\pi}}\int_{-u}^{u'} \mathrm{e}^{-\frac{u^2}{2}}\mathrm{d}u = \frac{1}{2} \tag{2.14}$$

由于$f(x)$对称于原点,因此,式(2.14)可写为

$$\frac{2}{\sqrt{2\pi}}\int_0^{u'} \mathrm{e}^{-\frac{u^2}{2}}\mathrm{d}u = \frac{1}{2} \tag{2.15}$$

等式左边为拉普拉斯函数,该积分项很难得到其解析解,通过数值计算获得,经计算

$$u' = \pm 0.674\ 5$$

由式(2.12)和式(2.13),可得

$$E_x = u'\sigma_x = 0.674\ 5\sigma_x \tag{2.16a}$$

同理,可得

$$E_z = u'\sigma_z = 0.674\ 5\sigma_z \tag{2.16b}$$

因此,均方根偏差与公算偏差之间的关系可表示为

$$E = 0.674\ 5\sigma \tag{2.17}$$

(二) 均方根偏差、公算偏差与圆概率偏差的关系

为便于问题的分析,同样取原点为导弹散布中心,并且将导弹落点散布,即分导弹落点散布为圆散布($\sigma_x = \sigma_z = \sigma$)和导弹落点散布为椭圆散布($\sigma_x \neq \sigma_z$)两种情况进行讨论。

1. 圆散布($\sigma_x = \sigma_z = \sigma$)

根据分布密度函数和概率论知识,不难得到导弹散布为圆散布时,导弹落入半径为R的圆内的概率表达式为

$$P(x,z)=\iint_{x^2+z^2\leqslant R^2} f(x,z)\mathrm{d}x\mathrm{d}z=\frac{1}{2\pi\sigma^2}\iint_{x^2+z^2\leqslant R^2} \mathrm{e}^{-\frac{x^2+z^2}{2\sigma^2}}\mathrm{d}x\mathrm{d}z \tag{2.18}$$

取极坐标形式，可得

$$P(R)=\int_0^{2\pi}\int_0^R \frac{1}{2\pi\sigma^2}\mathrm{e}^{-\frac{r^2}{2\sigma^2}}r\mathrm{d}r\mathrm{d}\theta=\int_0^R \frac{r}{2}\mathrm{e}^{-\frac{r^2}{2\sigma^2}}\mathrm{d}r=-\exp\left(-\frac{r^2}{2\sigma^2}\right)\Big|_0^R=1-\exp\left(-\frac{R^2}{2\sigma^2}\right) \tag{2.19}$$

由圆概率偏差的定义可知，若该概率值为0.5，则该圆的半径R便为圆概率偏差CEP，即

$$P(R)=1-\exp\left(-\frac{R^2}{2\sigma^2}\right)=\frac{1}{2} \tag{2.20}$$

对该式取自然对数，可得

$$-\frac{R^2}{2\sigma^2}=\ln\frac{1}{2} \tag{2.21}$$

对该式进行整理，可得

$$R^2=2\sigma^2\ln\frac{1}{2}=1.386\ 294\sigma^2$$

$$R=1.177\ 4\sigma=\mathrm{CEP}$$

即

$$\mathrm{CEP}=1.177\ 4\sigma \tag{2.22}$$

将式(2.17)代入式(2.22)，可得圆概率偏差与公算偏差的关系式为

$$\mathrm{CEP}=1.745\ 8E \tag{2.23}$$

2. 椭圆散布($\sigma_x\neq\sigma_z$)

通常，导弹的落点散布不一定具备圆散布特性，即$\sigma_x\neq\sigma_z$，因此，无法严格确定半数必中圆的半径R。但是，由于用CEP来作为精度指标比较方便，故仍同样定义一个散布圆，使落入该圆内的概率为0.5，将该等效圆的半径R称为等效散布圆概率偏差，即

$$P(x,z)=\frac{1}{2\pi\sigma_x\sigma_z}\iint_{x^2+z^2\leqslant R^2}\exp\left[-\frac{1}{2}\left(\frac{x^2}{\sigma_x^2}+\frac{z^2}{\sigma_z^2}\right)\right]\mathrm{d}x\mathrm{d}z$$

令

$$\begin{cases}x=r\cos\theta\\y=r\sin\theta\end{cases}$$

则

$$P(x,z)=\frac{1}{2\pi\sigma_x\sigma_z}\int_0^{2\pi}\int_0^R\exp\left[-\frac{1}{2}r^2\left(\frac{\cos^2\theta}{\sigma_x^2}+\frac{\sin^2\theta}{\sigma_z^2}\right)\right]r\mathrm{d}r\mathrm{d}\theta \tag{2.24}$$

现在需要求出当$P(x,z)=0.5$时R的数值。当给定若干组$\sigma_x,\sigma_z(\sigma_x>\sigma_z)$的值时，即可用数值计算求出与之对应的$R$，然后绘出$R/\sigma_x$与$\sigma_z/\sigma_x$的准确关系曲线，如图2.8所示。

由图2.8可知，当$\sigma_z/\sigma_x>0.3$时，可近似用一直线去逼近，该直线方程为

$$\frac{R}{\sigma_x}=0.562+0.615\frac{\sigma_z}{\sigma_x}$$

则当$\sigma_x>\sigma_z$时，等效圆概率偏差与均方根偏差的关系式为

$$\mathrm{CEP}=0.562\sigma_x+0.615\sigma_z\quad(\sigma_x>\sigma_z) \tag{2.25}$$

同理，可得当$\sigma_x<\sigma_z$时，等效圆概率偏差与均方根偏差的关系式为

$$\mathrm{CEP}=0.562\sigma_z+0.615\sigma_x \quad (\sigma_x<\sigma_z) \tag{2.26}$$

将式(2.16)代入式(2.25)和式(2.26)，可得到等效圆概率偏差与标准偏差之间的关系式为

$$\mathrm{CEP}=0.911\,8E_x+0.833\,2E_z \quad (E_z>E_x) \tag{2.27}$$

$$\mathrm{CEP}=0.911\,8E_z+0.833\,2E_x \quad (E_x>E_z) \tag{2.28}$$

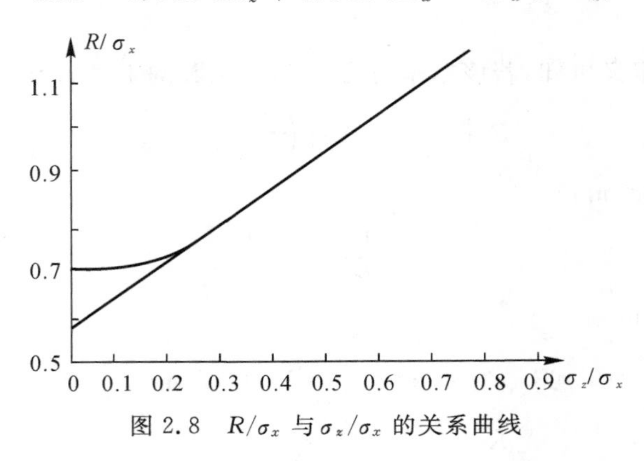

图 2.8　R/σ_x 与 σ_z/σ_x 的关系曲线

思　考　题

1. 试分析影响射击误差的主要因素。
2. 给出弹道导弹飞行主动段对导弹打击精度的影响。
3. 分析导弹的散布规律。
4. 给出散布指标的内涵。
5. 推导散布指标的换算关系。
6. 分析射击误差散布规律的数学模型基础。

第三章　目标毁伤效应及其参数计算

第一节　核武器概述

核武器是利用能自持进行的核裂变或聚变反应瞬间释放的巨大能量，产生爆炸作用，并具有大规模杀伤破坏效应的武器的总称。它包括原子弹、氢弹、中子弹等。

一、原子弹

原子弹是利用铀或钚等易裂变重原子核反应瞬间释放出巨大能量的核武器，也称裂变弹。原子弹的威力通常为几万至几百万吨级梯恩梯当量，有很大的杀伤破坏力，可由不同的运载工具携载而成为核导弹、核航弹、核地雷或核炮弹等。

(一)原子弹的构造和基本原理

原子弹主要由引爆系统、炸药层、反射层、核装料和中子源等部件组成。引爆系统是用来起爆炸药的；炸药是推动、压缩反射层和核装料的能源；反射层由铍 9 或铀 238 构成。铀 238 不仅能反射中子，而且密度很大，可以减缓核装料在释放能量过程中的膨胀，使链式反应维持更长的时间，从而提高原子弹的爆炸威力。

1. 裂变装料

原子弹的核装料主要是铀 235 和钚 239。铀 235 和钚 239 这类原子核在中子的轰击下，会分裂成两个中等质量数的核(称裂变碎片)，同时放出 2～3 个中子和约 180 MeV 能量(相当于 2.9×10^{-11} J 的核能)。放出的中子，有的损耗在非裂变的核反应中或漏失到裂变系统之外，有的继续引起重核裂变。如果每一个核裂变后能引起下一代裂变的中子数平均多于 1 个，裂变系统中就会形成自持的链式裂变反应，中子总数将随时间成指数增长。例如，当引起下一代裂变的中子为 2 个时，在不到 1 μs 内，就可使 1 kg 铀 235 或钚 239 内的约 2.5×10^{24} 个原子核发生裂变，并释放出 17.5 kt 梯恩梯当量的能量。此外，裂变碎片在衰变过程中还会陆续释放约 2 kt 梯恩梯当量的能量。因此，1 kg 铀 235 或钚 239 完全裂变，总共可释放出约 20 kt 梯恩梯当量的能量。

要使链式反应自持地进行下去，原子弹中的核装料必须大于一定数量，这个最低限量称为临界质量。临界质量的大小与核装料的种类、密度、形状和其周围环境有关。铀 235(密度为 18.75 g/cm^3)裸球的临界质量约为 50 kg，δ 相钚 239(密度为 15.7 g/cm^3)裸球的临界质量约为 16 kg，α 相钚 239(密度为 19.4 g/cm^3)裸球的临界质量约为 10 kg。如果在核装料外面包上反射中子性能良好的铀 238 或铍 9 作反射层，就可减小其临界质量，如在 δ 相钚 239 包上

2 cm 厚的铀 238 球壳，其临界质量可减小约 11 kg。此外，提高核装料的压缩度，也能有效减小其临界质量，若密度提高 1 倍，则其临界质量约可减小到原来的四分之一。

一颗原子弹的核装料一定要大于其临界质量，但它在平时必须处于次临界状态，否则，核装料中自发裂变产生的中子或空气中游荡的中子，可能会引起链式反应而造成核事故。

原子弹的设计原理是使处于次临界状态的核装料在瞬间达到超临界状态，并适时提供足够多的中子，诱发链式反应。核装料的超临界状态可以通过两种方法来达到：一种是“枪式”，即把 2～3 块处于次临界的核装料，在化学炸药爆炸产生的爆炸力推动下迅速合拢而成为超临界状态；另一种是“内爆式”，即用化学炸药爆炸产生的内聚爆轰波，猛烈压缩处于次临界的核装料，使核装料的密度急速提高而处于超临界状态。与“枪式”原子弹相比，“内爆式”可减少核装料，因而被广泛采用。

可作原子弹装料的铀 235 存在于天然铀中，但含量只有 0.72%，原子弹需用含量达 90%以上的高浓缩铀。钚 239 在中子的轰击下发生裂变的概率比铀 235 大，裂变后放出的中子数也较多，用它作核装料对提高武器的威力和使武器小型化较为有利。钚 239 在自然界不存在，是通过核反应堆用中子照射铀 238 生成的，但在生成物中还有钚 240。因为钚 240 的自发裂变概率很高，所以核装料中含钚 240 的量较多时，就可能发生“提前点火”，钚 240 的含量越多，提前点火的危险性就越大。所谓“提前点火”就是指核装置可能在尚未达到预定的超临界状态前就发生链式裂变反应，因而使原子弹的威力达不到设计指标。“内爆式”原子弹中所用的钚，钚 240 的含量一般不允许超过 10%。含钚 240 达到 20%～30%的钚，只能制造低当量或当量范围要求不太严格的原子弹。“枪式”原子弹不宜用钚作核装料，因为这种结构使钚达到超临界的速度慢，提前点火的概率大，所以“枪式”原子弹只能用铀 235 作核装料。镅、锔等元素也有用作核装料的前景。裸球锔 245 的临界质量只有 3 kg 左右，对原子弹的小型化有重要意义。但超钚元素的产量太低，成本昂贵，目前还未实际应用。

2. 中子源

为了诱发链式反应，还应有中子源提供“点火”中子。核装置中的中子源可采用氘、氚反应中子源，钋-铍源，锎 252 自发裂变源等。

引爆装置是核弹头中能发出特定的“引爆指令”信号的装置。只有在原子弹接到起爆指令后，才会发生爆炸。不同核弹头可采用不同的引爆装置发出起爆指令。触发引爆装置是在核弹头接触阻挡物时发出起爆指令。“雷达制导”引爆装置和“气压制导”引爆装置可保证核弹头在距目标一定高度上发出起爆指令引爆原子弹。

(二)原子弹的爆炸过程

原子弹接到起爆指令后，引发雷管使炸药起爆，炸药的爆轰产物推动并压缩反射层核爆装料，使之达到超临界状态，中子源适时地提供足够强的点火中子，核装料便发生裂变链式反应，并猛烈释放能量。随着能量的积累，温度、压力迅速升高，核装料便猛烈膨胀，密度不断下降，最终成为次临界状态，链式反应趋向停止。从雷管起爆到中子点火前是爆轰、压缩阶段，通常要几微秒。从中子点火到链式反应是裂变放能阶段，只需零点几微秒。原子弹在如此短的时间内放出几百至几万吨梯恩梯当量的能量，使整个弹体和周围介质都变成了高温高压的等离子体气团，在反应区内温度可达几千万摄氏度，压力达几十亿兆帕斯卡，从而发生爆炸。

二、氢弹

氢弹主要是利用氘、氚等轻原子核的自持聚变反应瞬时放出巨大能量的核武器，又称聚变弹或热核弹。氢弹的威力比原子弹大得多，可达几千万吨梯恩梯当量。

(一)氢弹的构造

氢弹主要由初级系统(裂变"扳机")和次级系统(热核装料)组成。由于氘、氚聚变反应需要在极高温度下才能进行，因此，氢弹必须由原子弹来引爆。作为氢弹"扳机"的原子弹不同于一般原子弹，既要小而轻，又要能够放出足够大的能量，以便保证点燃聚变装料，达到所要求的威力。

氢弹初级系统的构造极为复杂。它类似一个足球，直径小于 50 cm，由同样形状的 20 个六角形或 12 个五角形炸药块构成，雷管导线附在每一个五角形或六角形炸药块的表面，每一炸药块的雷管都与一个公共电源相连，接到起爆指令后，保证所有雷管在瞬间同时起爆。炸药块里面是由多个同心球壳组成的球体，由里向外排列的次序如下：

(1)氘、氚聚变装料小球。

(2)钚球壳：紧套在氘氚小球外边，含钚 239 应在 90%以上，钚 240 的含量应小于 10%。

(3)铀 235 球壳：紧套在钚球壳外面，铀 235 的含量在 90%以上。

(4)铀 238 球壳(也称惰层)：为了增加炸药爆炸时对核装料的向心压力，给很重的铀 238 球壳一个冲量，在铀 238 球壳与铀 235 球壳之间空出一定距离；惯量很大的铀 238 球壳可以延长核装料链式反应时间，提高反应效率，增大"扳机"的爆炸威力。

(5)铍反射层：作用是把逃出核装料的中子反射回去参加裂变反应。

氢弹的弹壳也是精心设计的，除具有保护和支承初级和次级两个系统之外，还具有能把裂变"扳机"产生的辐射能量聚焦于泡沫塑料的功能和接受快中子使铀 238 裂变增大氢弹威力的作用。

(二)氢弹的爆炸原理和爆炸过程

氢弹主要是聚变反应释放能量。带电的原子核要发生聚变反应，必须具有足够动能，才能克服静电斥力而彼此靠近。裂变"扳机"爆炸产生的几千万摄氏度高温，提供了热核反应的基本条件。现代氢弹中的热核装料是固态氘化锂 6，锂 6 能与中子作用产生氚，氘和氚产生聚变反应释放出能量和高能中子。热核反应放出的高能中子能引起铀 238 核裂变，释放出大量能量。这种氢弹的放能过程有裂变、聚变、裂变三个阶段，故称三相氢弹。

氢弹的爆炸过程：氢弹接到起爆指令后，雷管爆发，裂变"扳机"释放大量能量。裂变"扳机"放出的能量形式是发射软 X 射线，软 X 射线通过圆柱形球壳中精心设计的能量反射面聚焦于次级系统的聚苯乙烯泡沫塑料；泡沫塑料吸收裂变"扳机"的辐射能量后，温度骤然上升，形成高能量的等离子体；等离子体发生爆炸猛烈压缩锥形的铀 238 惰层，使锥形体中的热核装料和钚 239 棒受到挤压；当钚 239 棒被压缩到超临界状态时，钚 239 棒产生裂变链式反应，从热核装料内部提供能量，起到了第二"扳机"的作用。这样，泡沫塑料等离子体从外部，钚 239 棒从内部对氘化锂 6 加压、加热和提供中子，因而聚变反应迅猛进行，放出大量聚变能量和高能中子。这些高能中子被包在热核装料外的铀 238 惰层吸收，铀 238 发生裂变反应补充了能量，继续维持高温高压，促使更多的热核装料聚变。当弹壳受到弹内能量的推动飞散时，整个聚变、裂变反应迅速停止。

三、中子弹

中子弹是以高能中子辐射为主要杀伤因素，且相对减弱冲击波和光辐射效应的一种特殊设计的小型氢弹。一枚 1 000 t 梯恩梯当量的中子弹在距爆心 800 m 处的核辐射剂量为同样当量纯裂变武器的 10 倍左右。因此，中子弹更为确切的名称是增强辐射武器。

(一)中子弹的主要特点

1. 中子的产额多

裂变时每释放 200 MeV 的能量，平均能释放出 1.5 个中子。中子弹是氘、氚聚变，每释放 17.6 MeV 能量，就可以释放出一个中子，因此，每 1 000 t 梯恩梯当量的氘、氚聚变比裂变放出的中子提高 6～7 倍。中子弹在结构上采取了减少中子损失的措施，实际出弹壳的中子数大约是同当量原子弹的 10 倍。

2. 中子的能量高

裂变时的中子平均能量约为 2 MeV，而氘、氚聚变放出的中子能量可高达 14 MeV。中子能量高，贯穿能力就强，杀伤范围大，能穿透坦克装甲和一定的工事防护层杀伤人员。

3. 中子弹的当量小

一般中子弹的当量不大于 3 kt 梯恩梯当量。中子弹是以中子辐射来杀伤人员的，中子在稠密空气中的射程有限，增加中子弹的当量并不能使中子的杀伤半径明显增大，但增大当量能使冲击波和光辐射的杀伤范围迅速增大。当梯恩梯当量大于 10 kt 梯恩梯当量时，中子辐射的杀伤范围小于冲击波和光辐射，中子弹的强辐射特性将不再能保持了。

4. 中子弹的放射性沾染轻

聚变反应没有带放射性的产物，而裂变反应的产物是具有很强放射性的。然而，热核聚变反应仍需裂变反应来引爆，因此，中子弹仍有一些裂变产物存在，但其造成的放射性沾染较轻。

(二)中子弹的构造

中子弹是小型化的氢弹，其构造有下列特点。

1. 裂变“扳机”

为了利于小型化，中子弹的裂变“扳机”一般不使用铀 235，而采用高纯度钚 239。

2. 用铍 9 作中子反射层而不用铀 238

用铍 9 作中子反射层(护持器)，使得中子弹具有以下特点：

(1)可使中子弹小而轻(铍的密度为 1.86 g/cm^3，而铀 238 的密度为 18.7 g/cm^3)。

(2)增大中子弹中子产额，铍不但不易吸收中子，而且还能增殖中子。铍 9 的慢中子吸收截面约为天然铀的千分之一，而且钚裂变和氘、氚聚变时产生的中子、γ 光子、α 粒子、质子、氘核等都与铍 9 反应产生更多的中子。

(3)$^{9}_{4}Be(p,n)^{9}_{5}\rightarrow Be$ 是吸热反应，可使核爆炸火球的温度下降，从而减少冲击波、光辐射效应，提高中子效应。

3. 热核装料采用高密度的氘氚混合物

锂 6 造氚要吸收中子，氘化锂 6 不能作为中子弹的热核装料，而采用氘氚混合物，可以免掉造氚过程，从而提高中子产额。

四、其他类型的核武器

(一)冲击波弹

一种以冲击波效应为主要杀伤破坏因素的特殊性能氢弹。其显著特点是降低了放射性物质的生成量，减轻放射性沾染的效应。它是以尽量降低裂变份额，并在弹体内用轻材料慢化中子，以便提高核反应效率，使之有更多的能量转化为冲击波、光辐射效应而减轻感生放射性的措施来实现的。

冲击波弹的杀伤破坏作用与常规武器相近，能以地面或接近地面的核爆炸摧毁敌方坚固的军事目标，且产生的放射性沾染较轻，爆后不久，即可进入爆区，因此，比较适合在战场上使用。

(二)核电磁脉冲弹

一种利用在大气层以上的核爆炸，使之产生大量定向或不定向的强电磁脉冲，以毁坏敌方的通信系统等的核武器，简称 EMP 弹。从核电磁脉冲弹破坏目标的基本要求出发，它应当具备的基本性能：①核电磁脉冲效应要比普通氢弹强得多；②电磁脉冲频谱中的主频要高。由于电磁脉冲要穿入目标的缝隙、天线孔，损伤目标内部的电子元件、电路、设备，因此，电磁脉冲应是厘米波至毫米波，其主频在 $10^{10}\sim10^{11}$ Hz；③为了更有效地利用电磁辐射能量和减少对己方的影响，要求定向发射电磁脉冲。这些性能是普通氢弹高空爆炸不能达到的。

(三)感生放射性弹

利用核爆炸释放的中子照射某些添加的核素(如钴、锌)，生成大量半衰期较长的放射性同位素，从而增强放射性沾染而特殊设计的核武器。

(四)增强 X 射线弹

一种以增强 X 射线破坏效应为主要特征的特殊氢弹。

从原理上看，增强 X 射线的含义有两个方面：一是增大 X 射线在核爆炸释放能量中的份额；二是使释放的 X 射线的能谱变硬。它是通过改变核战斗部设计，将核弹爆炸时的表面温度提高到 10^{9} K 量级，使发射出的 X 射线能谱变硬。这样的硬 X 射线可以透入来袭导弹壳体，对内部电子器件、电路等产生辐照效应；由于硬 X 射线在空气中穿透能力较强，增强 X 射线弹即使在 60～70 km 高度上爆炸，X 射线仍然是重要破坏因素。

(五)核激励 X 射线激光器

用核爆炸产生的 X 射线激励激光工作物质，使其产生 X 射线激光的装置。X 射线激光的特点是波长短、辐亮度高、脉冲窄和方向性很强，能在特定方向上大大增强核爆炸 X 射线的能通量。核激励 X 射线激光是一种等离子体激光。它通常是原子或高度电离的离子内壳层电子在受激辐射过程中产生的相干辐射，需要很强的泵浦源。核爆炸产生的高温辐射，经过适当的波谱变换可成为理想的泵浦源。把 X 射线激光工作物质做成细长的丝(即激光棒)放在核装置周围，核爆炸时激光棒在很短时间内吸收足够多的光辐射能量，变成高温等离子体状态，使处于高激发状态的离子数大于低激发态离子数，形成粒子数反转，当增益达到一定程度时，便发射 X 射线激光，沿激光棒的轴向传播。美国利弗莫尔研究所设想将很多根激光棒排放在核装置周围，在识别跟踪系统(战略防御系统)的控制下，使每根激光棒都对准各自的目标。一次核爆炸释放的光辐射能量，可同时转化为多路激光束，照射到多个导弹壳体上，产生热击波，摧毁来袭的大规模齐射核导弹，也可用来打击天基平台。

第二节　核武器效应的一般特点

一、核武器的威力和杀伤破坏因素

(一)核武器的威力

1. 梯恩梯当量

核武器的威力通常以核武器爆炸时释放的能量多少来衡量。核武器爆炸时释放的能量，比只装化学炸药的常规武器要大得多。例如，1 kg 铀 235 全部裂变释放的能量约 8.4×10^{13} J，是 1 kg 梯恩梯当量炸药爆炸释放能量 4.19×10^{6} J 的 2 000 万倍。为了衡量核武器的威力大小，可用梯恩梯当量表示。梯恩梯当量是指核武器爆炸时释放出的能量相当于多少质量的梯恩梯炸药爆炸时所放出的能量。例如，中子弹的梯恩梯当量(简称“当量”)1 kt，是指中子弹爆炸时放出的总能量是 4.19×10^{12} J，与 1 kt 梯恩梯炸药爆炸时放出的能量相当。

2. 比威力

比威力是指核弹头的威力(梯恩梯当量)与其投掷质量之比，单位为 kt/kg。所谓投掷质量包含导弹的末助推装置、末制导系统、核弹头和突防装置的质量，单位为 kg。例如，美国轰炸日本广岛用的枪式原子弹”小男孩”，其比威力约为 0.003 kt/kg，而美国”大力神”Ⅱ洲际弹道核导弹的比威力达到了 2.4 kt/kg。比威力是衡量核弹头设计水平的一个概略指标。随着核武器的小型化、多弹头技术的发展，对威力较大的单弹头与威力较小的多弹头母舱中的子弹头的设计水平进行比较时，用比威力衡量就存在较大缺陷。例如，美国“民兵”Ⅲ洲际弹道核导弹的核弹头能携带 3 个子弹头，每个子弹头的质量为 180 kg 左右，威力为 335 kt 梯恩梯当量，其比威力约为 1.9 kt/kg，比“大力神”Ⅱ洲际弹道核导弹的比威力低得多，但实际上“民兵”Ⅲ洲际弹道核导弹弹头的设计水平高，破坏效果更大。为了更合理地衡量核武器的破坏效果，引入“等效百万吨数”的概念。等效百万吨数等于“威力”除以百万吨梯恩梯当量的商的 2/3 次方。如果以此来衡量“大力神”Ⅱ洲际弹道核导弹和“民兵”Ⅲ洲际弹道核导弹，它们的比等效百万吨数分别为 1.17×10^{-3}/kg 和 2.68×10^{-3}/kg，这反映出了后者比前者设计水平高得多。

3. 核武器威力等级分类

按梯恩梯当量的吨位分，核武器的威力可分为百吨级、千吨级、万吨级、十万吨级、百万吨级和千万吨级等几种。

(二)核爆炸的发展过程及杀伤破坏因素

由以上分析可以看出，核爆炸时，弹体内释放出巨大的能量，核反应区域内的温度升高到数千万摄氏度，压力也相应地升高到数百亿个大气压。在这样的高温、高压作用下，弹体物质变成高温、高压等离子体气团，向周围的空气辐射出轻 X 射线，使周围的冷空气加热和增压。

同时，高温、高压气团猛烈地向外膨胀。空气的光学性质使得加热、增压的热空气团成为一个温度大致均匀的球体，即等温火球。等温火球具备温度、压力突变的峰面，这个峰面即辐射波阵面。

高温、高压火球一面向外发出光辐射，一面快速向外膨胀，同时温度和压力不断降低。当火球内部温度大约下降到 3×10^5 K 时，形成以 40～50 km/s 的速度向四周传播的冲击波。这时，冲击波阵面的温度很高，仍然发光，而且就是火球的阵面。以后火球内部温度分布是表面最低，向内温度升高，而且内部有一个均匀的高温部分，即等温球。当冲击波阵面温度降低到 2 000 K 以后，不再发光，冲击波脱离火球，按自身的规律向四周运动。当冲击波到达某点时，压力急剧增加，而且伴随着产生一股强烈的飓风，使该点的人员、物体受到杀伤破坏。冲击波是核爆炸的重要杀伤破坏因素之一。

核爆炸产生的高温、高压火球不断以光和热的形式向外辐射能量，形成了核爆炸的另一种重要杀伤破坏因素——光辐射。它可以在相当远的距离上灼伤人员的皮肤，使物体燃烧。

随着火球的不断膨胀，压力和温度不断下降，在火球内部的压力仍高于正常大气压时，由于温度仍很高，使得火球内部的密度出现比正常大气密度小的现象。这时，它相当于一个“真空”气球，在大气的浮力作用下不断上升和继续膨胀，最后形成烟云，同时，由地面反射的冲击波和爆心真空区的抽吸作用，以及热对流造成的湍流运动，使烟云继续上升、增大，最后形成高大的蘑菇云。以后，它慢慢随风飘散，放射性物质不断降落到地面形成核爆炸特有的杀伤破坏因素——放射性沾染。

核爆炸一开始，伴随着核反应释放出中子和 γ 射线，经过弹体物质相互作用后，有一部分泄漏出弹体。伴随核反应过程泄漏出的中子和 γ 射线称为瞬发中子和瞬发 γ 射线。瞬发中子、瞬发 γ 射线和某些裂变产物在数秒内放出的缓发中子、缓发 γ 射线，以及空气中氢俘获中子放出的 γ 射线，构成了核爆炸的另一种特有的杀伤破坏因素——早期核辐射。

核爆炸产生的瞬发 γ 射线与空气的原子相互作用，主要是康普顿散射，即空气在射线的作用下，产生康普顿电子流。由于康普顿电子流的增长和消失，因此，发出很强的电磁脉冲，并向远处辐射。它可能成为战略武器系统破坏的重要因素。

综上所述，核爆炸产生的杀伤破坏因素有冲击波、光辐射、早期核辐射、放射性沾染和核电磁脉冲等。这些杀伤、破坏因素能在较大范围内杀伤人员，破坏武器、装备和工程设施等。

核爆炸中，各种杀伤破坏因素所占的能量比例取决于武器的性质和爆炸高度。在空中爆炸时，对于纯裂变的原子弹，冲击波和光辐射约占爆炸总能量的 85%，早期核辐射占 5%，放射性沾染约占 10%，电磁脉冲占的能量极小。对于完全聚变的爆炸，由于聚变不产生裂变产物，因此，没有放射性沾染，冲击波和光辐射占爆炸总能量的 95%，早期核辐射仍占 5%。实际上，热核武器中裂变、聚变各占一定的比例。因此，对于热核武器，各杀伤破坏因素所占的能量比例应根据裂变、聚变的比求出。

在冲击波和光辐射所占的能量中，光辐射所占的能量随当量而变。一般在万吨级当量的情况下，光辐射约占爆炸总能量的 30%。随着当量的增加，光辐射所占的能量略有减少。

对中子弹、冲击波弹、电磁脉冲弹、增强剩余辐射弹等特种战术核武器来说，由于采取了对各种核武器效应的“剪裁”技术——通过各种新颖独特、巧妙合理的核弹头设计，改变核爆炸杀伤破坏因素在核爆炸中所占的能量份额及其相互之间的主次关系，使之“按照需要向外释放能量”，从而达到尽可能最大限度地增强其中某些杀伤破坏因素的作用，而将其余破坏因素尽量降低至最小限度。

二、核武器的爆炸方式及其外观景象

(一)核武器的爆炸方式

核武器的爆炸方式是指核武器在不同介质和不同高度(或深度)爆炸的类型。核武器当量相同,爆炸方式不同,其外观景象和杀伤破坏效应差别很大。在实施核武器突击时,根据作战任务、目标性质和地形、气象条件等,正确选择爆炸方式,可取得较好的毁伤效果。一般情况下核武器的爆炸方式可分为空中爆炸、超高空爆炸、地面(水面)爆炸和地下(水下)爆炸四种。

爆炸方式通常用比例爆炸高度(简称比高)来划分,比高的定义如下:

$$h_1 = h/Q^{1/3} \tag{3.1}$$

式中:h_1—— 比高;

h—— 爆炸高度,m;

Q—— 爆炸当量,kt。

根据比高来划分不同的爆炸方式时,不仅要考虑杀伤破坏的特点和外观景象的差异,而且还应考虑核武器的使用、防护,以及爆后人员的行动。

(二)核武器爆炸的外观景象

不同方式的核武器爆炸有其独特的外观景象,可以通过对核武器爆炸外观景象的观测来判断其爆炸方式,进而估计其杀伤破坏情况。

1. 空中爆炸的外观景象

空中核武器爆炸时,先出现强烈的闪光,形成爆炸的第一个信号。闪光可在几十千米,甚至几百千米的范围内看到。闪光持续的时间很短,只有千分之几秒。核武器爆炸当量越大,能观察闪光的距离越远,闪光持续时间也相应增长。闪光之后出现明亮的火球,当冲击波经过地面反射,追上火球,火球将变成“馒头”形。火球冷却成云团后,以很快的速度继续上升,体积也不断扩大。在烟云上升的同时,在地面上掀起的尘柱追赶烟云,低空爆炸时尘柱经过几十秒后追上烟云,并和烟云相接,形成高大的蘑菇状烟云。空爆时,尘柱和烟云相接比低空爆炸缓慢。高空爆炸时,从地面扬起的尘柱不与烟云相接。几分钟以后,烟云上升到最大高度便停止上升,然后向下风方向漂移,逐渐消散。烟云上升到最大高度时,云顶的高度称为稳定顶高,烟云水平方向上的长度称为稳定直径,垂直方向上的厚度称为稳定厚度,爆炸后烟云上升到稳定高度的时间称为开始稳定时间。

2. 地面核武器爆炸的外观景象

总的来说,地面核武器爆炸的外观景象与低空核武器爆炸相类似。地面核武器爆炸最基本的特征是核武器爆炸火球接触地面,火球呈半球形(触地核武器爆炸)或球缺形(离地面一定高度爆炸)。

地面核武器爆炸时,灼热的火球接触地面,使地面的岩石、泥土和其他物质都被气化,并卷进火球中,离火球稍远处的地面物质被火球烘烤,有的完全被熔化,有的表面被熔化,当火球上升引起的猛烈余风形成后,又有大量尘埃、泥土和颗粒卷起。因此,地面核武器爆炸的烟云与尘柱基本是同时升起的,而且尘柱特别粗大,由于烟云中有大量地面物质混入,因此,烟云的颜色深暗。

触地核武器爆炸和爆高很低的核武器爆炸时，在火球触地的范围内，土壤和其他地面物质被气化，随之而来的冲击波和飓风将其抛掷卷走，形成弹坑。弹坑的大小与核武器威力、爆炸高度和土壤性质有关。

3.海面核爆炸的外观景象

核武器在接触水面或离水面一定高度上爆炸时，其外观景象基本上和地面爆炸类似，也是先出现核爆炸闪光，接着出现半球形(或球缺形)火球。在海上，随火球升起的不是尘柱，而是掀起大量海水，形成高度较低的水柱和水雾。当水柱回降后，海面形成巨大海浪和带放射性的雾，迅速向四周扩散。烟云冷却后，可能降放射性雨。

4.地下核武器爆炸的外观景象

地下核武器爆炸通常可分成深层地下核武器爆炸和浅层地下核武器爆炸。两者的区别在于深层地下核武器爆炸是指爆炸效应基本上被封闭在地下的那种爆炸，爆炸点上方的地面可能受挠动(比如，土丘或浅沉陷坑的出现，以及在地表处觉察到大地的颤动)。尽管有些未冷凝的气体会从地表面慢慢地渗漏出来，但不会有大量的爆炸残骸进入大气层。浅层地下核武器爆炸指的是能把大量的土壤、岩石卷入空气中，从而形成一个大弹坑的爆炸。在军事上具有实用价值的是浅层地下核爆炸。

当核武器在浅层地下爆炸时，释放的核能全封闭在地层下面，使爆点周围的土壤、岩石全部熔化、汽化，与爆炸残骸一起形成一个灼热的高压气团，相当于空中和地面爆炸时形成的火球。由于气泡的迅速膨胀而产生了地下冲击波，地下冲击波从爆点向各个方向传播。当向上的冲击波(压缩波)抵达地表面时，被反射回去形成稀疏波(张力波)。假如张力超过地面物质的抗拉强度，地面上层就会剥落，即分离成或多或少的水平层，然后由于入射冲击波传递的动量，这些分离的层以约 45 m/s(或更大些)的速度向上运动。

当稀疏波从地面反射回来后，朝着爆炸产生的正在膨胀的空腔运动，使土壤对空腔向上膨胀的阻力减小，致使空腔迅速向上膨胀，在地面拱起圆顶形。圆顶继续升高，裂缝出现，空腔中的气体泄入大气层。当圆顶完全解体后，岩石碎片则被向上、向外抛掷。然后，大量被抛射的物体遭到破碎，而后落到地面。弹坑的大小取决于核武器爆炸的威力和介质性质。

5.水下核爆炸的外观景象

核武器在浅层水下爆炸也形成火球，是一个高温、高压气泡，体积比空爆时小，主要成分是水蒸气。核武器爆炸面达到一定深度后，水面上就看不到通常的火球景象了，但从远处可以看到爆心附近水域被照亮的短暂发光现象。核武器在深层水下爆炸时，由于海水对光辐射的吸收，因此，爆心附近水面看不到发光现象。

水下核武器爆炸发展过程的外观景象，因爆炸威力、爆炸深度及水底深度等条件不同而异，但也有共同特征。浅层水下核武器爆炸开始时，高温、高压气泡急剧膨胀，在水中产生冲击波。冲击波传到水面时，使爆心投影点附近表层的水高速冲向上空形成水幕。当水下气泡上升到水面进入大气时，气泡因膨胀而冷却，使大量水蒸气凝成水珠，屏蔽了光辐射，因而看不到火球的发光。气泡膨胀的大部分放射性物质从水柱的中心排出，在水柱顶部形成花菜状烟云。威力为 2 kt 的核武器爆炸，空心水柱高度近 2 000 m，稳定烟云高度达 3 000 m。随后水柱回落，在水面激起巨浪，同时在水柱外沿底部形成由细微水珠组成的巨大环状云雾，迅速向外运动并翻滚上升，称为基浪。几分钟后基浪脱离水面缓慢上升，与空中放射性烟云相混，随风飘移，这时烟云中出现一个较大的降雨过程，造成附近的水面放射性沾染。深层水下核武器爆炸的外观景象与浅层水下核爆炸相似，但在火球冲击水面时并不形成空心水柱。灼热气体和蒸汽水泡冲出水墩时，形成向四面喷发的羽毛状水花，最高水花可达 500 m，下落水花柱产生可见基浪。

6. 高空核武器爆炸的外观景象

由于大气密度随高度的上升基本上按指数规律衰减，30 km 以上的大气稀薄，核武器爆炸的外观景象与在稠密大气层空中爆炸有较大差异。高空大气密度很小，光子的平均自由程很长，故火球的膨胀速度快，而且火球上部发展速度快于于下部，火球呈倒梨形。1958 年美国在 77 km 的高空，爆炸了一枚当量为 4 000 kt 的核弹，爆后 0.3 s 时，火球半径即达 9 km，爆后 3.5 s 时，扩大到 14.5 km，而且火球以极快的速度上升，最初的上升率为 1 600 m/s。由于冲击波在穿过稀薄空气产生电子激化的氧原子，因此，在火球周围形成了半径达几百千米的巨大红色球形波。由于冲击波阵面的温度不高，不能把火球屏蔽住，因此，爆后 1～2 s，在火球的底部可以看见一种辉煌的极光。这种美丽而明亮的“人造极光”有许多非常华丽飘带般的闪光，向北方扩散。这种极光是由放射性裂变碎片所发射出的粒子(电子)沿地球磁场磁力线运动而产生的，因此，有的地方尽管看不到火球，但能看见这种极光。在这么高的空中爆炸的烟云颜色十分浅淡，而且很快消失，地面上也没有尘柱出现。

如果核武器爆炸高度在 80 km 以上，空气密度只有低层大气的十万分之一以下，软 X 射线的平均自由程也会增大十万倍以上，因此，武器碎片与大气的相互作用成为形成火球的主要机制。由于武器碎片是高度电离的，因此，地磁场将影响后期火球的位置和分布。碎片形成的早期火球释放出软 X 射线，向上发射的 X 射线实际上不会被吸收，射向宇宙空间；向下运动的 X 射线大部分将被 80 km 高空附近的空气层所吸收。因而在 80 km 附近的空气被剧烈升温，形成一个厚 10～15 km 的圆盘状发光的空气层，称为 X 射线饼，其半径为爆高减去 80 km。

由以上分析可以看出，不同的爆炸方式有不同的外观景象。归纳起来，不同爆炸方式的外观景象特征见表 3.1。

表 3.1　不同爆炸方式外观景象特征

爆炸方式		火　球	烟云和尘柱
空中爆炸	小比高空中爆炸	火球初期为球形，很快被压扁，呈馒头形	烟云和尘柱最初不相连接，以后尘柱迅速追上烟云
	中比高空中爆炸	火球初期为球形，后来被压扁，呈馒头形	烟云和尘柱最初不相连接，尘柱追上烟云的时间较长
	大比高空中爆炸	火球为球形，最后才被压扁	烟云和尘柱不相连接
地面爆炸	触地爆	火球呈半球形	烟云和尘柱同时升起，烟云颜色深暗，尘柱粗大，有可能形成弹坑
	地爆	火球呈球缺形	
浅地爆炸		通常看不到火球	发散状巨大尘柱，回落后成放射性基尘扩散，有很深弹坑

续表

爆炸方式		火　球	烟云和尘柱
水下爆炸		近距离能看到持续时间很短的发光体	形成喷水水墩、空心水柱或某种云团；水柱回落时，在柱面形成巨浪和放射性基雾
高空爆炸	80 km 以下	火球呈球形	烟云颜色极浅，地面没有尘柱升起
	80 km 以上	圆盘形发光空气层	

三、不同爆炸方式的杀伤破坏特点

不同的爆炸方式对目标的杀伤破坏作用也不同。在核武器袭击时，通常根据被打击目标的性质和坚固程度、双方态势与彼此距离、气象条件，以及是否允许地面形成放射性沾染等因素来选择爆炸方式，使其对目标的杀伤破坏作用最大。

（一）空中爆炸杀伤破坏的特点

空中爆炸时，光辐射、冲击波、早期核辐射、核电磁脉冲的作用都比较强，其能量主要是在空气中传播，可以比较均匀地传播到较远的距离，作用范围较大；而放射性沾染除小比高爆炸较严重之外，其他空中爆炸都很轻。随着核武器爆炸比高的减小，光辐射、冲击波、早期核辐射的能量逐渐向近区集中，对近区的杀伤破坏作用逐渐增强，而对远区的作用则相应减弱，因此，作用范围逐渐减小，而放射性沾染逐渐加重。

1. 高空核武器

高空核武器爆炸主要用于摧毁飞行中的导弹、火箭和集群飞机，以及造成相当大范围内的无线电通信严重干扰，使一些没有抗核加固的电子系统，尤其是使电子计算机系统遭到核电磁脉冲的干扰或损坏。高空核武器爆炸对地面上的人员和一般武器装备、房屋建筑物等不会造成杀伤破坏，有时城镇居民的门窗玻璃可能被震碎，人的眼睛可能会产生一定程度的闪光盲，在夜间更为严重。

2. 大比高空中爆炸

大比高空中爆炸主要用于大面积杀伤地面上的暴露人员和破坏不坚固、脆弱的物体（如民房等），放射性沾染很轻，对部队行动不会有影响。

3. 中比高空中爆炸

中比高空中爆炸主要用于杀伤地面上的暴露人员和破坏不太坚固的地面目标，如工业厂房、城市建筑、汽车、飞机等，放射性沾染较轻，对部队行动影响不大。

4. 小比高空中爆炸

小比高空中爆炸主要用于杀伤野战工事内的人员，破坏战场地面目标，如工事、坦克、火炮，以及交通枢纽、城市较坚固的地面建筑物等。放射性沾染随着比高的降低而加重，会给部队行动带来一定的影响。

（二）地（水）面爆炸杀伤破坏的特点

地（水）面爆炸时，由于爆炸的高度较低，光辐射、冲击波的能量更加集中于爆心或爆心投影点附近，因此，对近区的杀伤破坏作用比空中爆炸强，远区的杀伤破坏比空中爆炸弱。对暴露、脆弱目标的杀伤破坏范围一般会比空中爆炸时小，早期核辐射、核电磁脉冲对爆区地面目标的作用比空中爆炸强，放射性沾染严重，范围大，持续时间长，对部队行动有较大的影响。

(1)地面爆炸主要用于破坏地面或浅层地下的坚固目标，如地下指挥所、导弹发射井、地面上坚固的永久工事等；杀伤地下工事内的人员；造成严重的放射性沾染，迟滞敌方的行动。在触地爆炸和小比高地面爆炸时，还会形成相当大的弹坑，影响部队行动。由于地面核武器爆炸会在相当大的范围内形成严重的放射性沾染，而且这种沾染受气象条件影响很大，不易控制，因此，在使用上受到一定的限制。

(2)水面爆炸主要用于破坏水面舰艇、海军基地、港口等设施，并能在爆区和下风方向一定范围内的水域或地面造成严重的放射性沾染。

(三)地(水)下爆炸杀伤破坏的特点

地下或水下爆炸主要指爆心在地面或水面以下的核武器爆炸。其杀伤破坏特点如下：光辐射能量基本上被介质吸收，杀伤破坏作用极小；冲击波能量增大，主要以地下冲击波(地震波)或水中冲击波的形式传播，对爆心周围的地下建筑破坏十分严重；早期核辐射和核电磁脉冲的作用，由于土壤和水层的屏蔽和吸收而被局限于爆心周围的小范围内。如果地下核武器爆炸冒顶(核武器爆炸冲破了地面的覆盖)，那么放射性沾染在爆区附近极为严重，持续时间长，但范围比地(水)面爆炸小；如果地下核武器爆炸是封闭式的(没有冒顶)，那么最多也只有少量放射性气态产物泄漏，地面不会沾染。

(1)地下核武器爆炸主要用于破坏地下重要的工程设施，如重要的坑道工事、地下永备工事、导弹地下发射基地、地下铁道等，以及堵塞关卡、隘路。地下较浅的核武器爆炸，能形成很大的弹坑，并使爆区和下风方向产生极为严重的地面放射性沾染，能较长时间地影响部队行动。

(2)水下爆炸主要用于破坏水面和水下舰艇、港口码头等水工建筑和水中障碍物等，也会在爆区和下风方向一定范围的水域和地面造成严重的放射性沾染。

四、爆炸方式的选择

由以上分析可知，不同的爆炸方式有其不同的杀伤破坏特点，并且对目标造成不同的毁伤效果。因此，在核武器使用中必须对爆炸方式做出合理的选择，以获得最大毁伤效果。在选择爆炸方式时，通常应考虑目标的性质和坚固程度、气象条件及放射性沾染的允许程度等主要因素。

为了对不太坚固的建筑、轻装甲和暴露人员进行杀伤破坏，而又不允许在爆炸地区和云迹区内造成放射性沾染，可以实施空中爆炸。

为了对较坚固的地面目标进行破坏，而又不允许在云迹区造成严重的放射性沾染时，可实施低空爆炸。

强渡江河时，通常采用大比高或中比高爆炸，因为采用小比高爆炸会造成地(水)面严重沾染，而使己军行动困难。

防御时，可以采用地面爆炸。地面爆炸造成的放射性沾染，可增加进攻者的困难，严重迟滞敌军行动，破坏敌军兵力、兵器的集中和部署。地下核武器爆炸或比高很小的地面爆炸，还能形成较大的弹坑，破坏道路和地面，使部队不能在一定的地区内行动，同时产生的放射性沾染持续时间较长，便于封锁这一地区的行动。

在对硬目标进行打击只考虑空中爆炸冲击波的杀伤破坏作用时，可根据所杀伤破坏目标的抗冲击波超压的大小来选择最佳爆炸高度，以保证最有效的杀伤效果。

第三节　常规导弹毁伤效应分析

常规导弹一般指的是使用常规弹头的战役、战术导弹。它与核武器相比，毁伤效应不同，特别是爆炸后无核放射性沾染。因此，使用常规导弹作战的政治影响有限，也不承担引起战争升级的风险。与一般常规兵器相比，常规导弹具有射程远、精度高、威力大、突防能力强、能全天候作战的特点，因此，在未来高技术局部战争中，将被广泛使用。

常规弹头与核武器相比，不同之处在于其装填物不同。核武器装填物为核装料，在引爆后通过核反应形成冲击波、光辐射、核辐射等杀伤因素；而常规弹头装填物为常规装药，在引爆后通过化学反应释放出能量，与战斗部其他构件配合形成金属射流、破片、冲击波等杀伤因素。由此可见，战斗部是导弹中直接用于摧毁、杀伤目标，完成战斗使命的主要部件。由于现代战争中所对付的目标多种多样，因此，常规导弹战斗部种类也很多，其战斗部的类型、质量和主要结构特征都直接取决于目标的特性和目标的易损性。根据战斗部对目标破坏作用来分类，常规装药战斗部主要包括杀伤战斗部、爆破战斗部、聚能战斗部、半穿甲战斗部、破甲战斗部、动能侵彻子张弹七类。

战斗部种类不同，杀伤破坏机理也不相同，在作战使用中，必须根据具体的作战任务和打击目标的特性及易损性选择合适的战斗部。下面我们仅对几种常见战斗部的杀伤机理和杀伤破坏因素做一介绍。

一、破片式杀伤战斗部

破片式杀伤战斗部是常规导弹武器中最常见的主要战斗部形式之一。其特点是应用爆炸方法产生高速破片群，利用破片对目标的高速碰击、引燃和引爆作用杀伤目标。一般说来，这种战斗部对人员、飞机、汽车、导弹、舰艇等轻装甲具有良好的杀伤效果。其毁伤效应不仅与装药有关，而且与破片数量、质量、破片飞散规律和破片飞散速度等因素有关。

（一）杀伤破片的形成和质量

杀伤战斗部的主要杀伤破片一般由战斗部壳体金属构成。为了获得一定形状、质量和尺寸要求的破片，一般战斗部壳体结构有整体式、预制式和半预制式。当战斗部装药以一定的引爆方式起爆时，壳体金属在高压作用下，呈现塑性变形而高速膨胀，在膨胀极限条件下壳体破裂而形成破片。

对于整体结构壳体，破裂时裂纹的产生、发展都具有随机性，是不规则的，只能由炸药性质、装填系数、金属壁厚及其理化性质作系统控制。相反，对于预制式或半预制式壳体结构，其破片形状、数量、质量比较规则，因此，破片式杀伤战斗部大多采用预制式或半预制式，只有某些以综合作用为主或以近似杀伤为主的战斗部才采用整体式壳体结构形式。

对于完全预制的破片，在壳体爆炸后其数量和质量都略有损失。损失率的大小主要取决于拟要获得的初速度。在装填系数大而炸药猛度高时，损失率相应较大；当壳体材料的冲击韧性好时，可以相应减轻破片的质量损失。对于中高速破片（大于 2 000 m/s），破片质量的损失一般在 10%～15%。

对于半预制结构和药柱刻槽结构战斗部，壳体破裂形成破片是沿刻槽或聚能穴方向的。由于破裂过程中随机因素的影响，因此，实际形成的破片数总是少于理论设计数，而破片的实际质量也总是小于理论设计质量。一般来说，破片数损失及破片质量损失均在 10%～17%。例如，美制“响尾蛇”导弹战斗部，其理论设计破片是 1 280 片，而实际试验获得的破片为 1 010～1 270 片。

对于整体结构式战斗部，其破裂过程的物理描述十分复杂，所形成的破片不规则，其质量和形状只有某些统计规律，一般用半经验公式进行估计。

整体式结构战斗部破片总数的半经验公式如下：

$$N = 3\,200\sqrt{G_0}\,K_\alpha(1 - K_\alpha) \tag{3.2}$$

式中：G_0—— 壳体金属质量 G_s 与炸药装药质量 G_e 之和(kg)，即 $G_0 = G_s + G_e$；

K_α—— 装填系数，定义为

$$K_\alpha = \frac{G_e}{G_0} \tag{3.3}$$

N—— 质量 1 g 以上的破片数。

此式适用于壳体壁厚较大的战斗部。对于较薄的钢质壳体和TNT装药战斗部，大体可采用下式计算其破片总数：

$$N = 4.3\pi\left(\frac{1}{2} + \frac{r}{\delta}\right)\frac{l}{\delta} \tag{3.4}$$

式中：r—— 战斗部壳体内半径，mm；

δ—— 战斗部壳体的厚度，mm；

l—— 战斗部壳体的长度，mm。

在破片总数确定后，便可得到破片平均质量的估计值：

$$\bar{q} = k\frac{G_s}{N} \tag{3.5}$$

式中：k—— 壳体质量损失系数，为 0.8 ～ 0.85。

有关破片质量分布规律的经验公式如下：

$$G_i = G_s(1 - e^{-\beta q_i^\alpha}) \tag{3.6}$$

式中：q_i—— 任一破片重量；

G_i—— 质量小于或等于 q_i 的破片总重；

G_s—— 形成破片的金属壳体质量；

α,β—— 取决于壳体材料的两个常数，其取值见表 3.2。

表 3.2　钢与铸钢的 α、β 值

材　料	钢	铸　钢
β	0.045 4	0.67
α	0.80	0.45

该式仅适用于 TNT 装药。与此类似，其破片质量分布规律如下：

$$\sum \overline{m} = M_s(1 - e^{-Bn\lambda}) \tag{3.7}$$

式中：M_s—— 壳体质量；

$\sum \overline{m}$—— 累积的破片质量；

n—— 累积破片数($n = \sum \overline{n}$)；

$\overline{n}$—— 各破片质量间隔等级内破片数；

B—— 常数，其值为

$$B = \frac{1}{59.2}\sqrt{\frac{\delta}{d_e}} \tag{3.8}$$

δ—— 壁厚；

d_e—— 装药直径；

λ—— 破片数的指数，一般取 $\lambda = \frac{2}{3}$。

(二) 破片初速度

导弹在弹道终点由引爆引信起爆，爆炸后破片的动态(即绝对)初速度是导弹速度和破片相对导弹速度之向量和。显然即使我们认为所有破片在爆炸后的增速相同，然而由于壳体各处破片的飞散方向不同，因此，合成初速度的数值大小也不相同。下面研究由于战斗部爆炸而使破片获得相对弹体的速度。

1. 理论计算

由于金属壳体由膨胀到破裂所经历的时间比装药完全爆轰所需时间长 4 倍以上，产物压强经历多次反射得以均匀化，计算时可以取平均压强 $\overline{p}$；又由于爆炸瞬时壳体要承受极大的冲击压力——即使是单质 TNT 装药时，冲击点的压力可达15万个大气压以上，此压力超过碳钢静载强度约 25 倍，因此，壳体内壁在强压缩波的作用下产生一定深度的塑性流动呈剪切破坏，只在外壁有深度不大的拉裂。在这样强大的压力下，可以略去材料的破裂阻抗；在不计爆轰产物沿装药轴向飞散，假定所有破片获得同样的初速度，而产物速度沿经向距离为线性分布的条件下，应用能量守恒原理导出下面的初速度公式：

$$v_0 = \sqrt{\frac{2Q_v\left[1 - \left(\frac{r_e}{r_m}\right)^{2v-2}\right]}{\frac{1}{\beta} + \frac{1}{2}}} \tag{3.9}$$

式中：Q_v—— 装药爆热(千卡 / 千克)，表 3.3 列出了常用炸药的爆热 Q_v 的试验值。

β—— 质量比，即 $\beta = m_e/m_s$；

m_e—— 装药质量；

m_s—— 壳体质量；

v—— 产物多方指数，近似取 $v = 3$；

r_e, r_m—— 战斗部初始半径及膨胀极限半径，近似取 $r_m = 1.5r_e$。

经过量纲变换，则

$$v_0 \cong \sqrt{\frac{2 \times 427 \times 9.81 \times 0.8Q_v}{\frac{1}{\beta} + \frac{1}{2}}} \cong 80\sqrt{\frac{Q_v}{\frac{1}{\beta} + \frac{1}{2}}} \tag{3.10}$$

习惯上常用装填系数 K_α 来代替质量比 β，令

$$K_\alpha = \frac{m_e}{m_e + m_s} \tag{3.11}$$

则

$$v_0 \cong 80\sqrt{\frac{Q_v}{\frac{1}{K_\alpha} - \frac{1}{2}}} \tag{3.12}$$

表 3.3　常用炸药的 Q_v 值

炸药名称	$\rho/(\mathrm{g\cdot cm^{-3}})$	$Q_v/(\mathrm{kcal\cdot kg^{-1}})$
梯恩梯(TNT)	1.53	1 093 ± 7
秦安(PETN)	1.73 ~ 1.74	1 487 ± 3
黑索金(RDX)	1.78	1 510
奥克托今(HMX)	1.89	1 479 ± 12
特屈(CE)	1.6	1 160

西方国家在计算破片速度时常采用格尼(Gurney)方程，该方程所依据的假设条件和所应用的推导方法与上述一致，仅采用的符号不同。其假设条件如下：

(1) 瞬时爆炸；

(2) 除产物内能以外的炸药能量全部转换为壳体动能和产物动能；

(3) 产物膨胀速度沿距离线性分布。

根据以上假设，能量守衡方程可写为

$$m_e E = E_e + E_g \tag{3.13}$$

式中：m_e—— 装药质量；

E—— 单位装药质量的能量，kg · m/kg；

E_e—— 壳体获得的动能；

E_g—— 产物的动能。

对于圆柱形壳体，有

$$m_e E = \frac{1}{2}m_s v_0^2 + \frac{1}{4}m_e v_0^2 \tag{3.14}$$

整理后，得

$$\left.\begin{aligned} m_e E &= \frac{1}{2}v_0^2\left(m_s + \frac{1}{2}m_e\right) \\ v_0 &= \sqrt{2E}\sqrt{\frac{m_e}{m_s + \frac{m_e}{2}}} \end{aligned}\right\} \tag{3.15}$$

或

$$v_0 = \sqrt{2E}\sqrt{\frac{\beta}{1 + \frac{\beta}{2}}} \tag{3.16}$$

该方程称为格尼方程，式中 E 称为格尼能，$\sqrt{2E}$ 称为格尼速度，与炸药性能有关。表 3.4 给出了不同炸药的格尼能和格尼速度。

表 3.4　不同炸药的格尼能和格尼速度

炸药名称	$\rho/(\mathrm{g\cdot cm^{-3}})$	$E/(\mathrm{kcal\cdot g^{-1}})$	$\sqrt{2E}/(\mathrm{m\cdot s^{-1}})$
RDX	1.77	1.03	2 930
TNT	1.63	0.67	2 370
TNT/A180/20	1.72	0.64	2 320
TNT/RDX36/64	1.72	0.89	2 720
HMX	1.89	1.06	2 970
CE	1.62	0.75	2 500
DETN	1.76	1.03	2 930

2. 经验公式

真实战斗部的爆炸点不同于理论抽象爆炸点那么典型，其中主要问题是要考虑战斗部长径比所带来的不同程度的轴向损失、壳体结构形式及起爆方式等因素的影响，因此，可用经验公式计算破片的初速度。

(1) 对于薄壁半预制导弹战斗部，有

$$v_0=0.353D_e\sqrt{\frac{3\beta}{3+\beta}} \tag{3.17}$$

(2) 对于较厚壁导弹战斗部，有

$$v_0=\begin{cases}1\,830\sqrt{\beta} & (0<\beta<2)\\ 2\,540+335(\beta-2) & (2<\beta<6)\end{cases} \tag{3.18}$$

(3) 对大型薄壁半预制导弹战斗部，有

$$v_0=\frac{D_e}{2}\sqrt{\frac{K_\alpha}{2-\frac{4}{3}K_\alpha}} \tag{3.19}$$

$$K_\alpha=\frac{G_e}{G_s+G_e}$$

式中：D_e—— 爆速，与炸药种类、密度和装药方式有关，见表 3.5。

表 3.5　不同炸药的爆速

炸药名称	密度 $\rho_e/(\mathrm{g\cdot m^{-3}})$	爆速 $D_e/(\mathrm{m\cdot s^{-1}})$
TNT	$0.9<\rho_e<1.534$	$D_e=1\,873+3\,187\rho_e$
	$1.534<\rho_e<1.636$	$D_e=6\,762+3\,187(\rho_e-1.534)-2.51(\rho_e-1.534)^2$
RDX	$0.8<\rho_e<1.73$	$D_e=2\,660+3\,400\rho_e$
DETN	$0.57<\rho_e<1.585$	$D_e=1\,608+3\,993\rho_e$
CE	$1.3\leqslant\rho_e\leqslant1.69$	$D_e=2\,742+2\,935\rho_e$

以上初速度的计算公式都有一定的局限性。实际计算时还应考虑爆热 Q_v、爆速 D_e、战斗部结构、飞散特性等综合因素的影响。

(三) 杀伤破片的飞散特性

破片式杀伤战斗部起爆后在空间构成一个体杀伤区。杀伤区的形状和大小可以由飞散角、方位角及杀伤半径所限定。飞散角、方位角不仅随导弹飞行的状态不同而不同,而且有效杀伤半径依目标的易损性不同而不同。因此,研究杀伤区的大小和形状,必须和战斗部特性、遭遇状态及目标特性相联系,即从研究战斗部破片的飞散特性入手,进而研究破片的动态飞行特性。以此为基础,结合目标易损性和杀伤标准才能确定动态杀伤区。

1. 破片的静态飞散特性

破片的静态飞散特性完全取决于战斗部结构、形状、装药及起爆传爆系列方式。所谓飞散特性是由飞散角 Ω、平均方向角 $\bar{\varphi}$ 及破片数分布密度沿方向角的分布方差 σ_φ 所决定的。

破片飞散角 Ω 是指在战斗部轴向切平面内,以装药重心为顶点的包括有效破片数为 90% 的锥角,也就是破片飞散杀伤区内包括有 90% 的破片的两纬线所对的平面中心角(见图 3.1)。

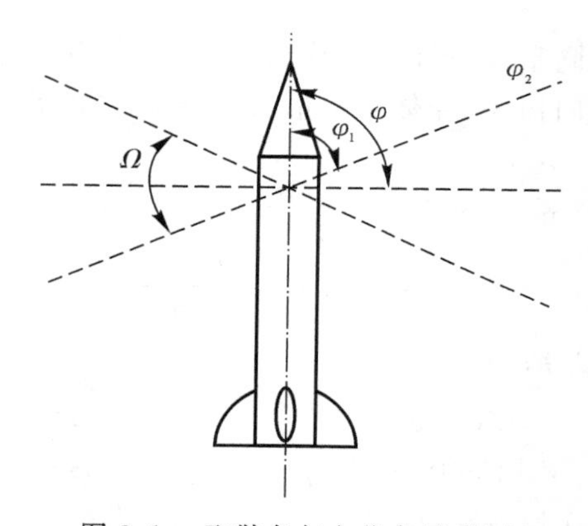

图 3.1　飞散角与方位角示意图

平均方向角 $\bar{\varphi}$ 是指在战斗部轴切平面内,破片分布密度中心线与弹轴之间的夹角。对于破片沿分布中心为对称分布的情况,该中心线显然是飞散角的几何平分线。

破片分布函数最常用的形式为正态分布。由飞散角的定义可知,飞散角内只包括了 90% 的破片。因此,分布方差 σ_φ 与飞散角有如下关系:

$$\sigma_\varphi \approx \frac{1}{3.3}\Omega \tag{3.20}$$

由图 3.1 可知,破片飞散角 Ω 可由破片飞散方向角来确定,即

$$\Omega = \varphi_1 - \varphi_2 \tag{3.21}$$

φ_1,φ_2 由金属壳体两端破片的飞散方向决定,因为

$$\varphi_i = \frac{\pi}{2} - \frac{40\sqrt{Q_v}\cos\theta_i}{D_e\sqrt{\dfrac{1}{K_\alpha} - \dfrac{1}{2}}} \tag{3.22}$$

所以

$$\Omega=\frac{40\sqrt{Q_v}}{D_e\sqrt{\frac{1}{K_\alpha}-\frac{1}{2}}}(\cos\theta_2-\cos\theta_1) \tag{3.23}$$

式中：θ_1，θ_2——爆轰波到达前后边界时，波的法向与壳体表面的夹角。

以上公式仅为理论计算式，对于多数真实战斗部，破片飞散特性参数 Ω，$\bar{\varphi}$，σ_φ 由地面静止试验结果来统计获得。

2. 破片的动态飞散特性

由于战斗部随导弹处于运动条件下爆炸，破片的动态飞散特性与静态爆炸时的飞散特性不同。为使问题简化，设爆炸的瞬时导弹速度为 $\boldsymbol{v}_m$，攻角为 α，破片飞散中心的破片作为动态飞散特性参数的数学期望，在此假设下进行分析。

(1) 当攻角 α 为零时，破片动态速度 $\boldsymbol{v}_{og}$ 是导弹速度 $\boldsymbol{v}_m$ 与破片静态速度 $\boldsymbol{v}_0$ 的向量和，即

$$\boldsymbol{v}_{og}=\boldsymbol{v}_0+\boldsymbol{v}_m$$

由图 3.2 可知

$$\left.\begin{aligned}\tan\bar{\varphi}'&=\frac{v_0\sin\bar{\varphi}_c}{v_0\cos\bar{\varphi}_c+v_m}\\ v_{og}&=\sqrt{v_0^2+v_m^2+2v_0v_m\cos\bar{\varphi}_c}\end{aligned}\right\} \tag{3.24}$$

所以动态飞散速度和飞散方向的数学期望为

$$\left.\begin{aligned}\bar{\varphi}'&=\arctan\frac{v_0\sin\bar{\varphi}_c}{v_0\cos\bar{\varphi}_c+v_m}\\ v_{og}&=\sqrt{v_0^2+v_m^2+2v_0v_m\cos\bar{\varphi}_c}\end{aligned}\right\} \tag{3.25}$$

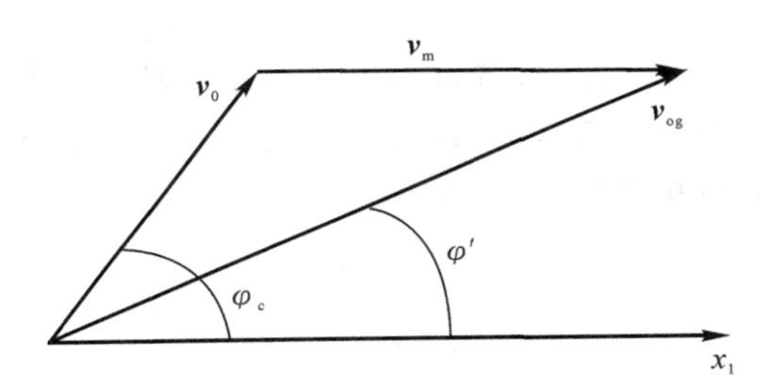

图 3.2 破片动态飞散方向

由此可知，v_m 越大，$\bar{\varphi}'$ 越小，破片飞散方向越前倾，破片的飞散初速度也越大。

动态飞散角 Ω' 也与静态时不同，根据式(3.25)，可得

$$\Omega'=\varphi'_1-\varphi'_2=\arctan\frac{v_0\sin\varphi_1}{v_0\cos\varphi_1+v_m}-\arctan\frac{v_0\sin\varphi_2}{v_0\cos\varphi_2+v_m} \tag{3.26}$$

动态方差与静态方差也有不同，其表达式为

$$\sigma'_\varphi=\frac{v_0}{v_{og}}\sigma_\varphi \tag{3.27}$$

(2) 当导弹攻角不为零时，破片动态飞散区对称轴不和导弹轴重合，以弹轴为基准所观察到的动态初速 v_{og}、方向角 $\bar{\varphi}'$ 及 σ'_φ 在弹轴的各个不同方位上均不相同。以不对称性最大的轴平面为例，其飞散方向的角度差为

$$2\varepsilon = \arctan \frac{\sin 2\alpha}{\left(\frac{v_0}{v_m}\right)^2 + \cos 2\alpha} \tag{3.28}$$

随着不同的 α 角和不同的速度比 v_0/v_m 可得到一系列 ε 值。结果表明，随速度比的增大，其方向角度差减小，因此，一般工程计算中，可将攻角引起的动态飞散区域做对称性变化略去不计。

（四）杀伤区域

上述破片的动态飞散特性实际上给出了动态飞散角所限定的对称圆锥杀伤区域纬度边界，而杀伤区域的边界就不单纯由战斗部特性及导弹飞行状态所决定了，需要引入目标特性、杀伤标准和破片弹道。习惯上把有效杀伤半径作为杀伤区域的边界。同一战斗部在分别对付不同目标或对付同一目标的不同重要部位，应相应有不同的有效杀伤半径。

1. 目标特性

破片式战斗部主要应用于杀伤有生力量、低生存力的地面目标，以及空中活动目标。这些目标按特性划分，可分为固定目标和活动目标两大类。

目标特性的基本内容包括目标尺寸、形状、要害部位分布及其易损特性。这些数据能综合表示目标的生存能力。研究目标易损性的目的是为确定摧毁方式和相应的杀伤准则。

2. 杀伤标准

杀伤标准来源于对目标破坏过程的物理认识，用于判断破片对目标的毁伤效率。一般情况下，对机械损伤常使用比动能准则；对引燃效率使用比冲量准则；对冲击波破坏使用超压和超压冲量作为衡量标准；对有生力量使用速度准则。

（五）破片弹道

破片可能的杀伤距离要远远超过爆炸冲击波所构成的球形杀伤区半径，然而它不是连续的。根据杀伤标准，破片是否能有效杀伤目标与破片打击目标时的速度和质量有关。当导弹爆炸后，破片从爆点处以动态初速度 $\boldsymbol{v}_{og}$ 飞出，且有

$$\boldsymbol{v}_{og} = \boldsymbol{v}_0 + \boldsymbol{v}_m \tag{3.29}$$

式中：$\boldsymbol{v}_{og}$—— 破片动态初速度；

$\boldsymbol{v}_0$—— 弹头速度；

$\boldsymbol{v}_m$—— 破片爆炸静态初速度。

到达目标的飞行速度与飞行距离、空气密度、破片形状有关。由于破片飞行速度很快，而本身质量很小，空气阻力远远大于本身质量，故计算时可忽略重力对破片速度的影响，则破片飞行弹道为直线弹道，运动方程为

$$\frac{q_f}{g} \cdot \frac{\mathrm{d}v}{\mathrm{d}t} = -C_D \frac{\rho_0}{2} A_s H(y) v^2 \tag{3.30}$$

式中：q_f—— 破片实际质量，kg；

C_D—— 破片飞行空气阻力系数；

A_s—— 破片迎风面积，m^2；

$H(y)$—— 高度 y 处的相对空气密度；

ρ_0—— 地面空气密度（$\rho_0 = 0.125\ \mathrm{kg \cdot m^2/m^4}$）；

v—— 破片瞬时飞行速度，m/s；

g—— 重力加速度。

其中,高度函数 $H(y)$ 中的 y 值是指战斗部爆炸时所在海拔,其近似表达式如下:

$$H(y)=\begin{cases}\left(1-\dfrac{y}{44\ 308}\right)^{4.255\ 3} & (y\leqslant 11)\\ 0.297\mathrm{e}^{-\frac{y-11}{6.318}} & (y>11)\end{cases} \tag{3.31}$$

求解式(3.31)便可得到破片的瞬时飞行速度,即

$$\frac{q_{\mathrm{f}}}{g}\cdot\frac{\mathrm{d}v}{\mathrm{d}r}\cdot\frac{\mathrm{d}r}{\mathrm{d}t}=-\frac{1}{2}C_{\mathrm{D}}\rho_0 H(y)A_{\mathrm{s}}v^2$$

$$\frac{q_{\mathrm{f}}}{g}\cdot\frac{\mathrm{d}v}{\mathrm{d}r}\cdot v=-\frac{1}{2}C_{\mathrm{D}}\rho_0 H(y)A_{\mathrm{s}}v^2$$

$$\int_{v_{\mathrm{og}}}^{v}\frac{\mathrm{d}v}{v}=-\frac{C_{\mathrm{D}}\rho_0 H(y)A_{\mathrm{s}}g}{2g_{\mathrm{f}}}r$$

$$\ln\frac{v}{v_{\mathrm{og}}}=-\frac{C_{\mathrm{D}}\rho_0 H(y)A_{\mathrm{s}}g}{2g_{\mathrm{f}}}r$$

故

$$v=v_{\mathrm{og}}\exp\left[-\frac{C_{\mathrm{D}}\rho_0 H(y)A_{\mathrm{s}}g}{2g_{\mathrm{f}}}r\right] \tag{3.32}$$

(六)破片杀伤区域

破片杀伤区域的计算一般采用动能准则作为杀伤标准。使用动能准则时,对于某种目标规定相应的最小必要打击动能,大于该动能的破片称为有效破片,相反就是无效破片。由于各破片的实际质量并不相同,速度衰减也不一样,因此,有效破片数随飞行距离而减少。我们把有效破片相对数随飞行距离 r 减少的规律称为破片飞失律 $n(r)$。

$$n(r)=\frac{N(r)}{N} \tag{3.33}$$

式中:N—— 破片总数;

$N(r)$—— 距 r 处的有效破片数。

根据式(3.33),可得

$$r=\frac{q_{\mathrm{f}}}{\frac{1}{2}C_{\mathrm{D}}\rho_0 H(y)gA_{\mathrm{s}}}\ln\frac{v_{\mathrm{og}}}{v} \tag{3.34}$$

要使破片动能满足打击动能要求,即

$$E_{\mathrm{B}}=\frac{q_{\mathrm{f}}v^2}{2g}$$

则所需最小速度为

$$v=\sqrt{\frac{2gE_{\mathrm{B}}}{q_{\mathrm{f}}}} \tag{3.35}$$

将式(3.35)代入式(3.31),得质量为 q_{f} 的破片的最大作用距离为

$$r=\frac{q_{\mathrm{f}}}{\frac{1}{2}C_{\mathrm{D}}\rho_0 H(y)g\Phi}\ln\frac{v_{\mathrm{og}}\sqrt{q_{\mathrm{f}}}}{\sqrt{2gE_{\mathrm{B}}}} \tag{3.36}$$

这样,距离 r 一定,必要破片质量就是确定的值,因此,利用破片质量分布规律计算破片飞

失律如下：

$$n(r)=1-\int_{0}^{\lambda(r)}t(\lambda)\mathrm{d}\lambda=1-T[\lambda(r)] \tag{3.37}$$

式中： $\lambda=\dfrac{q_{\mathrm{f}}}{q_{\max}}$—— 破片相对质量；

$t(\lambda)$，$T[\lambda(r)]$—— 破片分面密度和分布律。

若设只要单枚破片命中目标便认为目标被杀伤，可将目标面积 S_0 上至少命中 1 枚有效破片的概率作为对目标的杀伤概率，则

$$p=1-\mathrm{e}^{-\nu S_0} \tag{3.38}$$

式中：ν—— 有效破片分布密度。

可以确定等概率杀伤曲线的极坐标方程如下：

$$F(r)=-\frac{\ln(1-p)}{S_0\Phi(\varphi)} \tag{3.39}$$

式中

$$F(r)=\frac{Nn(r)}{2\pi r^2}$$

$$\Phi(\varphi)=\frac{\Delta F(\varphi)}{\Delta\varphi\sin\varphi};$$

$\Delta F(\varphi)$—— 目标尺寸所对中心角 $\Delta\varphi$ 内的相对破片数。

根据式(3.39)，可求出对应某杀伤概率下的作用距离 r。通常称 $p\geqslant0.5$ 的杀伤概率范围为有效杀伤区域。称 $p\geqslant0.8$ 的杀伤概率范围为严密杀伤区域。有效杀伤区域的大小是评定战斗部威力的重要指标。

二、爆破战斗部

爆破战斗部也是常规导弹中常用的战斗部类型之一。它在各种介质(如空气、土壤、岩石和金属等)中爆炸时，介质将受到爆炸气体产物(或称爆轰产物)的强烈冲击。爆炸气体产物具有高压、高温和高密度的特性。对于一般常用的高能炸药，其爆炸气体的波阵面压力可达到 7 万～30 万大气压，温度可达到 3 000～5 000℃，密度可达 2.15～2.37 g/cm^3。具有这样特性的爆炸气体产物作用于周围介质，必然要在介质内引起扰动，人们把这种扰动称为波。波的名称随介质而异，与核武器的冲击波相同，通常在水中和空气中形成的波称为冲击波，而在固体介质中形成的波称为应力波。因为波是由力、能量和变形引起的扰动，所以具有一定的破坏能力，因而在军事上被用作杀伤破坏目标的手段。

当爆破战斗部在侵彻土壤中爆炸，形成爆炸波的同时，还产生爆破作用和地震作用。爆破作用能使地面形成爆炸坑，而爆炸波和地震作用能使地面建筑物和防御工事震塌或震裂。

当爆破战斗部在空气中爆炸时，有 60%～70%的炸药爆炸能传递给空气产生冲击波。与核武器的冲击波作用相同，给目标施加巨大压力和冲量，对目标产生杀伤破坏作用。在空中爆炸的同时，爆破战斗部壳体还将破裂成碎片，向周围飞散，在一定范围内具有一定动能的破片也能起一定杀伤作用，但与爆破作用和冲击波作用的威力相比，破片杀伤作用是次要的。因此，一般认为爆破战斗部爆炸摧毁目标，在空气中主要依靠冲击波作用，在土壤中主要依靠爆破作用。

(一)空气中的爆炸破坏作用

爆破战斗部在空气中爆炸摧毁目标主要是依靠冲击波的作用。冲击波的形成、传播规律和其对目标的破坏机理与核武器爆炸的冲击波大同小异,不同之处是装药不同和当量威力的差异。与核武器的冲击波相同,爆破弹冲击波对目标的破坏作用是通过冲击波阵面的超压峰值和比冲量来实现的,破坏程度与冲击波强弱以及目标抗破坏能力有关。

当目标遭受冲击波作用时,如果冲击波正压区作用时间大于目标本身的振动周期,那么目标破坏由冲击波阵面的超压引起。此时相当于静压作用,对目标具有明显的击碎作用,而冲击波阵面后高速流动的空气形成冲击压力,称为动压。动压作用的特点类似暴风,并具有方向性,不能绕过目标的正面而作用在背面上,因此,它对目标有明显的抛掷与弯折作用;反之,当冲击波正压区作用时间小于目标本身的振动周期时,目标破坏由冲击波对目标作用的比冲量引起。由于冲击波冲击目标是瞬时加载过程,通常用比冲量作为破坏目标的衡量标准。

1. 冲击波阵面超压 Δp_m 的计算

在靠近爆炸装药附近,冲击波等压阵面的形状与装药的形状有关,如图 3.3 所示。而在一定距离之后,波阵面才接近球形向外扩张。离爆心愈远,冲击波的强度愈弱。但在同一半径上,冲击波的强弱是相同的,称为均强性。

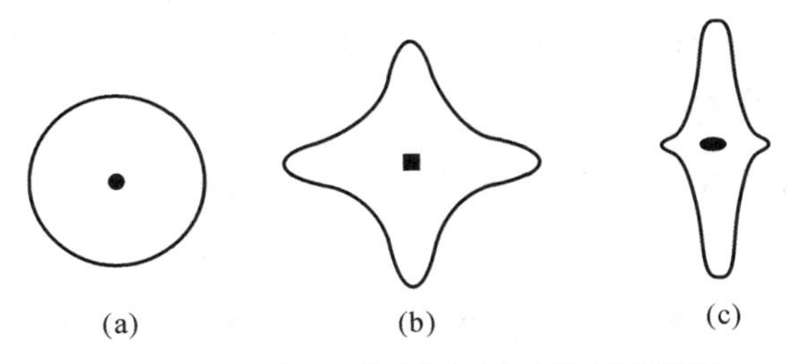

图 3.3　各种装药形状爆炸时的等压面形状

实际炸药装药爆炸时,按照离爆心远近,爆炸场可划分为爆炸产物作用区、爆炸产物和冲击波联合作用区,以及以空气冲击波为主的作用区。离爆心距离习惯用装药特性尺寸的倍数表示。例如,球形装药可用球半径表示,柱形装药可用柱的半径表示。对于标准炸药(TNT),爆炸产物的膨胀体积为初始体积的 800～1 600 倍,由此可确定爆炸产物作用区。在球形装药时,爆炸产物容积的极限半径,将为装药原来半径的 10 倍。柱形装药时,这个比值约等于 30,因而可以断定爆炸产物的作用局限于非常小的距离内。为此认为,当 $r=(7\sim14)r_e$ 时,为爆炸产物作用区;当 $r=(14\sim20)r_e$ 时,为爆炸产物和冲击波联合作用区;当 $r>20r_e$ 时,为以空气冲击波为主的作用区。

实践证明,在爆炸装药附近,即 $r=(10\sim12)r_e$ 时,其压力下降与距离的三次方成反比($p\sim r^{-3}$),说明压力下降很快;而当 $r>12r_e$ 时,压力下降与距离的二次方成反比($p\sim r^{-2}$),说明压力下降缓慢。以上规律告诉我们,爆炸产物作用距离不大。要想增大破坏范围,主要是靠炸药在空气中爆炸产生的冲击波。

(1) 无限空气介质中 TNT 球装药爆炸冲击波计算。

一般认为,当爆炸高度系数 $\overline{H}$ 符合下列条件时,称为无限空中爆炸。

$$\overline{H}=\frac{H}{\sqrt[3]{G_c}}\geqslant 0.35 \tag{3.40}$$

式中：H—— 爆高，m；

G_c——TNT 装药量，kg。

根据大量试验，可得 TNT 球形装药（或形状相似的装药）在无限空气介质中爆炸时的经验计算公式为

$$\Delta p_m = 0.84\frac{\sqrt[3]{G_c}}{r} + 2.7\left(\frac{\sqrt[3]{G_c}}{r}\right)^2 + 7.0\left(\frac{\sqrt[3]{G_c}}{r}\right)^3 \tag{3.41}$$

或

$$\Delta p_m = \frac{0.84}{\bar{r}} + \frac{2.7}{\bar{r}^2} + \frac{7.0}{\bar{r}^3}$$

式中：Δp_m—— 无限空中爆炸时冲击波的峰值超压，kg/cm^2；

G_c—— 梯恩梯装药质量，kg；

r—— 到爆心的距离，m；

$\bar{r} = \frac{r}{\sqrt[3]{G_c}}$—— 对比距离，$m/kg^{1/3}$。

（2）TNT 球装药地面爆炸的冲击波计算。

球装药在地面和接近地面爆炸时，冲击波变成半球形向外传播，地面反射使爆炸效应得到加强，对于刚性的混凝土、岩石表面，相当于 2 倍装药的效应。因此，对于 TNT 装药，其地面爆炸时，冲击波阵面超压计算公式为

$$\Delta p_{mG_r} = 1.06\left(\frac{\sqrt[3]{G_c}}{r}\right) + 4.3\left(\frac{\sqrt[3]{G_c}}{r}\right)^2 + 14\left(\frac{\sqrt[3]{G_c}}{r}\right)^3 \left(1 < \frac{r}{\sqrt[3]{G_c}} \leqslant 15,\quad G_c > 100\ \text{kg TNT}\right) \tag{3.42}$$

式中：Δp_{mG_r}—— 装药在刚性地面爆炸时，空气冲击波的阵面超压，kg/cm^2。

装药在普通土壤地面爆炸时，地面土壤受到高温、高压爆炸产物的作用，发生形变、破碎和形成弹坑等效应，这些均要消耗能量，故不应按刚性地面处理。此时的有效装药可取

$$G_e = (1.7 \sim 1.8)G_c \tag{3.43}$$

式中：G_e—— 有效装药。

将式(3.43) 代入式(3.42)，得

$$\Delta p_{mG_r} = 1.02\left(\frac{\sqrt[3]{G_c}}{r}\right) + 3.99\left(\frac{\sqrt[3]{G_c}}{r}\right)^2 + 12.6\left(\frac{\sqrt[3]{G_c}}{r}\right)^3 \quad \left(1 < \frac{r}{\sqrt[3]{G_c}} \leqslant 15\right) \tag{3.44}$$

式中：Δp_{mG_r}—— 装药在普通土壤地面爆炸时，空气冲击波阵面的超压，kg/cm^2。

（3）高空爆炸时的冲击波计算。

装药在高空爆炸时，由于初始压力变为 p_{01}，因此，需修正的冲击波阵面超压公式为

$$\Delta p_{mH} = 0.84\left(\frac{\sqrt[3]{G_c}}{r}\right)\left(\frac{p_{01}}{p_a}\right)^{1/3} + 2.7\left(\frac{\sqrt[3]{G_c}}{r}\right)^2\left(\frac{p_{01}}{p_a}\right)^{2/3} + 7.0\left(\frac{\sqrt[3]{G_c}}{r}\right)^3\left(\frac{p_{01}}{p_a}\right) \tag{3.45}$$

式中：p_a—— 标准大气压为 1.033 2 kg/cm^2；

p_{01}—— 某爆炸高度时的压力，kg/cm^2。

由此可见，随高度增加，空气压力降低，冲击波超压也相应减少。在海拔 3 000 m 处，冲击波超压要比海平面小 9%，而比海拔 6 000 m 处要小 19%。

（4）接近爆炸装药附近的冲击波计算。

在接近爆炸装药附近，上述 Δp_m 计算公式不能适用，建议采用以下适合对比距离范围较宽的公式：

$$\Delta p_m = 20.6\left(\frac{\sqrt[3]{G_c}}{r}\right) + 1.94\left(\frac{\sqrt[3]{G_c}}{r}\right)^2 - 0.04\left(\frac{\sqrt[3]{G_c}}{r}\right)^3 \quad \left(0.05 \leqslant \frac{r}{\sqrt[3]{G_c}} \leqslant 0.50\right) \tag{3.46}$$

$$\Delta p_m = 0.67\left(\frac{\sqrt[3]{G_c}}{r}\right) + 3.01\left(\frac{\sqrt[3]{G_c}}{r}\right)^2 - 4.31\left(\frac{\sqrt[3]{G_c}}{r}\right)^3 \quad \left(0.5 \leqslant \frac{r}{\sqrt[3]{G_c}} \leqslant 70\right) \tag{3.47}$$

以上介绍了 TNT 装药各情况下超压计算。对于其他炸药，由于爆热不同，这时应该应用能量相似理论，换算成 TNT 当量，即

$$G_e = G_{ci}\frac{Q_i}{Q_T} \tag{3.48}$$

式中：G_{ci}—— 某炸药重量，kg；

Q_i—— 某炸药爆热，kcal/kg；

Q_T——TNT 的爆热；

G_e—— 某炸药的 TNT 当量，kg。

2. 冲击波正压区作用时间 τ_+ 的计算

冲击波正压作用时间 τ_+ 是空气冲击波的另一特性参数，是影响目标破坏作用大小的重要参数之一。试验指出，球形 TNT 装药在无限大气中爆炸时，经验公式为

$$\tau_+ = 1.3\times10^{-3}\sqrt[6]{G_c}\sqrt{r} \tag{3.49}$$

在地面和接近地面爆炸时，经验公式为

$$\tau_+ = 1.5\times10^{-3}\sqrt[6]{G_c}\sqrt{r} \tag{3.50}$$

式中：τ_+ —— 正压区作用时间，s；

G_c —— 爆炸装药，kg；

r —— 离爆炸点距离，m。

若为其他爆炸装药，则应以 TNT 当量代入式中 G_c。

3. 比冲量的计算

比冲量是爆炸作用的又一特性参数。它由超压在正压区作用时间内的积分来确定，即

$$q_+ = \int \Delta p(t)\,\mathrm{d}t \tag{3.51}$$

其近似式为

$$q_+ = AG_c^{1/3}\frac{G_c^{1/3}}{r} \tag{3.52}$$

式中：q_+ —— 比冲量，kg · s/m²；

A —— 与炸药性质有关系数。对于 TNT 炸药，在空中爆炸时，$A_a = 30 \sim 40$；在地面爆炸时，$A_G = (1.8 \sim 2)^{2/3}A_a = 56 \sim 63$。

离爆炸中心较近（$r \leqslant 12r_e$）时，爆炸气体起主导作用，比冲量公式可取下列形式：

$$q_+ = B\frac{G_c}{r^2} \tag{3.53}$$

式中：B—— 与炸药性质有关系数，对 TNT 炸药，$B = 25$。

若为其他炸药，应用式(3.53)将其当量换算为 TNT 当量，则其比冲量计算式为

$$q_{+}=A\cdot\frac{G_{ci}^{1/3}}{r}\sqrt{\frac{Q_i}{Q_{\mathrm{T}}}} \tag{3.54}$$

冲击波负压区的比冲量为

$$q_{-}=q_{+}\left(1-\frac{1}{2r}\right) \tag{3.55}$$

冲击波阵面后压强随时间变化关系式如下：

$$\Delta p(t)=\begin{cases}\Delta p_{\mathrm{m}}\left(1-\dfrac{t}{\tau_{+}}\right)\mathrm{e}^{-\left\{\frac{1}{2}+\Delta p_{\mathrm{m}}\left[1.1-(0.13+0.20\Delta p_{\mathrm{m}})\frac{t}{\tau_{+}}\right]\right\}\frac{t}{\tau_{+}}} & (1<\Delta p_{\mathrm{m}}<3)\\ \Delta p_{\mathrm{m}}\left(1-\dfrac{t}{\tau_{+}}\right)\mathrm{e}^{-\left(\frac{1}{2}+\Delta p_{\mathrm{m}}\right)\frac{t}{\tau_{+}}} & (1\leqslant\Delta p_{\mathrm{m}})\end{cases} \tag{3.56}$$

以上讨论了球形标准炸药装药(TNT)在空气中爆炸时的冲击波特性参数。若为其他炸药,则应换算成TNT当量。对于实际的战斗部爆炸,壳体破碎需要消耗能量,起了减少装药效应作用。为此,应按能量守恒定律,先将战斗部装药换算成裸装药当量,然后再换算成TNT当量,才能代入相应公式求冲击波特性参数的计算。

由试验得知,战斗部裸装药当量的近似式如下:

计算冲击波峰压时,其裸装药当量式为

$$\frac{G_{\mathrm{c}}^{+}}{G_{\mathrm{cW}}}=1.19\left[\frac{1+\beta_{\mathrm{r}}(1-\beta')}{1+\beta_{\mathrm{r}}}\right] \tag{3.57}$$

计算冲击波比冲量时,其裸装药当量式为

$$\frac{G_{\mathrm{c}}^{+}}{G_{\mathrm{cW}}}=\frac{1+\beta_{\mathrm{r}}(1-\beta')}{1+\beta_{\mathrm{r}}} \tag{3.58}$$

式中:G_{c}^{+}——战斗部裸装药当量;

G_{cW}——战斗部实际装药量;

β_{r}——战斗部圆柱段壳质量和炸药质量之比;

β'——战斗部壳体质量和炸药质量之比值。当$\beta_{\mathrm{r}}\geqslant 1.0$时,$\beta'=1.0$;当$\beta_{\mathrm{r}}<1.0$时,$\beta'=\dfrac{G_{\mathrm{s}}}{G_{\mathrm{cW}}}$;

G_{s}——战斗部实际壳体质量。

以上讨论了空气冲击波参数的计算。在空气中爆炸时,冲击波能使周围目标遭到不同程度的毁伤效应。各类目标在爆炸作用下的破坏杀伤机理是很复杂的,不仅与冲击波的强度和作用条件有关,而且与目标本身特性,如形状、抗破坏强度和自身振动周期有关。目标不同,自身振动周期T就不同,冲击波的超压和比冲量的作用也就不同。

对建筑物或其他结构件目标来说,当$\dfrac{\tau_{+}}{T}\geqslant 10$时,目标受冲击波作用按最大压力计算,此时目标相当于受静压作用;当$\dfrac{\tau_{+}}{T}\leqslant 0.25$时,目标受冲击波作用按比冲量计算,此时相当于受冲击作用。

破坏目标的Δp_{m}和q可通过试验确定,已知破坏目标所需的Δp_{m},q和装药后,便可根据上述公式求出其破坏范围。

(二)水中爆炸破坏作用

水与空气相比,其基本特点是密度大,可压缩性差,声速大(在18℃海水中为1 494

m/s)。由于水具有这些特性，因此，炸药在水中爆炸后，会在水中形成冲击波、气泡和水流。这些便是造成水中目标破坏的因素。因为猛炸药约有一半的爆炸能以冲击波的形式传播，所以冲击波是引起目标破坏的主要作用因素。气泡脉动作用时间长，对目标的作用近似“静压”作用，只有当战斗部与目标处于有利位置时，气泡才能起较大的作用。水流对目标仅起附加破坏效应。

1. 水中爆炸形成冲击波压力、比冲量和能流

水中爆炸冲击波压力随时间变化的衰减服从指数分布规律，其表达式为

$$P(t)=\begin{cases} P_{\mathrm{m}}\mathrm{e}^{-\frac{t}{\theta}} & \left(t<\dfrac{r}{C_0}\right) \\ P_{\mathrm{m}}\mathrm{e}^{-\frac{t}{\theta}\left(t-\frac{r}{C_0}\right)} & \left(t\geqslant\dfrac{r}{C_0}\right) \end{cases} \tag{3.59}$$

式中：P_{m}—— 冲击波最大压力，$\mathrm{kg/cm^2}$；

C_0—— 水中音速；

θ—— 时间常数，其大小与炸药的种类、质量有关，与距爆炸中心的距离也有关，且球形装药

$$\theta=10^{-4}G_{\mathrm{c}}^{1/3}\left(\frac{r}{G_{\mathrm{c}}^{1/3}}\right)^{0.24}$$

对于柱形装药，

$$\theta=10^{-4}G_{\mathrm{c}}^{1/3}\left(\frac{r}{G_{\mathrm{c}}^{1/3}}\right)^{0.41}$$

比冲量 q 是压力随时间的积分，其形式为

$$q=\int_{\frac{r}{C_0}}^{t}P\mathrm{d}t=P_{\mathrm{m}}\mathrm{e}^{-\frac{1}{\theta}\left(t-\frac{r}{C_0}\right)}\,\mathrm{d}t=P_{\mathrm{m}}\left[1-\mathrm{e}^{-\frac{1}{\theta}\left(t-\frac{r}{C_0}\right)}\right] \tag{3.60}$$

由该式可以看出，当 $t\to\infty$ 时，$q=P_{\mathrm{m}}\theta$。TNT 装药冲击波和比冲量随时间的变化规律如图 3.4 所示。

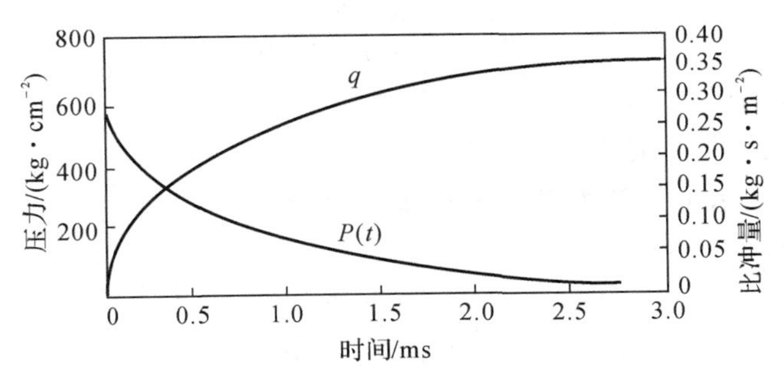

图 3.4　冲击波压力和比冲量随时间的变化规律

水中爆炸冲击波正压作用时间 τ_+ 为

$$\tau_+=10^{-5}\sqrt[6]{G_{\mathrm{c}}}\sqrt{r} \tag{3.61}$$

水中冲击波反射压力 P_{r} 为

$$P_{\mathrm{r}}=\frac{550}{\bar{r}} \tag{3.62}$$

式中

$$\bar{r}=\frac{r}{\sqrt[3]{G_c}}$$

其中 G_c 为 TNT 药量。

当 $\bar{r}=2\sim3$ 时，水中反射压力比在空气中大几十倍；当 $\bar{r}=5$ 时，比空气中大 150 ～ 160 倍。

水中冲击波的反射比冲量 q_r 为

$$q_r=930G_c^{1/3}\frac{G_c^{1/3}}{\bar{r}} \tag{3.63}$$

式中：q_r—— 水中冲击波反射时的比冲量，kg · s/m^2。

2. 气泡脉动

炸药在无限水介质中爆炸时，爆炸产物所形成的气泡将在水中进行多次膨胀和压缩的脉动，气泡脉动而引起的二次压力波的峰值，一般不超过冲击波峰值的 20%，但其作用时间远大于冲击波作用时间，故与比冲量很接近。

梯恩梯炸药在水中爆炸形成的二次压力峰值为

$$P_m-P_0=72.4\frac{G_c^{1/3}}{r} \tag{3.64}$$

式中：P_0—— 水的超压，kg/cm^2。

二次压力波的比冲量为

$$q=6.04\times10^3\frac{(\eta Q)^{2/3}}{Z^{1/6}}\cdot\frac{G_c^{1/3}}{r} \tag{3.65}$$

式中：Q—— 炸药的爆热，kcal/kg；

η——$(n-1)$ 次脉动后留在产物中的能量分数；

Z—— 第 n 次脉动开始，气泡中心所在位置的静压力，以水柱高表示，m。

气泡振动周期 T 随深度和装药质量而产生的变化可表示为

$$T=\frac{K_e\sqrt[3]{G_c}}{(h+10.3)^{5/6}} \tag{3.66}$$

式中：T—— 气泡脉动周期，s；

K_e—— 炸药特性系数，对于 TNT，$K_e=2.1$；

h—— 炸药浸入水中的深度，以水柱高表示，m。

气泡的最大半径为

$$r_{n1}=\frac{3.3\sqrt[3]{G_c}}{\sqrt[3]{10.3+h}} \tag{3.67}$$

3. 爆破战斗部在水中爆炸时的破坏半径

有防震装置的舰艇的破坏半径的经验公式为

$$r_{f0}=K_f\sqrt[3]{G_c} \tag{3.68}$$

式中：r_{f0}—— 对有防震装置的舰艇的破坏半径，m；

K_f—— 与舰艇类型有关的系数。对于战列舰，$K_f=0.4\sim0.5$；对于航空母舰与巡洋舰，$K_f=0.55\sim0.6$。

没有防震装置的舰艇的破坏半径的经验公式为

$$r_f = \frac{330}{P}\sqrt{G_c} \tag{3.69}$$

式中：r_f—— 没有防震装置的舰艇的破坏半径，m；

P—— 破坏舰艇所需压力。对于轻巡洋舰、驱逐舰或运输舰，$P = 1\ 200\ \text{kg/cm}^2$；对于潜水舰，$P = 470\ \text{kg/cm}^2$。

(三)土壤(或其他固体介质)中爆炸的破坏作用

战斗部碰击目标时，具有一定的动能，介质有一定的侵彻作用，有的战斗部，如穿甲弹靠自己碰击目标时的动能来侵彻装甲目标，达到破坏目标的目的；有的战斗部，如爆破弹，靠碰击目标时的动能侵彻爆炸，以求获得最佳爆破效果。研究介质的侵彻，就是对战斗部在介质内的受力情况进行分析，找出其运动规律和侵彻深度，根据目标的具体情况，控制爆破战斗部是对付轻型土木工事或掩蔽所的重要武器之一，为了确保破坏地下工事，应先使弹头侵彻一定深度，然后引爆弹头。因此，弹头在地下爆炸时，应满足两种作用：一是侵彻作用，即弹头要经得住冲击载荷，获得一定的侵彻深度；二是弹头装药的爆破作用。

思　考　题

1. 试分析核爆杀伤因素。
2. 给出爆炸相似率模型。
3. 分析冲击波效应的特点。
4. 分析电磁脉冲作用目标的特点。
5. 分析核爆放射性沾染作用目标的特点。
6. 分析常规聚能破甲效应作用目标的特点规律。
7. 分析常规侵彻效应作用目标的特点规律。
8. 简述射流的形成过程及特点。
9. 不同环境下，核武器爆炸产生的毁伤元素的能量分配如何？
10. 简述核武器爆炸的热辐射效应与早期核辐射效应的异同点。

第四章　目标易损性

第一节　人员目标易损性

人员在战场上易受许多杀伤手段损伤，其中最重要的手段有破片、枪弹、小箭、冲击波、化学毒剂和生物战剂，以及热辐射和核辐射等。尽管损伤人体的方式不同，但最终的目的都在于使人丧失行使预定职能的能力。

一、丧失战斗力的判据

按照当前关于杀伤威力标准的规定，所谓一名士兵丧失战斗力，是指他丧失了执行战斗任务的能力。士兵的作战任务是多种多样的，取决于他的军事职责和战术情况。在定义丧失战斗力时，应考虑四种战术情况，即进攻、防御、充当预备队和充当后勤供应队。无论哪种情况，看、听、想、说能力均被认为是必要的基本条件，丧失了这些能力，也就丧失了战斗力。

在进攻条件下，士兵需要利用的是手臂和双腿的功能，能够奔跑并灵活使用双臂，这是进攻的理想条件，若士兵不能移动或不能操纵武器，则认为士兵丧失了进攻的战斗能力。在防御中，只要士兵能够操纵武器，就有防御能力。因此，若士兵不能移动，又不能使用武器，则认为士兵丧失了防御能力。预备队和后勤供应队更易丧失战斗力，他们可能由于受伤不能投入战斗。

丧失战斗力的判据中常采用时间因素，这是指自受伤直到丧失功能而不能有效执行战斗任务的时间。

各种心理因素对丧失战斗力也具有确定无疑的作用，甚至能够瓦解整个部队的士气。

现行的杀伤判据主要在于确定创伤效应与人体四肢功能的关联。因此，在分析一名士兵执行战斗使命的能力时，应以他使用四肢的能力为主要依据。当然，无论在任何战斗条件下，某些重要器官，如眼睛、心脏等直接受到损伤时，都会使人立即丧失战斗力。

二、破片、枪弹和小箭

为了定量地讨论人员对破片、枪弹和小箭的易损性，目前常用命中一次使目标丧失战斗力的条件概率来表述。该概率是根据破片、枪弹或小箭的质量、迎风面积、形状和着速确定的，因为这些因素将决定着创伤的深度、大小和轻重程度。因此，上述诸因素应针对各种不同作战情况和从受伤到丧失战斗力所经过的时间来具体评价。

(一)杀伤标准

为了评价步兵武器的杀伤效率,必须制定一个定量的杀伤标准。所谓杀伤标准是指有效杀伤目标时杀伤元素参数的极限值。以前的传统分析方法认为,只有毙命或重伤才能使士兵丧失战斗力。基于这种分析,破片、枪弹和小箭的杀伤标准如下。

1. 动能标准

破片、枪弹或小箭杀伤目标一般只以击穿为主,而击穿则是靠动能来完成的,因此,通常以破片、枪弹和小箭的动能 E_d 来衡量其杀伤效应。

$$E_d = \frac{1}{2} m v_0^2 \tag{4.1}$$

式中:m—— 破片、枪弹或小箭的质量;

v_0—— 破片、枪弹或小箭与目标的着速。

对于人员,杀伤效率的标准定为 78.4 J。78.4 J 的标准是一种陈旧的杀伤威力标准,以粗略的形式规定,动能小于 78.4 J 的破片、枪弹或小箭不能使人致命,动能大于 78.4 J 就能使人致命。这种判据大致只适用于不稳定的特重破片,而不适用于衡量现代的杀伤元素。的确,即使在少数常见致伤情况下,人体的功能效应就足以证明,单一而简单的动能标准不适用于一般情况。

2. 比动能标准

由于破片的形状很复杂,飞行过程中又是旋转的,因此,破片与目标遭遇时的面积是随机变量,故用比动能 e_d 来衡量破片的杀伤效应较动量更为确切。

$$e_d = \frac{E_d}{A} = \frac{1}{2} \frac{m}{A} v_0^2 \tag{4.2}$$

式中:A—— 破片与目标遭遇面积的数学期望值。

1968 年,斯佩拉扎等人用不同直径的子弹对皮肤进行射击试验表明,穿透皮肤所需的最小着速(弹道极限)v_1 在 50 m/s 以上,侵入肌体 2 ~ 3 cm 时,所需弹道极限在 70 m/s 以上,并提出其速度与断面比重的如下关系式:

$$v_1 = \frac{123}{\bar{S}} + 22 \tag{4.3}$$

其中

$$\bar{S} = \frac{m}{A}$$

这时,穿透皮肤所需的最小比动能关系式可表示为

$$e_1 = \frac{1}{2} \frac{m}{A} v_1^2 \tag{4.4}$$

式中:e_1—— 最小比动能。

显然,对于一定厚度的皮肤,其 e_1 的值是一定的。在惯用的杀伤标准中,对人员一般取 $e_1 = 160\ \mathrm{J/cm^2}$。有关人员经多年对创伤弹道学的研究成果提出,擦伤皮肤的最小比动能为 $e_1 \approx 9.8\ \mathrm{J/cm^2}$。

3. 破片质量标准

为直观地表示破片对目标的杀伤效率,过去还曾采用过破片质量杀伤标准。对于一般以 TNT 炸药装药为主的弹药,其壳体形成的破片初速度往往在 800~1 000 m/s,这时杀伤人员

的有效破片质量一般取 1.0 g,随着破片的速度增加,也有取 0.5 g,甚至 0.2 g 作为有效破片质量。因此,破片质量标准实质上仍是破片动能杀伤标准。

4. 破片分布密度标准

弹药爆炸后形成的杀伤破片在空间的分布是不连续的,且随破片飞行距离的增大,破片之间的间隔也增大。因此,就单个破片而言,并不一定能够命中目标。可见,单纯地规定破片动能、比动能或质量作为杀伤标准是不全面的,还必须考虑破片的分布密度要求。显然,有效破片的分布密度愈大,命中目标和杀伤目标的概率就愈大。

(二)杀伤概率

杀伤判据本是在生物实验研究的基础上制定出来的,并且在医学上建立了杀伤判据与人体生理构造之间的联系。这方面的工作正随着对创伤弹道学的深入研究而迅速发展,因此,现行的杀伤标准可能必须予以修改,以适应现代的杀伤元素。1956 年艾伦和斯佩拉扎曾提出一个考虑士兵的战斗任务和从受伤到丧失战斗力所需时间的关系式:

$$P_{hk} = 1 - e^{-a(91.36 m v_0^{\beta} - b)^n} \tag{4.5}$$

式中: P_{hk}—— 钢破片(枪弹或小箭)的某一随机命中使执行给定战术任务的士兵丧失战斗力的条件概率;

m—— 破片质量,g;

v_0—— 着速,m/s;

a、b、n 和 β—— 根据不同战术情况和从受伤到丧失战斗力的时间而由实验得到的常数,其中 $\beta = 3/2$ 与实验吻合较好。

在考虑四种标准战术情况下,即防御 0.5 min、突击 0.5 min、突击 5 min 和后勤保障 0.5 d 条件下,杀伤士兵所需的最长时间见表 4.1,四种情况下的 a、b 和 n 值见表 4.2 和表 4.3。杀伤概率 P_{hk} 的变化曲线如图 4.1～图 4.4 所示。应当指出,这些图表是根据几种质量和几种撞击速度的钢破片的实验数据得到的,显然较过去的粗略判据前进了一步,但还很不完善。随着更多的实验数据的获取及高新技术的采用,杀伤判据预期会得到改进和完善。

表 4.1 人员杀伤试验采用的四种标准情况

标准情况			所代表的情况	
编号	战术情况			
1	防御	0.5 min	防御	0.5 min
2	突击	0.5 min	突击	0.5 min
			防御	5 min
3	突击	5 min	突击	5 min
			防御	30 min
			防御	0.5 d
4	后勤保障	0.5 d	后勤保障	0.5 d
			后勤保障	1 d
			后勤保障	5 d
			预备队	0.5 d
			预备队	1 d

表 4.2　非稳定破片的 a、b、n 值

战术情况编号	a	b	n
1	$0.887\,71\times10^{-3}$	31 400	0.541 06
2	$0.887\,71\times10^{-3}$	3 100	0.495 70
3	$0.887\,71\times10^{-3}$	31 000	0.487 81
4	$0.887\,71\times10^{-3}$	29 000	0.443 50

表 4.3　稳定小箭的 a、b、n 值

战术情况编号	a	b	n
1	$0.553\,11\times10^{-3}$	15 000	0.443 71
2	$0.461\,34\times10^{-3}$	15 000	0.485 35
3	$0.691\,93\times10^{-3}$	15 000	0.473 52
4	$1.857\,90\times10^{-3}$	15 000	0.414 98

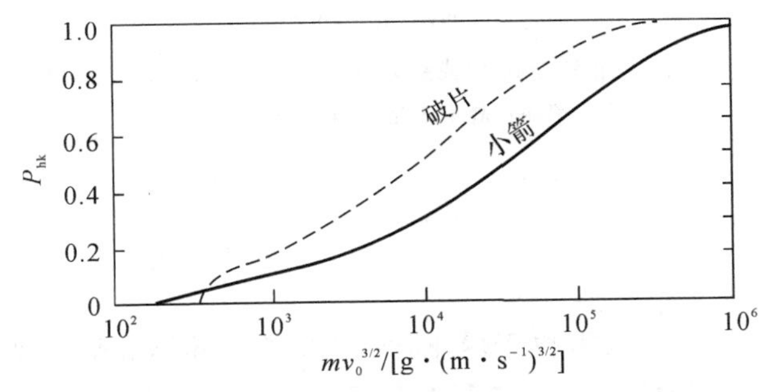

图 4.1　非稳定破片或稳定小箭的 $P_{hk}\sim(mv_0^{3/2})$ 曲线

（第一种战术情况：防御 0.5 min）

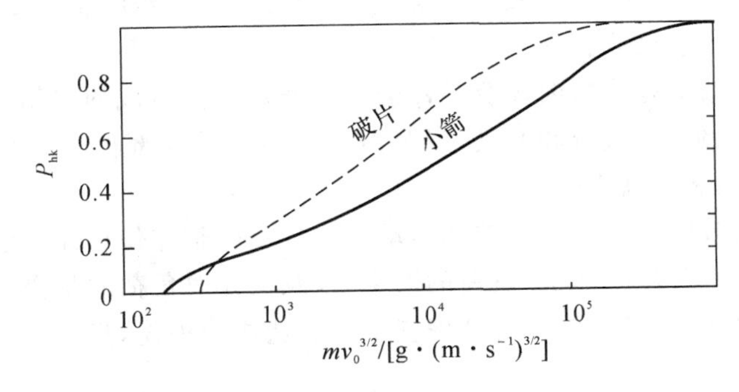

图 4.2　非稳定破片或稳定小箭的 $P_{hk}\sim(mv_0^{3/2})$ 曲线

（第二种战术情况：突击 0.5 min）

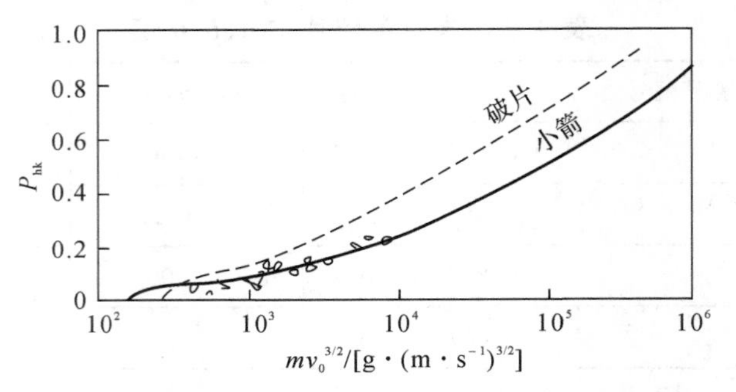

图 4.3　非稳定破片或稳定小箭的 $P_{hk}\sim(mv_0^{3/2})$ 曲线

（第三种战术情况：突击 0.5 min）

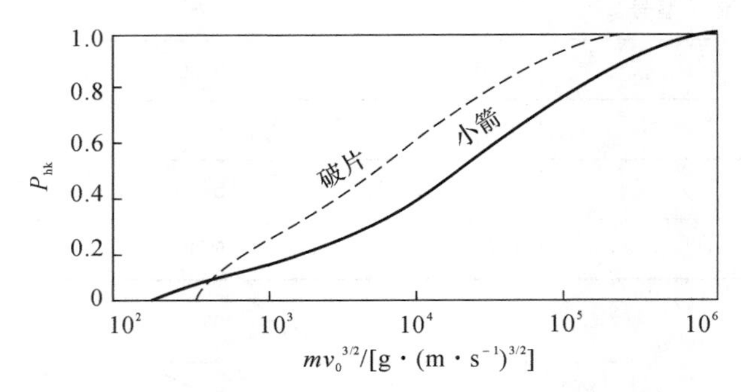

图 4.4　非稳定破片或稳定小箭的 $P_{hk}\sim(mv_0^{3/2})$ 曲线

（第四种战术情况：后勤保障 0.5 d）

三、冲击波

人员对冲击波的易损性主要取决于爆炸时伴生的峰值超压和瞬时风动压的幅度和持续时间。冲击波效应可划分为初始阶段、第二阶段和第三阶段三个阶段。

初始阶段冲击波效应产生的损伤值直接与冲击波阵面的峰值超压有关。冲击波到来时，伴随有急剧的压力突跃，该压力通过压迫作用损伤人体，如破坏中枢神经系统、震击心脏、造成肺部出血、伤害呼吸及消化系统、震破耳膜等。一般说来，人体组织密度变化最大的区域，尤其是充有空气的器官更容易受到损伤。

第二阶段冲击波效应是指瞬时风驱动侵彻体或非侵彻体造成的损伤。该效应取决于飞行体的速度、质量、大小、形状、成分和密度，以及命中人体的具体部位和组织。这种飞行体对人体的伤害与破片、枪弹和小箭类似。

第三阶段冲击波效应定义为冲击波和风动压造成目标整体位移而导致的损伤。这类损伤由身体承受加速和减速负荷的部位、负荷的大小，以及人体对负荷的耐受力来决定。

在考虑冲击波损伤效应时，应综合考虑三个阶段造成的损伤，只考虑某一阶段是不合乎实际的。

高能炸药爆炸波对人体的杀伤作用取决于多种因素，主要包括装药尺寸、爆炸波持续时间、人员相对于爆炸点的方位、人体防御措施，以及个人对爆炸波载荷的敏感程度。

(一)超压的杀伤作用

峰值超压是唯一最重要的爆炸波参量。但是,除某些特定条件之外,峰值超压不能单独用来预计人体对爆炸波的耐受程度。确切地说,只有在持续时间极短的单脉冲条件下和研究某些生物系统的效应时,才单独用峰值超压预测人体对爆炸波的耐受程度。

关于人体对爆炸波超压的耐受程度有两点结论极其重要:其一,瞬时形成的超压比缓慢升高的超压会造成更严重的后果;其二,持续时间长的超压比持续时间短的超压对人体的损伤更严重。对各种动物的试验结果表明,人员对 20～150 ms 升至最大值的长时间持续压力的耐受程度明显高于急剧升高的压力脉冲。缓慢升高的超压对肺部损伤明显减轻,但对耳膜、窦膜和眼眶骨的损伤确实会发生。

对各种动物的试验数据可用来估算使人致死的急剧升高的峰值超压的量级。就短时间(1～3 ms)超压而言,可利用下式进行外推计算:

$$p_{50}=0.001\ 65W^{2/3}+0.163 \tag{4.6}$$

式中:p_{50}——造成 50%死亡率所需的超压,MPa;

W——人体质量,g。

由式(4.6)算得,54.4 kg 和 74.8 kg 重的人造成 50%死亡率的超压 p_{50} 分别为 2.53 MPa 和 3.09 MPa。

长时间(80～1 000 ms)超压动物试验结果表明,致死超压比上述值低得多。急剧升高的长时间持续压力脉冲对人员的损伤作用见表 4.4。

表 4.4　持续压力脉冲对人员的损伤

超压/MPa	损伤程度
0.013 8～0.027 6	耳膜失效
0.027 6～0.041 4	出现耳膜破裂
0.103 5	50%耳膜破裂
0.138～0.241	死亡率为 1%
0.276～0.345	死亡率为 50%
0.379～0.448	死亡率为 99%

(二)飞行物的杀伤作用

爆炸波驱动的飞行物打击人体会对人员产生第二次杀伤作用。关于小型脆性破片和大型非侵彻性飞行物对人员的杀伤作用,在低速范围内与以上所研究的破片对人员的杀伤作用相类似。根据试验结果推断,可将质量为 10 g、着速为 35 m/s 的玻璃碎片作为玻璃或其他易碎材料破片有效杀伤人员的近似值。较大物体打击人体时同样能造成死亡。研究结果表明,大约 4.57 m/s 的着速就能造成颅骨破裂。为便于研究,对于非侵彻性飞行物,通常以质量为 4.54 kg、着速为 3.05 m/s 作为杀伤人员的暂时标准。

(三)平移力的杀伤作用

人员受到的平移力是由爆炸风引起的,其大小取决于爆炸强度、人员至爆炸点的距离、地形条件以及人体方位等。人员在最初受到加速随后产生平移及最后的磕碰都可能受伤,但严重损伤多发生在与坚硬物体相撞的减速过程中。人体与坚硬物体相撞时,其损伤情况大致如下：人体以 3.66 m/s 左右的速度运动时，重伤率约 50%；以 5.18 m/s 左右的速度运动时，死亡率约 50%。

图 4.5 给出了由于平动造成的 50%爆炸波杀伤概率曲线。图中表示出在开阔地带条件下平动爆炸波杀伤概率达 50%时，爆炸高度随地面距离的变化曲线。该曲线是依据 1 kt 当量爆炸情况绘制的，将爆炸高度乘爆炸当量的立方根，地面距离乘爆炸当量的 0.4 次幂，即可换算成其他爆炸当量情况。例如，一枚 20 kt 当量的炸弹在开阔地带上空 152.4 m 处爆炸，求平动使 50%的立姿人员遭受直接爆炸波杀伤的距离。1 kt 当量爆炸的高度为

$$\frac{152.4}{20^{1/3}}=56.1\ (\mathrm{m}) \tag{4.7}$$

由图 4.5 查得，与 56.1 m 爆炸高度对应的地面距离约为 396.8 m。因此，20 kt 当量炸弹对应的地面距离为

$$396.8\times 20^{0.4}=1\ 315\ (\mathrm{m}) \tag{4.8}$$

综上所述，图 4.6 和图 4.7 给出了由超压、飞行物和平移造成各种器官的损伤程度随作用距离的变化关系。

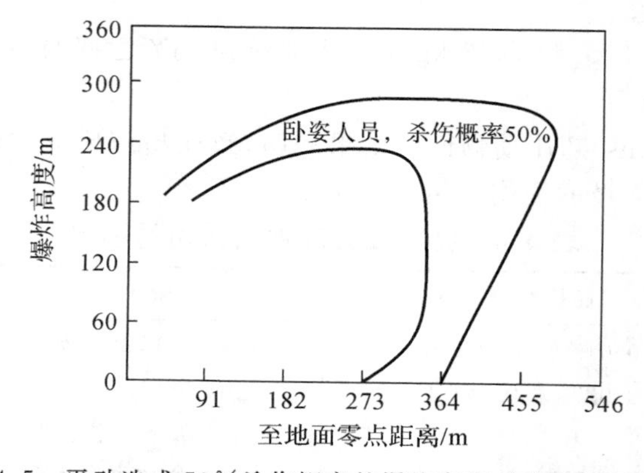

图 4.5 平动造成 50%杀伤概率的爆炸高度对应的地面距离

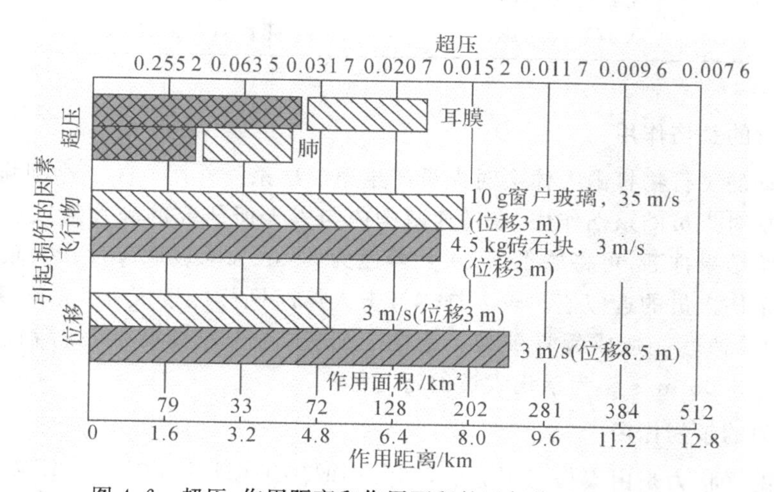

图 4.6 超压、作用距离和作用面积的近似值(1 Mt 当量)

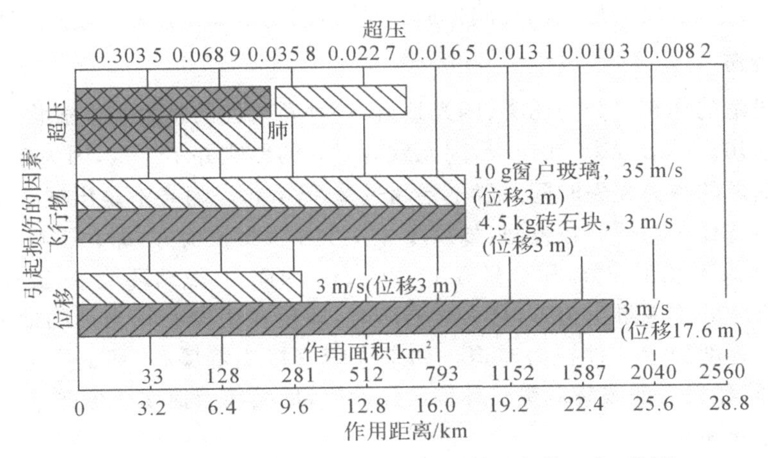

图 4.7　超压、作用距离和作用面积的近似值(1 kt 当量)

四、火焰与热辐射

人员对火焰与热辐射的易损性,可分为闪光烧伤和火焰烧伤两种。闪光烧伤通常发生在人体未受衣服遮蔽的小部分部位上;火焰烧伤则能在身体的大部分区域出现,因为衣服也会起火燃烧。

闪光烧伤的程度随接受热能的多少和热能传递的速度而异。闪光烧伤不会导致皮下积液,其烧伤深度也比火焰直接烧伤显著减小。如果烧伤是由核弹产生的大火或辐射引起的,那么烧伤使士兵丧失战斗力的效果显著增强。

(一)皮肤烧伤

裸露皮肤的灼伤程度直接与辐照量和辐射能量的传递速率有关,而这两者都取决于武器的当量。在垂直照射条件下,皮肤变红为一度烧伤;局部皮层坏死或起泡为二度烧伤;皮肤完全坏死为三度烧伤。必须指出,实际值将随人体皮肤的颜色和温度而变化。图 4.8 给出了使裸露皮肤产生一、二度烧伤的临界辐照量随武器当量的变化情况。

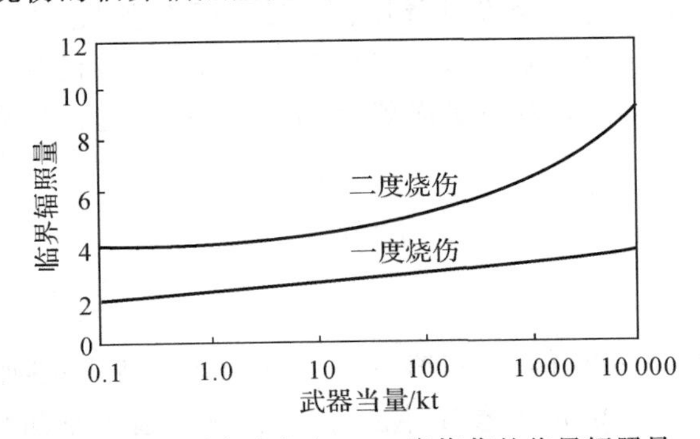

图 4.8　裸露皮肤产生一、二度烧伤的临界辐照量

服装能反射和吸收大部分热辐射能量,可保护皮肤免遭闪光烧伤,但在一定辐照量条件

下，服装发热或被点燃，将会增加向皮肤传递热量，造成比裸露皮肤更严重的烧伤。

（二）眼睛烧伤

热辐射对眼睛的伤害可分为两类：闪光致盲，一种暂时性的视力丧失症状；视网膜烧伤，即视网膜永久性损伤。一般说来，在白天，闪光致盲对人的影响并不严重，因为在白天，视野正前方出现闪光所造成的视力丧失时间一般不会超过 2～3 min。闪光不是出现在视野正前方，对视力基本上不会有什么妨碍。在夜间，如果爆炸发生在视野正前方，那么影响视力的时间可持续 5～10 min；如果不在正前方，那么只有 1～2 min。因此，在黑暗环境中，丧失视力的时间会长些。当爆炸火球处于视野正前方，且大气洁净时，即使在距爆心相当远的地方，也可造成视网膜烧伤和某种程度的永久性视力减退。如果眼睛直接望着爆心，那么视力损伤会更严重。和闪光致盲一样，如果人的眼睛对黑暗环境已经适应，那么视力损伤会更严重。

（三）次生火焰烧伤

着装起火生成的次生火焰可导致手部、面部烧伤。爆炸引起的火灾易导致人员伤亡。因为火或火焰作为使人员损失战斗力的手段，首先，火或火焰不是纯粹的电磁辐射，能绕过拐角，烧伤拐角后面的人员；其次，它能消耗现场的氧气，使人员窒息而死；再次，它会使人惊惧，以致休克；最后，它还可毁坏人们赖以生存的生活资料。

第二节　地面车辆易损性

炮弹破片、穿甲弹、空心装药、冲击波、火焰与热辐射、电子干扰及危害乘员的毁伤作用，都能够使地面车辆受到不同程度的损坏。究竟哪种毁伤作用最有效，须视车辆的类型而言。通常按装甲防护情况将车辆分为装甲车辆和非装甲车辆两大类。装甲车辆相对于破片和弹丸的易损性，是由装甲的类型、厚薄和倾斜程度，以及破片或弹丸的质量、形状和着速决定的。

在评价装甲车辆易损性时，必须把乘员作为一个因素加以考虑，因为装甲车辆乘员失去战斗力会造成车辆丧失行动能力。而非装甲车辆缺员可由其他运输人员来补充，通常不考虑非装甲车辆乘员对车辆易损性的影响。

坦克履带和行使部件、轻型车辆及其货物和成员易受常规弹药的爆炸作用毁伤。空心装药破甲弹能侵彻重型装甲，并通过后效作用毁伤车内乘员及各种设备；塑性炸药碎甲弹可贴附在装甲外表面上爆炸，导致装甲内表面崩落，由此产生的大量高速破片可毁伤车内乘员和设备。

一、装甲车辆

装甲车辆按战术作用可分为两大类：第一类，参加进攻作战，并参加冲击行动，称为装甲战斗车辆；第二类，参加进攻作战，但不参加冲击行动，如步兵装甲车和装甲式自行火炮。其中“冲击”是指在进攻作战中最后阶段实际攻入并夺取敌方目标的行动。

装甲战斗车辆同步兵装甲车和装甲式自行火炮相比，在防护装甲的厚度上有明显的区别。装甲战斗车是唯一用来抵御穿甲弹和空心装药破甲弹的车辆。

步兵装甲车是广泛用在战场上的履带式装甲车辆的统称，包括装甲人员运输车、迫击炮运载车、救护车、指挥车等。步兵装甲车和装甲式自行火炮不仅能提高步兵和炮兵的机动性，又能使其获得装甲防护。

(一)装甲战斗车辆

坦克是典型的装甲战斗车辆，兼备种种有利于实施的特点，诸如强大的火力、良好的机动性、迅速的冲击能力和良好的装甲防护等。因此，在一般作战情况下，可以不要求彻底摧毁装甲战斗车辆，只要求使其在一定程度上丧失战斗力就足够了。

1. 坦克毁伤等级的定义

美国现已制定关于装甲战斗车辆损坏程度的三个等级作为参考标准：

M 级损坏——装甲战斗车辆完全或部分丧失行动能力；

F 级损坏——车辆主炮和机枪完全或部分丧失射击能力；

K 级损坏——车辆完全被摧毁。

这些等级也可视为车辆功能削减的等级。

2. 破坏程度的评价

装甲战斗车辆的易损性，通常是从它抵御穿甲弹、破片杀伤弹和破甲弹贯穿作用的能力，以及其结构抵御爆破榴弹或核弹冲击波的能力来考虑的。实际上，有些不能摧毁车辆或使之丧失行动能力，但能使车辆或内部部件受到一定程度的损坏。例如，装甲战斗车辆遭到各种口径弹丸攻击时，其活动部件可能被楔死，产生变形，以致失去效用。高能炸药爆炸或核爆炸可以使装甲战斗车辆结构破坏，冲击波阵面可以引起装甲板振动，使固定在车内的部件受到严重损坏。

实践表明，为准确评价命中弹丸对坦克的破坏程度，必须建立一套标准数据，借以给出由各基本部件破损而造成的坦克破坏程度(见表 4.5～表 4.7)。表中数据仅仅考虑单发命中对坦克的作用效果，并未考虑在命中时坦克担负的战斗任务或对乘员士气和心理作用的影响。

表 4.5　典型的坦克破坏程度评价表(以内部部件损坏为依据)

部　件		破坏级别		
		M	F	K
主炮用药筒		1.00	1.00	0.00
主炮用弹丸(高能炸药/白磷燃烧弹)		1.00	1.00	1.00
主炮用弹丸(动能弹)		0.00	0.00	0.00
机枪弹药		0.10	0.00	0.00
武器	并列机枪	0.00	0.10	0.00
	炮塔高射机枪	0.00	0.05	0.00
	主用武器	0.00	1.00	0.00
	并列机枪和炮塔高射机枪	0.00	0.10	0.00
	所有其他武器	0.00	1.00	0.00
主炮制退机构		0.00	1.00	0.00

续表

部件		破坏级别		
		M	F	K
蓄电池		0.00	0.00	0.00
车长观察装置		0.00	0.00	0.00
驱动控制机构		1.00	0.00	0.00
驾驶员潜望镜		0.05	0.00	0.00
发动机		1.00	0.00	0.00
单侧油箱漏油		0.05	0.00	0.00
高低机	动力	0.00	0.00	0.00
	手动	0.00	0.00	0.00
	二者	0.00	1.00	0.00
火力控制系统	主用系统	0.00	0.10	0.00
	备用系统	0.00	0.00	0.00
	二者	0.00	0.95	0.00
内部通讯设备	全部设备	0.30	0.05	0.00
	车长用设备	0.00	0.05	0.00
	射手用设备	0.00	0.05	0.00
	车长和射手用设备	0.30	0.05	0.00
	装填手用设备	0.00	0.00	0.00
	驾驶员用设备	0.30	0.00	0.00
	旋转式分电箱	0.35	0.20	0.00
	炮塔接线盒	0.35	0.10	0.00
无线电设备	现代战争,现代作战方式	0.5	0.05	0.00
	现代战争,未来作战方式	0.25	0.25	0.00
方向机	动力	0.00	0.10	0.00
	手动	0.00	0.00	0.00
	二者	0.00	0.95	0.00

表 4.6　典型的坦克破坏程度评价表(以外部部件破坏为依据)

部件	破坏级别		
	M	F	K
减震簧	0.00	0.00	0.00

续表

部　件		破坏级别		
		M	F	K
诱导轮		1.00	0.00	0.00
行动轮(前)	一个	0.50	0.00	0.00
	两个	0.75	0.00	0.00
行动轮(1)		0.20	0.00	0.00
行动轮(2)		0.05	0.00	0.00
减震器		0.00	0.00	0.00
链轮		1.00	0.00	0.00
履带		1.00	0.00	0.00
履带导向齿		0.05	0.00	0.00
履带支托轮		0.00	1.00	0.00
主炮管		0.00	1.00	0.00
主炮管膛排器		0.00	0.05	0.00

表 4.7　典型的坦克破坏程度评价表(以人员伤亡或失能为依据)

人　员		破坏级别		
		M	F	K
车长		0.30	0.50	0.00
射手		0.10	0.30	0.00
装填手		0.10	0.30	0.00
驾驶员		0.50	0.20	0.00
两名乘员失能	车长和射手	0.65	0.95	0.00
	车长和装填手	0.65	0.70	0.00
	车长和驾驶员	0.90	0.60	0.00
	射手和装填手	0.55	0.65	0.00
	射手和驾驶员	0.80	0.55	0.00
	装填手和驾驶员	0.80	0.50	0.00
唯一幸存者	车长	0.95	0.95	0.00
	射手	0.95	0.95	0.00
	装填手	0.95	0.95	0.00
	驾驶员	0.90	0.95	0.90

在建立这些标准参考数据时，曾做过以下假设：

(1)坦克一旦参与战斗，遭受不至于被彻底摧毁的攻击后，幸存者仍竭尽全力地使坦克继续作战；

(2)坦克有一台主发动机和一台辅助发动机，战斗中至少有一台处于工作状态；

(3)坦克配有备用武器和备用火控系统；

(4)主用武器和机枪不但可以从射手位置，而且可以从车长位置实施瞄准和射击；

(5)在确定坦克由各个元件或部件破损而造成的破坏程度时，表中数据是假定该元件或部件完全损坏的条件下得出的。

装甲战斗车辆的装甲配置主要是从抵御地面攻击考虑的，顶装甲通常比前、后装甲和侧装甲薄得多，容易受空中攻击所损坏。另外，战胜装甲战斗车辆，应依据其弱点，采用恰当的战术手段。装甲战斗车辆质量比较大，悬挂系统的武器外露，舱口关闭后对外界的观察能力较差。因此，可以使用反坦克地雷通过爆炸波、空心装药、凝固汽油及其联合作用来破坏装甲战斗车辆。

3. 坦克破坏数据分析

坦克破坏分为两类：一是坦克或部件遭受机械功能损坏的结构性破坏；二是由结构性破坏导致的坦克性能破坏。结构性破坏可通过坦克易损性试验获得，而性能损伤可由各种结构性破坏来表示。

为便于分析和鉴定，坦克破坏可按弹丸对如下部件的作用来分类：传动装置、燃料箱、弹药、发动机舱、乘员舱、炮管、装甲侧缘、其他次要外部部件。

传动装置部件性能损坏百分率随空心装药直径的变化如图 4.9 所示。这里只是为了形象地说明问题而给出的一个例子。当然，也可以给出穿甲弹、被帽穿甲弹和高速穿甲弹的类似曲线。图中各数据点上标出了相应的射弹发数。

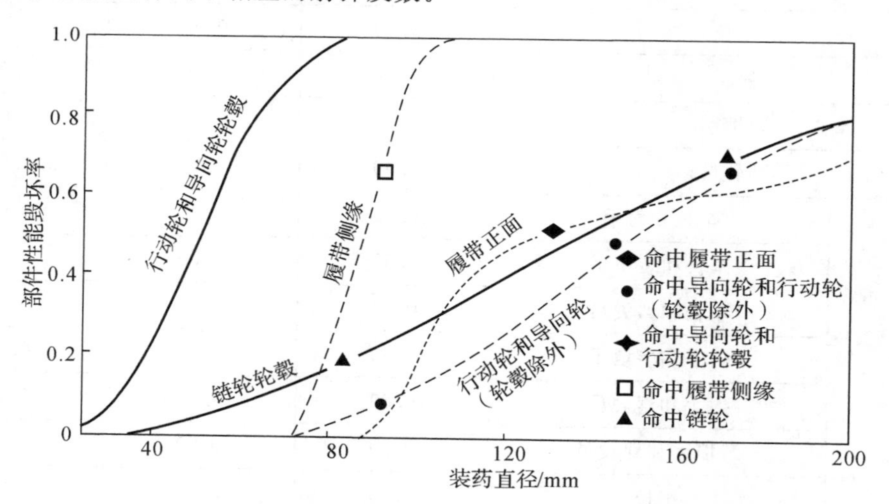

图 4.9 传动装置部件损坏率与聚能装药直径的关系

图 4.10 为坦克燃料易损性数据综合图。图中表示出柴油持续起火概率与空心装药穿孔直径、油箱容量和药型罩材料的变化曲线。由图中可见，油箱容量对紫铜罩的影响是很明显的，铝罩的起火概率比紫铜罩要大得多。

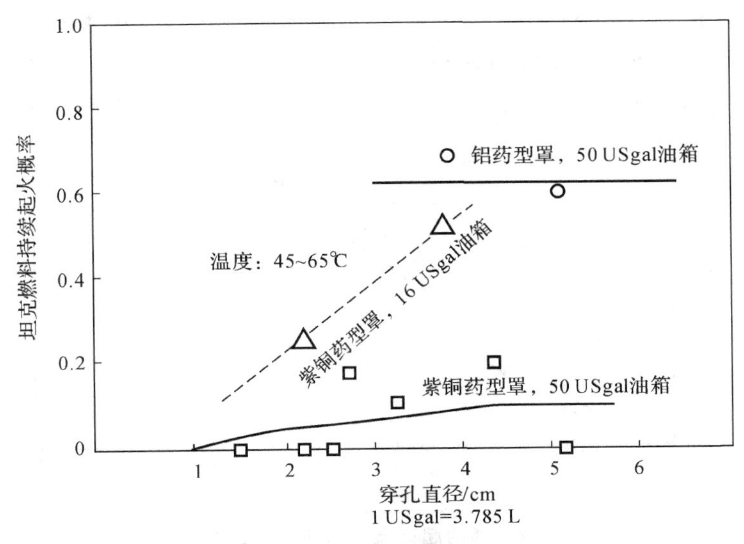

图 4.10　坦克燃料持续起火概率随穿孔直径的变化曲线

坦克主用武器弹药的起火概率随撞击弹药的破片数及穿孔直径的变化曲线如图 4.11 和图 4.12 所示。假若弹药起火总能造成 1.00K 级破坏，则图中曲线可直接作为鉴定毁伤威力的数据。破片撞击弹药通常可造成相当于 M 级或 F 级的破坏。但轻武器弹药被击中后造成的 M、F 和 K 级破坏都是微乎其微的。

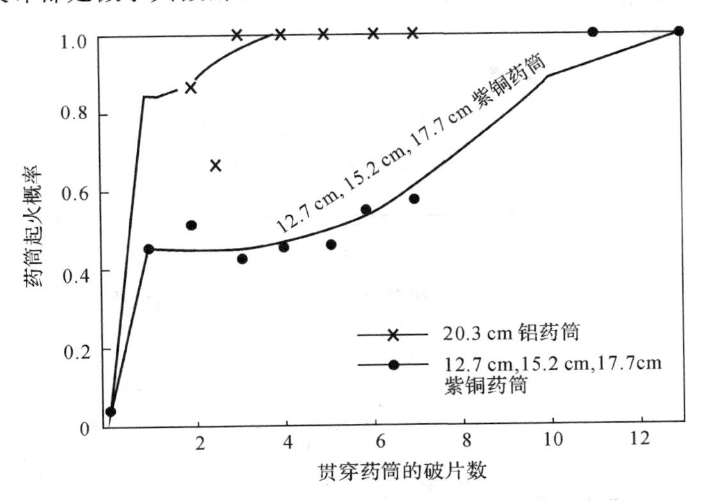

图 4.11　药筒起火概率随贯穿药筒的破片数的变化

多次试验结果表明，凡是贯穿发动机舱的，总是造成 1.0M 级破坏。

聚能装药破甲弹直接命中炮管会造成 100%的 F 级破坏。但动能弹或破片直接命中炮管造成的破坏需要进一步试验才能确定。

试验结果表明，击穿乘员舱造成坦克平均 M 级和 F 级破坏，不但取决于穿孔直径，而且还与乘员舱内形成的集中破坏区的个数有关。射弹每穿透乘员舱一次平均使坦克造成 M 级和 F 级破坏率随穿孔直径的变化曲线如图 4.13 和图 4.14 所示。

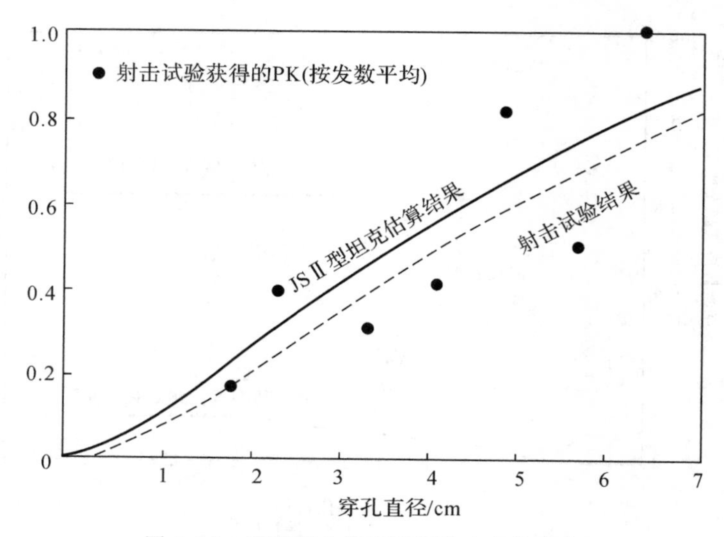

图 4.12　弹药起火概率随穿孔直径的变化

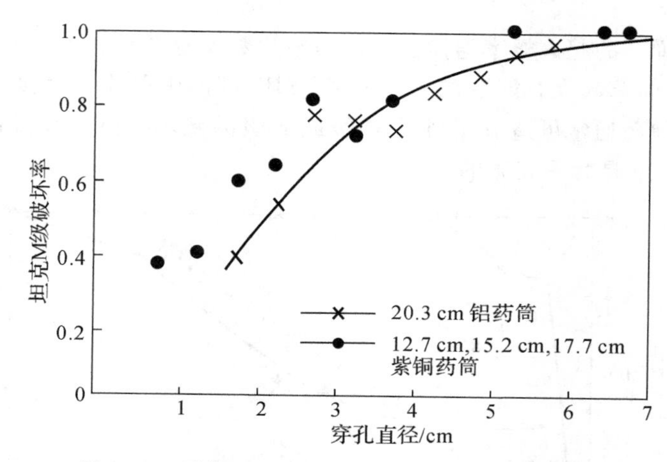

图 4.13　平均 M 级破坏率(坦克乘员舱实射结果)

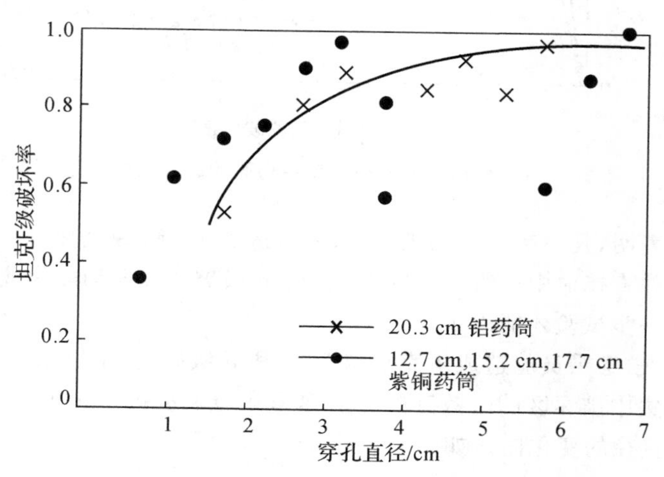

图 4.14　平均 F 级破坏率(坦克乘员舱实射结果)

(二)步兵装甲车和装甲式自行火炮

步兵装甲车和装甲式自行火炮，由于受到质量和战术作用的限制，一般都具有较薄的装甲。在一定距离上能抵御 12.7 mm 口径或更小口径轻武器的火力及榴弹破片和爆炸波的攻击。这两种装甲车辆很容易被任何反坦克武器所击伤，如小口径穿甲弹、破甲弹及反坦克地雷等。因此，这些车辆的战术职能不要求寻歼反坦克武器，只要求避开反坦克武器，大致只要具备防御炮弹弹片和某些爆破榴弹冲击波的能力即可。

二、非装甲车辆

非装甲车辆包括两种基本类型：一种是以向战斗部队提供后勤支援为主要任务的运输车辆，如卡车、牵引车、吉普车等；另一种是用来作为运载工具的无装甲防护轮胎式或履带式车辆。

非装甲车辆不仅容易被各种反装甲手段摧毁，而且能被大多数杀伤武器毁坏。定量地测定这类车辆最低限度易损性的尺度是车辆运行所必需的某个零部件受到损伤，从而导致车辆停驶的时间超出某一规定时间，即可认为车辆已遭到有效破坏。车辆中有些主要行驶部件，如电气部分、燃料系统、润滑系统和冷却系统等，在受到打击时特别容易损坏，故这些部件被视为受到攻击时最易失效部件。当然，有些车辆在某一角度上的大部分暴露面被弹丸或弹片所击穿，但不一定击中主要行驶部件。空中爆炸波对非装甲车辆的破坏程度可按下述方法分类：

(1)快速毁伤——发动机在 5 min 内停车。

(2)慢速毁伤——发动机在 5～20 min 停车。在 20 min 后停车，通常不视为慢速毁伤；

(3)不堪使用——由爆炸波造成的不足以构成快速毁伤或慢速毁伤的破坏。但是由于这种破坏的存在，车辆确实已无法继续使用。

非装甲车辆对破片的易损性在于各部件相对于一系列给定质量和速度的破片的易损性。先需要计算出车辆相对于给定破片的飞行方向的暴露面积。凡是在给定质量和速度的破片穿透车辆外壳之后容易遭受破坏的内部部件，其暴露面积均应加到该攻击方向的车辆的易损性面积上去。可以认为，以易损面积表示的车辆易损性乃是构成易损区的一系列部件易损性的函数。

破片对非装甲车辆毁伤级别可分为两类：

A 级毁伤——能使车辆在 2 min 内停车；

B 级毁伤——使车辆在 40 min 内停车。

按上述定义，车辆易造成 A 级和 B 级毁伤的部分包括以下四个系统：

(1)电气系统——配电器、线圈、定时齿轮、导电线路、变压器；

(2)燃油系统——汽化器、油泵、油管、滤油器；

(3)润滑系统——油盘、回油孔、油路、滤油器；

(4)冷却系统——散热器及其连接软管、水箱。

电气系统中通常包括蓄电池和发电机，因为这两个部件不大可能同时被摧毁，只要其中之一保持完好，就足以保持车辆长时间行驶。

由于多方面的原因，通常也不把油箱列入燃油系统之中。其一，油箱的大部分被有效地屏蔽着；其二，破片大都击中其上部，即使击穿，燃油泄漏也相当缓慢，不致造成 A 级毁伤或 B 级毁伤；其三，单发模拟破片射击试验结果表明，对于非装甲车辆，由燃料起火而导致车辆毁坏的可能性很小。

三、终点毁伤威力的评定方法

终点毁伤威力的评定是确定车辆相对于指定毁伤手段的易损性的最后一步。通过评定，可使终点弹道试验结果定量化。没有这一步，人们就不清楚目标的易损程度、两种车辆之间的相对易损性，或两种不同弹丸对某种特定目标的相对终点弹道效应。采用易损面积概念来确定命中弹丸对车辆的毁伤概率，是目前衡量终点弹道效应的一种方法。

（一）易损面积的概念

易损面积应用于车辆时，是指小于目标暴露面积的计算面积，其命中概率等于目标被击中并被毁伤的概率。

按易损面积衡量目标毁伤效应的前提条件：

(1)在车辆给定方位上的暴露面积内，命中点呈均匀分布；

(2)易损性小于1，且易变化的一块较大面积可以用易损性为100%的一块较小面积来代替；

(3)某些部件的性能损坏概率，可视为整个车辆的性能损坏概率。

在按易损面积法确定地面车辆的毁伤概率时，规定所求的是单发射弹(包括破片、枪弹、实心弹丸)毁伤目标的平均概率，而与撞击目标的射弹数无关。只有当目标破坏是由一发射弹造成的，而与其他射弹造成的破坏无关时，该平均概率才宜作为衡量目标易损性的尺度。另外，易损面积法不适用于多重易损(即具有一个以上要害部件)的目标。

（二）易损面积的一般求法

首先，按给定方位或攻击角将目标暴露面积划分成若干易损性均等的单元区，如发动机、弹药、燃料等。有时，将一个部件划分为几个单元，每个主单元又可进一步划分成若干防护程度均等的子区，如等厚度和等倾斜度装甲板保护的子区。

其次，用已知的车辆侵彻数据和破坏数据作为终点毁伤威力计算的输入数据，参考有关破坏程度评价表，即可将部件破坏转换成车辆性能损坏程度。

对于已知特性的射弹命中子区而造成的部分或完全的M级、F级或K级破坏值，可由该子区的暴露面积加权来确定。例如，一个暴露面积为1 m^2的子区，预定会使车辆造成0.4M级的破坏，则该区的M级易损面积为0.4(1×0.4) m^2。

欲求给定方位上车辆的总暴露面积，只需将该方位上车辆的暴露面积相加即可；而将各子区的M级、F级和K级破坏的暴露面积相加，便得到了车辆在该方位上的M级、F级和K级破坏的总易损面积。

欲求车辆的平均暴露面积和平均易损面积，先要求出各不同方位上的暴露面积和易损面积，然后再求其平均值。

易损面积法现已应用于装甲车辆和非装甲车辆，但由于两者的易损性不同，处理方法必然有些差异。

（三）装甲车辆易损面积法

为了评定对坦克的毁伤威力，可以将坦克分成若干不同单元区，而后分别考虑射弹对每一单元区的毁伤威力。这些单元区是给定方位下车辆暴露面积中的主要区域，就侵彻而言，各单元区具有相同的易损性。这些单元区如下：

(1)发动机舱(不含燃料)；

(2)燃料箱(装满燃料)；

(3)弹药(弹药支架及其堆放区)；

(4)乘员舱；

(5)悬挂系统和传动装置；

(6)炮管；

(7)装甲侧缘；

(8)其他外部部件。

每个单元区还可细分为若干个具有均匀防护能力的子区，每个子区受有均匀保护，因而具有相同的易损性。无论击中子区的任何部分，贯穿概率皆相同，且贯穿后该子区遭受的 M 级、F 级或 K 级破坏也是均匀分布。

若已知单元区的穿孔直径和侵彻厚度数据，便可由图 4.9～图 4.14 所示的曲线求出响应区的破坏概率。将位于该子区后方的每一部件的 M 级、F 级和 K 级破坏相加，即可得到该子区的总破坏值。例如，若 M_1 和 K 分别为子区后方两个部件使坦克遭受的 M 级破坏值，则该子区总 M 级破坏值为

$$M = M_1 + K = 1 - (1 - M_1)(1 - K) \tag{4.9}$$

图 4.15 表示出乘员舱被贯穿时造成的平均 $M_1 + K$ 级、$F_1 + K$ 级和 K 级破坏率的三条曲线。这些曲线可作为车辆破坏程度评定的依据。

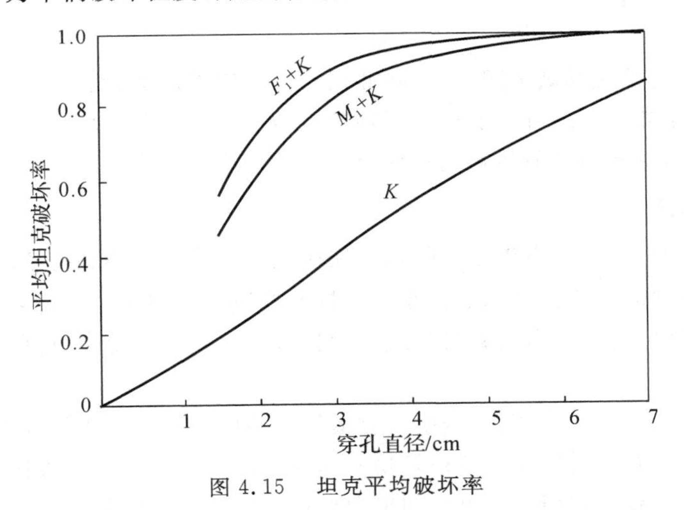

图 4.15 坦克平均破坏率

(四) 非装甲车辆易损面积法

非装甲车辆易损面积为目标暴露面积与单个破片(或弹丸)平均毁伤概率之积。而装甲车辆易损面积不包含单个破片(或弹丸)的概念。

为便于分析，将所考查的目标视为一个含有几个易损部件的组合体。设 P_i 为命中在第 i 个部件暴露面积上的毁伤概率，令 $(A_p)_i$ 为第 i 个部件无遮蔽部分的暴露面积，同时假定部件互不重叠，则整个目标的易损面积 A_v 可表示为

$$A_v = \sum_{i=1}^{n} P_i (A_p)_i = \sum_{i=1}^{m} (A_v)_i \tag{4.10}$$

此式表明，目标易损面积采用累加和的形式，与装甲车辆易损面积的计算方法相同。

如此求得的易损面积是指某一特定破坏等级下的易损面积，该破坏等级是由已知质量和速度的射弹在特定类型车辆和给定方位上产生的。这些相互独立的易损面积可按方向角求出平均值。显然，它们是高低角、破片质量、破片速度、壳体厚度以及毁伤概率的函数。

（五）分布面积的概念

在弹点非均匀分布条件下，应采用分布面积法求对车辆造成的破坏程度。按照这种方法，每个具有均等防护能力的子区又被细分为若干命中概率相等的亚子区。每个亚子区都有与其子区相同的 M 级、F 级和 K 级破坏率，是亚子区面积和在该区的命中概率的函数。

按照分布面积法，认为命中点在目标表面上呈非均匀分布。对车辆发射高速、高精度射弹即属此种情况。可以认为，在一般实用射程范围内，射击精度的提高可促使命中点向瞄准点集中，而瞄准点本身又随车辆的暴露面积而转移。

第三节　地面和地下建筑物易损性

一、地面建筑物

大多数破坏作用都能够破坏建筑物，在此仅讨论空中爆炸波、地下爆炸波和火灾的破坏作用，因为这三种现象被认为最有可能使建筑物被完全摧毁或严重破坏。当然，为确定建筑物的易损性，还必须得知目标的载荷与响应特性及制约该响应的诸参量。

（一）空中爆炸波

就空中爆炸波而言，目标遭受破坏的程度往往受到载荷的大小和持续时间、目标构件的倾斜程度和弹性等因素的影响。目标的大小与结构形式决定着建筑物对绕射载荷或对动压力引起的曳力载荷的敏感度，从而影响着对建筑物的施载方式。一般说来，地面建筑物更易为空中爆炸波所毁坏。

空中爆炸波对物体施加的载荷，是由入射爆炸波超压和风动压两部分作用力联合构成的。由于爆炸波自目标正面反射过程和从建筑物四周绕射过程中载荷变化极快，因此，载荷一般包括初始绕射阶段上的载荷和绕射结束后的曳力载荷两个显著不同的阶段。

空中爆炸波主要来源于常规高能炸药武器和核武器，常规高能炸药形成的爆炸波正相超压持续时间短，所以它在绕射阶段内的载荷更重要。核武器正相超压持续时间长，故绕射和拖曳阶段的合成载荷十分重要。

1. 绕射阶段载荷

大多数在承载过程中壁面保持不动的大型封闭建筑物，在绕射阶段内会产生明显的响应，因为绝大部分平移载荷正是在这一阶段施加的。爆炸波冲击这类建筑物时会发生反射，反射后形成的超压大于入射爆炸波超压。随后，反射波超压很快降至入射爆炸波超压水平。爆炸波在传播过程中遇到建筑物时，将沿其外侧绕射，遂使建筑物各侧均承受超压。在爆炸波抵达建筑物背面之前，作用在建筑物正面上的超压对建筑物构成一个沿爆炸波传播方向的平移力。当爆炸波到达建筑物背面之后，作用在背面上的超压具有抵抗正面上的超压的趋势。就小型建筑物而论，爆炸波抵达背面更快，建筑物前后表面上的压力差存在的时间短。因此，超压导致静平移载荷的大小主要是由建筑物的尺寸决定的。绕射阶段爆炸波超压对各类建筑物的破坏程度见表 4.8。

表 4.8　主要受绕射阶段爆炸波超压影响的各类建筑结构的破坏程度

建筑结构类型	破坏程度		
	严　重	中　度	轻　度
多层钢筋混凝土建筑物（钢筋混凝土墙，抗爆震设计，无窗户，三层）	墙壁碎裂，构架严重变形，底层立柱开始倒塌	墙壁裂纹，建筑物严重变形，入口通道破坏，门窗内翻或卡死不动，钢筋混凝土少量剥落	
多层钢筋混凝土建筑物（钢筋混凝土墙，抗爆震设计，无窗户，三层）	墙壁碎裂，构架严重变形，底层立柱开始倒塌	外墙严重开裂，内隔墙严重开裂或倒塌。构架永久变形，钢筋混凝土剥落	门、窗内翻，内隔墙裂纹
多层墙承重式建筑物（砖筑公寓式建筑，至多三层）	承重墙倒塌，致使整个建筑物倒塌	外墙严重开裂，内隔墙严重开裂或倒塌	门、窗内翻，内隔墙裂纹
多层墙承重式建筑物（纪念碑型，四层）	承重墙倒塌，致使它支撑的结构倒塌，部分承重墙因受中间墙屏蔽而未倒塌，部分结构只产生中度破坏	面对冲击波的一侧外墙严重开裂，内墙严重开裂，但远离隔爆炸的那一端建筑结构破坏程度轻些	门、窗内翻，内隔墙裂纹
木质构架建筑物（住宅型，一层或两层）	构架解体，整个结构大部分倒塌	墙框架开裂，屋顶严重损坏，内隔墙倒塌	门、窗内翻，内隔墙裂纹
贮油罐（高 9.14 m，直径 15.24 m，考虑装满油的情况，空罐更易破坏）	侧壁大部分变形，焊缝破裂，油大部分流失	顶部塌陷，油面以上的侧壁胀大，油面以下的侧壁发生一定变形	顶部严重损坏

2.拖曳阶段载荷

在绕射阶段，直到爆炸波完全通过之后，建筑物一直在承受着风动压的作用。这种动压载荷又称曳力载荷。就大型封闭建筑物而言，拖曳阶段的曳力载荷比绕射阶段的超压载荷小得多。但对小型结构来说，拖曳阶段的曳力载荷就显得比较重要，这阶段承受的平移力远远大于绕射阶段超压构成的平移力。例如，框架式建筑物，如果侧壁在绕射阶段已经解体，那么拖曳阶段将使构架进一步破坏。同理，桥梁绕射阶段承受的实际载荷时间极短，但拖曳阶段曳力载荷作用时间很长。由于曳力作用时间与超压作用时间密切相关，而与建筑物整体尺寸无关，因此，破坏作用不仅取决于峰值动压，还与爆炸波正压持续时间有关。表 4.9 列出了在拖曳阶段容易遭受破坏的各类建筑物结构。同一建筑物的某些构件可能易被绕射阶段载荷所破坏，而另一些构件可能被拖曳阶段载荷所破坏。另外，建筑物的大小、方位、开孔数和面积，以及侧壁和顶板解体速度，决定着究竟何种载荷才是造成破坏的主要原因。

表 4.9　主要受拖曳阶段动压力影响的各类建筑物结构的破坏程度

建筑结构类型	破坏程度		
	严　重	中　度	轻　度
轻型钢构架厂房平房（可装 5 t 天车，轻型低强度易塌墙）	构架严重变形，主柱偏移量达到其高度的 1/2	构架中度变形天车不能使用，需修理，	门、窗内翻，轻质墙板剥落
重型钢构架厂房（平房，可装 50 t 天车，轻型低强度易塌墙）	构架严重变形，主柱偏移量达到其高度的 1/2	构架中度变形天车不能使用，需修理，	门、窗内翻，轻质墙板剥落
多层钢构架办公楼（五层，轻型低强度易塌墙）	构架严重变形，底层立柱开始倒塌	构架中度变形，内隔墙倒塌	门、窗内翻，轻质墙板剥落，且内隔墙裂开
多层钢筋混凝土构架办公楼（五层，轻型低强度易塌墙）	构架严重变形，底层立柱开始倒塌	构架严重变形，底层立柱开始倒塌，且钢筋混凝土有一定程度剥落	门、窗内翻，轻质墙板剥落
公路或铁路桁架桥（跨度 45.7～76.2 m）	侧面斜梁全部解体，桥梁倒塌	侧面某些斜梁解体，桥梁负荷能力降低 50%	桥梁负荷能力不变，但某些构架轻度变形
公路或铁路桁架桥（跨度 76.2～167.6 m）	侧面斜梁全部解体，桥梁倒塌	侧面某些斜梁解体，桥梁负荷能力降低 50%	桥梁负荷能力不变，但某些构架轻度变形
浮桥（美国陆军 M-2 和 M-4 制式浮桥，取任意走向）	全部锚链松脱，行车道之间或梁之间的接合部变形，浮舟扭曲松脱，许多浮舟沉没	许多系船绳索断开，桥在船台上漂移，行车道或梁同浮舟之间的接合部松脱	有些系船绳索断开，桥梁负荷能力不减
覆土轻型钢拱地面建筑（10 号波纹钢板，跨度 6.1～7.6 m，覆土层 1 m 以上）	拱形部全部坍塌	拱形部有轻度永久性变形	两端墙壁变形，入口门可能毁坏
覆土轻型钢筋混凝土拱地面建筑（钢筋混凝土面板厚 5.08～7.62 cm，用中心间距为 1.2 m 的钢筋混凝土梁支撑，覆土层 1 m 以上）	全部坍塌	拱板变形，严重开裂并剥落	拱板开裂，入口门损坏

3.结构响应

决定结构响应特性和破坏程度的参量有强度极限、振动周期、延性、尺寸和质量。延性可提高结构吸收能量和抵抗破坏的能力。砖面之类建筑物属脆性结构，延性较差，只要产生很小的偏移就会造成破坏。钢构架之类建筑物属延性结构，能承受很大乃至永久性的偏移而不破坏。

施载方式对结构响应特性也会产生很大的影响。大多数建筑物结构承受竖直方向载荷的能力远远大于水平方向。因此，在最大载荷相等的条件下，处在早期规则反射区的建筑物遭受破坏的程度可能小于处在马赫反射区类似结构遭受的破坏程度。

对于用土掩埋的地面建筑物，覆盖的土层能减少反射系数，改善建筑物的空气动力形状，可大大减少水平方向和竖直方向的平移力。若建筑物具有一定的韧性，则通过土层的加固作用，可提高抵抗大弯曲的能力。

浅层地下爆炸时，空中爆炸波也是对地面建筑物起破坏作用的决定性因素之一。但是，就给定的破坏程度而言，浅层爆炸时爆炸波的有效作用距离要小于空中爆炸的情况。

4.破坏程度分类

常规炸弹对大型建筑物的破坏往往是局部的，或者仅靠近爆炸点的区域，所造成的破坏可以分为结构性破坏和外部破坏两大类。其具体说明与核弹破坏程度分类中的中度破坏和轻度破坏相似。若建筑结构尺寸较小，则常规炸弹造成的破坏同核弹破坏程度分类中的严重破坏。

(1)严重破坏：指建筑结构除非重建，否则不能按预期目的使用，即使派作其他用途，也必须大力修复。

(2)中度破坏：指建筑结构的主要受力构件，如立柱、梁、承重墙等除非进行重大修理，否则将不能按预期目的有效地使用。

(3)轻度破坏：指建筑结构的破坏仅限于窗户破裂，屋顶和侧壁轻微损坏，内隔墙倒塌，某些承重墙出现轻度裂纹，以及表4.8和表4.9所述的情况。

(二)地下冲击波

只有靠近地面的地下爆炸或在地下爆炸的弹坑附近，而且必须具有足够的程度，才能严重破坏地面建筑物的基础。

(三)火灾

火灾对建筑结构的易损性与建筑物及其内部设施的可燃性，有无防火墙等设施及其完善程度，以及天气条件等因素有关。

常规高能炸弹或核弹带来的火灾，大都是由二次冲击波效应引起的，而且多数是油罐、油管、火炉和盛有高温或易燃材料的容器破裂、电路短路造成的。另外，核爆炸的热辐射也能引起火灾。

二、地下建筑物

(一)空中爆炸波

空中爆炸波是破坏覆土轻质建筑物和浅埋地下建筑物的主要因素。

覆土建筑物是指建筑物高出地面的部分由堆积的土丘构成。土丘可减少爆炸波反射系数，改善建筑物的空气动力形状，这样能明显减弱外加的平移作用力。此外，通过土层的保护作用，还能提高结构的强度和增大其惯性。

浅埋地下建筑物结构是指顶部覆土层表面与原地面平齐。对于这类建筑物结构，其顶部承受的空中爆炸波压力不会减小多少。当然，由于爆炸波在土层表面的反射，压力也不会增加。这类结构的易损性由多种变化因素决定，诸如结构特性参数、土壤性质、埋置深度、空中爆炸波的峰值超压等。

（二）地下冲击波

地下建筑物结构可以设计成不受空中爆炸波的任何破坏，但是，它能被低空、地面或地下爆炸成坑效应或地下冲击波破坏乃至摧毁。

地下冲击波和成坑效应对地下建筑物的破坏作用，取决于建筑物结构的大小、形状、韧性和相对于爆炸点的方向，以及土壤和岩石的特性等。其破坏判据可由以下三个区域加以描述：

(1)炸坑本身；

(2)自炸坑中心起，向外扩展到塑性变形区外沿(此区的半径约为炸坑半径的 2.5 倍)；

(3)造成永久变形的瞬时运动区。

表 4.10 列出了破坏程度与炸坑半径之间的关系，其中 R 为炸坑半径。

表 4.10　地下建筑结构破坏程度的判据

建筑结构	破坏程度	破坏距离	破坏情况
较小、较重、设计得当的地下目标	严重破坏 轻度破坏	$1.25R$ $2R$	坍塌 轻度裂纹，脆性外接合部断开
较长、较有韧性的目标(如地下管道、油罐)	严重破坏 中度破坏 轻度破坏	$1.5R$ $2R$ $2.5\sim 3R$	变形并断裂 轻微变形和断裂 接合部失效

为估计地下冲击波的破坏程度，现把地下建筑物结构分类如下：

(1)土壤内小型高抗震结构。这类结构包括钢筋混凝土工事在内，大概只有在整个结构产生加速运动和位移时，才会破坏。

(2)土壤内中型中等抗震结构。这类结构将通过土壤压力以及加速运动和整体位移而发生损坏。

(3)具有较高韧性的长形结构。这类结构包括地下管道、油罐等，可能只有处在土壤高应变区的部分才会破坏。

(4)对方向性敏感的结构。例如，枪炮掩蔽部等，可能因发生较小的永久性位移或倾斜而破坏。

(5)岩石坑道。这类结构除直接命中产生炸坑而坍塌之外，外部爆炸造成的破坏皆由地下冲击波在岩石与空气界面处反射时的拉伸波引起。大坑道比小坑道更易遭受破坏。

(6)大型地下设施。这类设施通常可视为一系列小型建筑结构分别处理。

三、常规炸弹破坏力分析

（一）建筑物的分类

根据大量调查结果，建筑物可按结构特点和外部特性分为 A，B，C，D，E，F 和 S 七大类。每一大类又可分为若干小类，各小类分别赋予相应的类号，表 4.11 为完整的分类表。

表 4.11　建筑物分类

大类及说明	小类		结构特点
	说　明	类　号	
A:不带可移动式起重设备的房屋,跨度一般小于 22.8 m,屋檐高度通常不超过 7.62 m,面积不小于 929 m^2 注:这类建筑物包括钢质或木质构架物建筑物。实践证明,两种建筑物的易损性相同,且炸弹导致的破坏多出现在构架连接处	(1)锯齿形屋顶 (2)非锯齿形屋顶	A1.1 A1.2 A1.3 A1.4 A2.1 A2.2 A2.3 A2.4 A2.5	包括除 A1.2,A1.3,A1.4,C1.3,C2.3 之外的所有锯齿形屋顶建筑; 带整体构架和顶板的钢筋混凝土建筑; 装有露出屋顶之外且正交于锯齿形屋顶上弦储架的钢质构架式建筑; 外壳承载的壳体型钢筋混凝土建筑; 钢质或木质构架,简单横梁立柱建筑; 拱形、刚性、钢构架建筑; 钢质或木质构架,网格桁架建筑; 带整体构件和顶板的钢筋混凝土建筑; 外壳承载的壳体型钢筋混凝土建筑
B:装有可移动式起重设备的平房,跨度不限,结构形式不限,面积不小于 929 m^2	(1)装有重型起重设备的建筑物; (2)装有轻型起重设备的建筑物	B1 B2	屋檐高度 9.14 m 以上,起重能力不小于 25 t; 屋檐高度 9.14 m 以上,起重能力不大于 25 t
C:不带起重设备的平房,跨度 22.8 m 以上,屋檐高 7.62 m 以上,面积不小于 929 m^2,这类建筑物适合作为飞机装配车间或机库	(1)主构件沿两个方向安装,屋顶或为钢筋混凝土结构,或为钢质或木质结构; (2)主构件仅沿一个方向安装,屋顶或为钢筋混凝土结构,或为钢质或木质结构; (3)主结构型	C1.1 C1.2 C1.3 C1.4 C2.1 C2.2 C2.3 C3	屋顶桁架沿建筑物一边由大跨度横加支撑,对面由支柱支撑,厂房一侧及两端开有大门; 在一个或两个方向上有连续桁架,大跨度桁架在一个方向上受内立柱和外墙(或外立柱)支撑; 外露式弦架垂直支撑主桁架的锯齿形屋顶建筑物,一个或两个弦架可以是大跨度桁架; 菱形网格拱形建筑; 大跨度拱形桁架分别由建筑物各侧边支撑,桁架可以设计为多跨度组合件; 大跨度三角桁架或弓弦桁架分别由建筑物各侧的立柱支撑,横加可设计为由共用立柱支撑的多跨度组合件,屋顶高跨比 2∶10; 大跨度桁架、高跨比 2∶10(或更小)的上弦架分别由建筑物各侧边的立柱支撑,包括外露式锯齿形屋顶建筑,可以设计成由共用立柱支撑的多跨度桁架,也可以设计成内立柱支撑的连续桁架; 外壳承载式或其地壳体型钢筋混凝土结构

续表

大类及说明	小类		结构特点
	说明	类号	
D:结构形式不限,面积小于 929 m^2 的平房	平房	D	各种结构形式和各种材料的建筑
E:构架式楼房	(1)抗震型; (2)钢质、木质或混凝土建筑物	E1 E2	能抗强横向载荷的极其笨重的钢质或钢筋混凝土建筑; 各种轻(相对于 E1 而言)型构架式建筑
F:墙壁支撑(可有内立柱)式楼房	(1)抗震型; (2)钢质、木质或混凝土建筑物	F1 F2	能抗强横向载荷的钢筋混凝土砖墙或重型砖石墙建筑; 各种轻型墙壁支撑式建筑。承重墙材料不限,其内部构架或为木质,或为钢质
S:专用建筑结构		S	炼焦炉、高炉、地上油库、冷却塔等

(二)易损性等级

随着炸弹的大小和类型的不同,建筑物的相对易损性也会有所不同。各种建筑物相对于同一尺寸和类型的炸弹的易损性可分为 L1,L2,L3 和 L4 四级。

破坏数据研究结果表明,在大多数情况下,炸弹投放在 D 类建筑(小型平房)的扩展区域内,要么使建筑物彻底毁坏,要么使其在结构上保持完整无损。鉴于此,D 类建筑物的易损性不可与其他建筑物混为一谈,即 D 类建筑物的易损性自成一级(L1 级)。

除 D 类之外其他建筑物的易损性可细分为三级:可承受强轰炸的为 L2 级;可承受轻型轰炸的为 L4 级;介于这两者之间的为 L3 级。各种建筑物的易损性等级分类见表 4.12。

表 4.12　建筑物易损性等级分类

炸弹种类	易损性等级	建筑物类型
227 kg 普通炸弹	L1	D
	L2	B1,F2
	L3	A2.3,B2,C1.2,C1.4,C2.1,C2.3,F2
	L4	A1.1,A1.4,A2.1,A2.6,C3
454 kg 普通炸弹	L1	D
	L2	B2,E1,E2
	L3	A1.1,A1.3,A2.3,A2.4,B1,F2
	L4	A1.5,A2.1
908 kg 普通炸弹	L1	D
	L2	A1.1,B1,B2,E2
	L3	A2.3
	L4	A1.3,A2.6

续表

炸弹种类	易损性等级	建筑物类型
1 816 kg 普通炸弹	L1	D
	L2	E2
	L3	A2.3
	L4	A1.1,B2

(三)炸弹的破坏效应

炸弹对工业建筑的破坏威力，可通过现场分析调查报告，测定使目标造成特定比例破坏所需覆盖的炸弹密度而定量地给出。需要用到的定义如下：

(1)平面面积：建筑物的水平投影面积；

(2)脱靶面积：围绕建筑物的带状面积，具体宽度与炸弹的大小有关；

(3)总建筑面积：包括地下室在内的各层楼房的总建筑面积；

(4)结构性破坏面积：由空中爆炸波或冲击波作用造成结构性破坏的总建筑面积；

(5)扩展面积：平面面积加脱靶面积；

(6)炸弹数：直接命中或落入脱靶区的炸弹数；

(7)炸弹密度：一枚炸弹的定义质量乘炸弹数量，再除以扩展面积；

(8)破坏比例：结构性破坏面积与总建筑面积之比。

表 4.13 给出了炸弹威力数据的一个实例。

表 4.13　几种选定类型建筑物造成规定破坏比例

(不包括火灾破坏部分)所需炸弹密度(10^{-3} t · m^{-2})

建筑物类型	F=0.30				F=0.50				F=0.70			
	炸弹质量/kg				炸弹质量/kg				炸弹质量/kg			
	227	454	908	1 816	227	454	908	1 816	227	454	908	1 816
A2.3	0.31	0.43	0.21	0.29	0.39	0.72	0.35	0.49	0.47	1.00	0.49	0.68
B2	0.31	0.71	0.40	0.15	0.39	1.20	0.66	0.26	0.47	1.70	0.92	0.36
E2	0.45	0.71	0.65	0.52	0.53	1.20	1.10	0.87	0.61	1.70	1.50	1.20

注：F 为规定破坏比例。

四、地面目标的破坏概率

衡量常规武器效率的最简便方法是给出武器对某种特定目标造成给定类型破坏的水平面积，因为大多数目标，如工厂、城市、铁路和机场等，基本上属于水平分布，投弹精度和炸弹密度都是按水平面积度量的。有两个概念可用来衡量武器效率：其一是平均有效破坏面积；其二是易损面积。

(一)平均有效破坏面积的概念

因为落入目标区域内的射弹造成的破坏效应随弹着点至目标单元的距离而变化，所以可赋予适当的概率以衡量命中每一位置的可能性。这些概率值乘每发命中射弹造成的破坏面积，就可得到每发射弹对建筑物的平均破坏面积。如此求得的武器效率称为平均有效破坏面积(MAE)。特定武器使特定目标单元造成给定类型破坏的平均有效破坏面积，定义为该武器平均使目标单元至少造成给定类型破坏的面积。目标单元指独立单个目标，如建筑物、机器和人等，或指面积单位，如平方米。当目标由相互靠近的独立单元组成，以至于若干目标单元被包含在一个射弹的平均有效破坏面积之内时，用平均有效破坏面积来衡量武器效率最为合适；而对诸如钢轨或地下管道之类的线性目标，则不宜采用这种概念。

在估算破坏目标所需的炸弹密度时，通常按单个武器的作用效果来计算。在比较武器的相对效率时，应按造成同一破坏效果条件下目标所需要的炸弹的相对密度来确定，也可以将武器的平均有效破坏面积转换成单位武器质量的平均有效破坏面积来比较不同武器的效率。

这个概念被用于确定造成给定破坏百分率所需要的地面弹药密度关系式为

$$F = 1 - e^{MD} \tag{4.11}$$

式中：F—— 要求的破坏百分率；

M—— 平均有效破坏面积，m^2/t；

D—— 要求的弹药密度，t/m^2。

该式是根据基本理论推导的，假定破坏由两个战斗部重叠造成，总破坏区则等于一个战斗部破坏区的2倍减去重叠面积。分析研究表明，式(4.11)与实际不符。从实战的角度出发，目标分析人员实际上只要知道 F 和 D 的关系就足够了。

(二)易损面积的概念

某些目标，如炼油厂、桥梁、贮油库等，基本上是由一些水平面积较小的单元组成。就这类目标而言，当射弹命中每一单元周围的某一水平区域时，可产生所要求的破坏程度。每一射弹所对应的水平区域的面积很容易求出，这一水平面积称作易损面积(VA)。其定义如下：特定目标单元的易损面积指使该目标单元遭受不低于规定程度破坏所需要的命中区域的面积。

易损面积法最适合于以下场合：各目标单元相互独立，一发射弹只能破坏一个目标单元；或是只需一发射弹即可在目标单元的易损面积内造成规定程度的破坏。该方法最适用于线性目标，如桥梁、钢轨等结构。

为了求得不同武器对同一目标单元的相对效率，需要将每发射弹的易损面积乘适当系数，换算成单位武器质量的易损面积。单位武器质量的易损面积越大，该武器的效率也越大。与平均有效破坏面积一样，用以衡量相对效率的真正标准是毁伤目标所需要的相对密度。

某些目标不仅水平尺寸，而且铅直尺寸也影响易损面积的大小。另外，炸弹的落角也不可能永远是垂直的，它不仅有可能命中目标的水平表面，还有可能命中竖直表面。因此，等效水平面积等于以着角为投影角时目标在地面上的投影面积。

(三)建筑物的破坏

建筑物的破坏通常分为结构性破坏和表层破坏两类。结构性破坏指主要受力件，如桁架、梁、柱等的破坏。表层破坏指次要部件，如檩条、盖瓦等的破坏。常规建筑物按其结构特点和相对于炸弹的易损性可分为墙壁支撑楼房、构架式楼房、轻型构架平房和重型构架平房四种基本类型。其中有些还可按其不同结构进一步细分。

第四节　飞机易损性

飞机的易损性涉及许多因素，正是这些因素决定着飞机耐受战斗损伤的能力。飞机的易损性研究尤其能揭示出提高飞机战斗存活率的途径，并通过演绎推理指明哪些武器最易严重损伤飞机。因此，飞机的易损性和武器的毁伤威力是两个同等重要而又密切相关的问题，它们是同一现象攻、防两个不同的研究侧面。

一、易损性及影响因素

易损性具有双重含义：从广义上讲，易损性是指某种装备对破坏的敏感性，其中包括关于如何避免被击中等方面的考虑；从狭义或终点弹道意义上讲，易损性是指某种装备假定被一种或多种毁伤元素击中后对破坏的敏感性。因此，对飞机（见图 4.16）目标的毁伤概率等于命中概率与命中后毁伤概率的积。

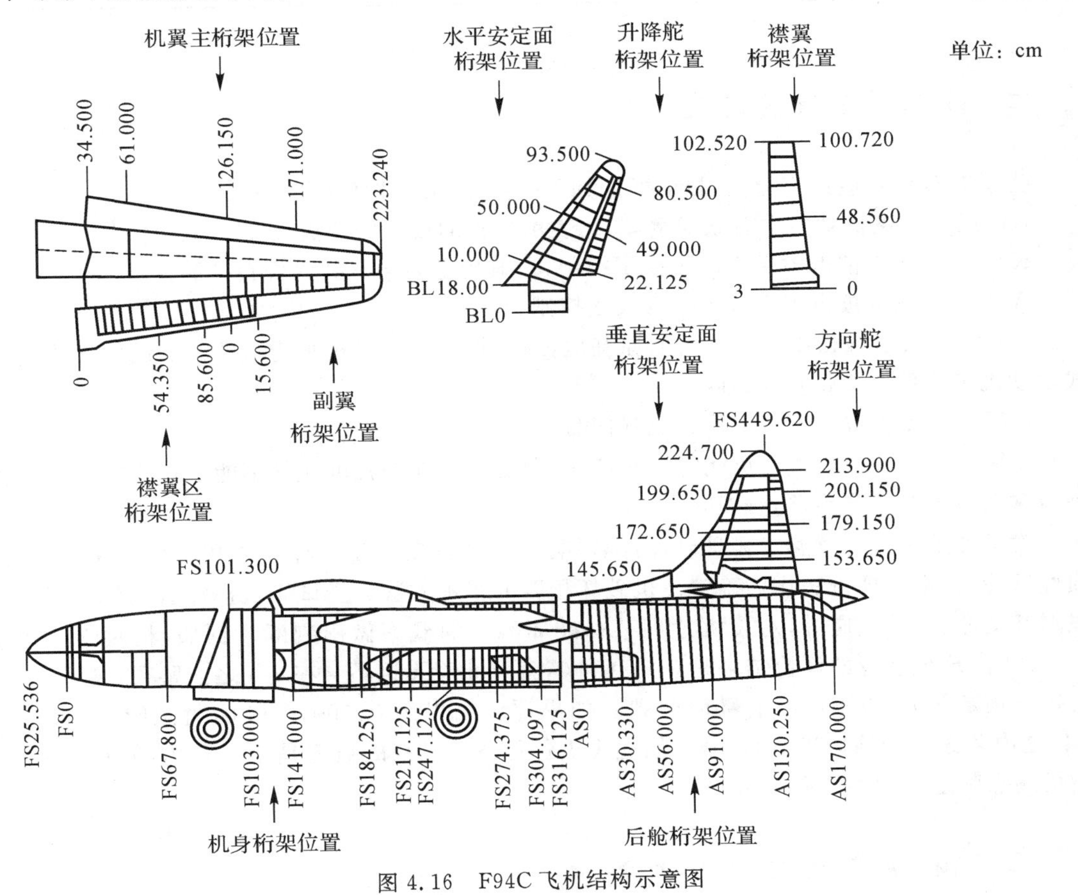

图 4.16　F94C 飞机结构示意图

飞机在战斗中的存活率受多种因素影响，如飞机的飞行性能和机动能力、飞机的防御性武器装备和进攻性武器装备、飞机乘员的技术水平和士气等。在大多数情况下，影响飞机存活率的主要因素是飞机构架和其基本部件的固有安全性，以及飞机可能配备的任何防护装置的效能。

在确定飞机的易损性时，通常将飞机定义为如下一些部件的集合体：构架（见图 4.16）、燃料系统、发动机、人员（执行任务必需人员）、武器系统和其他部件。飞机各部件相对于非核武器的终点弹道易损性见表 4.14。

表 4.14　飞机各部件的相对易损性

毁伤武器	人　员	燃料系统	发动机		构　架	武器及其他
			涡轮喷气式	活塞式		
枪用燃烧弹	高	不确定	中等	低	极低	高
杀伤榴弹或杀伤燃烧榴弹破片	高	不确定	高	高	高低不等	高
枪弹	高	不确定	中等	低	极低	中等
杆式弹	高	不确定	高	高	高	高
外部爆炸波	极低	极低	极低	极低	中等	中等

二、破坏等级及其评定

为了对破坏效应进行分类，目前通用如下一些毁伤或破坏等级：

KK 级——飞机被击中后立即解体，也表示飞机的攻击完全失效；

K 级——飞机被击中后立即失去了控制，一般规定为半分钟内失去控制；

A 级——飞机被击中后 5 min 内失去控制；

B 级——飞机被击中后不能飞回原基地，通常将喷气式飞机视为位于 1 h 航程之内，活塞式发动机飞机位于 2 h 航程之内；

C 级——飞机被击中后不能完成其使命；

E 级——飞机被击中后仍能完成其使命，但受到的损伤程度使其不能执行下次预定任务，且通常在着陆时会产生严重破坏。

为了评定飞机究竟属于哪种破坏，必须明确飞机正在行使何种任务和使命。在飞机的易损性试验中，常以评价法作为确定飞机破坏程度的基本方法。受试飞机损坏后，要求评价人员根据其使命、人员反应等，对飞机达到某一破坏等级的概率做出判断。例如，相对于 A 级、B 级、C 级和 E 级进行的评价结果是 0，0，0 和 0，就意味着飞机不会在 2 h 之内坠毁，既不影响飞机执行预定任务，也不会在着陆时坠毁。如果评价结果是 0，100，0 和 0，就意味着飞机将在 2 h 之内坠毁。严格地讲，用百分数描述飞机各种破坏级别的概率是不正确的，但它仍是衡量飞机终点弹道易损性的基本方法。

三、飞机类型及所处的场合

飞机作为一个整体的易损性因其类型和所处的场合而异。一般说来，飞机常常是在飞行中受到损伤，当停放在地面时，就变成了地面目标。飞行中的飞机可分为作战飞机和非作战飞机两大类。

(一)作战飞机

作战飞机又可按不同使命分为轰炸机、歼击机和强击机。

轰炸机在作战中面临的最大威胁一直是配备20～40 mm航空机关炮和小口径火箭的战斗机。它们几乎全都是从后方或侧方对轰炸机进行攻击。飞机被小型火箭击中很容易产生严重的结构性破坏。机关炮或火箭对飞机燃料系统和发动机也有很高的毁伤概率，致使飞机缓慢坠毁。此外，地空、空空导弹战斗部的爆炸作用可破坏飞机的结构；破片的高速度可使驾驶员遭受损伤的危险性增加，使击穿油箱、破坏雷达及起火的可能性增大。

歼击机在作战中面临的主要威胁有二：其一是轰炸机从前方对它加以回击；其二是敌方歼击机从后方对它攻击。无论哪种情况，都不外乎使用机关炮或小型火箭实施攻击。歼击机在实战中的飞行高度时常急剧变化，在油箱中的液面上方维持某种惰性气体很困难，因此，在其被命中后存在爆炸起火的危险。

强击机面临的主要威胁是来自地面和舰载武器发射的小口径爆炸性弹丸，以及轻武器发射的穿甲弹和燃烧弹。这些武器对强击机的毁伤效应大致与战斗机相似，但攻击的部位偏于飞机的前半部。

通过战争期间对飞机在空战中毁坏情况的详细调查，就可得到关于军用飞机的易损性的确切数据。根据当前拥有的数据，大致可认为轰炸机最易损伤的部件如下：

(1)发动机——易因机械损伤和起火而使飞机坠毁；

(2)燃料系统——易因起火、内部爆炸或燃料缺失而使飞机坠毁；

(3)飞机控制系统和控制面——易因多发命中而造成机械损伤，产生破裂，导致失控；

(4)液压和电气装置——易起火损坏；

(5)炸弹与烟火器材——易爆炸或起火而摧毁整架飞机；

(6)驾驶员——因丧失战斗力而致使飞机坠毁。

单发动机歼击机相对于地面高射武器的易损性大致如下：

(1)发动机——易因机械损伤和起火而使飞机坠毁；

(2)驾驶员——因受伤或死亡而导致飞机坠毁；

(3)燃料系统——因燃料缺失或起火而致使飞机坠毁。

凡是飞机上易损坏的零部件，其易损性在很大程度上是由暴露面积决定的。暴露面积是指某一部件的外部形状在来袭弹丸或战斗部飞行线垂直的平面上的投影面积。暴露面积与该面积之内任意一次命中的条件毁伤概率之积，亦称易损面积。以总质量约54.4 t的四引擎中程轰炸机为例，其平均暴露面积约为140 m^2。某些易损部件的平均暴露面积大致如下：结构(含油箱)为112 m^2；油箱为32.2 m^2；压力座舱为12.6 m^2；四台发动机为84 m^2；驾驶员为0.7 m^2。可见，主体结构是最大的易损部件，油箱、座舱和发动机的暴露面积也相当可观。

飞机在飞行中更易受爆炸波破坏。爆炸波超压作用在飞机表面上会引起蒙皮凹陷、肋条和桁条弯曲，此外，还会产生一个短暂的绕射作用力。随同爆炸波一同到来的质点速度会使飞机承受一个在爆炸波方向上的曳力载荷。该载荷持续时间比绕射作用力长许多倍，能够在翼面和机身内形成弯曲应力、剪切应力和扭曲应力，使飞机承受的破坏载荷加大。

(二)非作战飞机

非作战飞机包括货机、运输机、多用途飞机、观察机和侦察机等。后两种飞机常可改装成作战飞机。这些飞机在功用、尺寸和速度上各有特色,但从结构上都属于传统的采用半硬壳式机身、全悬挂式机翼,且覆盖一层预应力铝蒙皮的飞机结构。鉴于作战飞机的易损性试验中使用的飞机结构与这类飞机结构类似,因此,作战飞机的易损性试验数据可用于非作战飞机的易损性评定。

(三)直升机

直升飞机的易损性在很多方面与固定翼飞机相似,但在以下几方面有所不同:燃料、人员的相对位置,综合控制系统,旋翼驱动系统和齿轮传动系统,主副旋翼叶片,非常规式构架,等等。应予注意。

试验表明,口径 7.62 m 和 12.7 mm 的枪弹在直升飞机旋翼叶片上击穿一些小孔洞不属于严重破坏。但是,更大口径的弹丸,如 37 mm 穿甲弹或杀伤榴弹,均会使叶片失效,并造成极严重的后果,当然,对前沿地区 150 m 以下低空飞行的直升机,轻武器也将对其构成严重的威胁。

对于武装直升机,Tommy Karsberg 提出一个用于目标易损性估算的装甲防护模型,如图 4.17 所示。前面有防护玻璃,座舱周围、发动机外面以及运输舱下面有防护装甲,各装甲部件的等效硬铝厚度在 10～25 mm 变化,防护区域外面的蒙皮厚度假定为 2～6 mm。

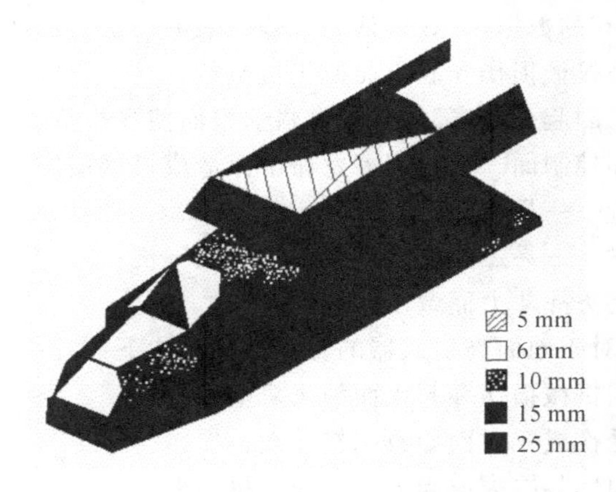

图 4.17　重型武装直升机易损性模型

四、飞机终点弹道试验数据分析

飞机终点弹道数据可以通过理论分析、实践数据分析和可控条件下对飞机的射击试验获取。由于飞机结构和各种破坏机理极其复杂,因此,借助纯理论分析获得飞机的易损性数据几乎是不可能的。有关这方面的研究工作主要涉及实际和模拟环境下各种构件的动态响应特性和工作特性。

(一)外爆炸效应

对飞机的外爆炸试验结果表明,有可能在破坏程度和爆炸波峰值压力及正冲量之间建立一定的关系。这里假定具有一系列质量的炸药装药在目标附近不同距离上爆炸时，均造成同一等级的破坏，根据不同装药量和爆炸距离的每一组合，均可求得对应这一破坏等级的一组侧向和正面峰值压力和冲量。

美国弹道研究所关于飞机外爆炸破坏的一篇报告中给出了 A－25(单发动机)飞机的一套等值破坏曲线，如图 4.18 所示。其有效质量为 204 kg 的裸露装药爆炸，导致 100－A 型结构性破坏，其中装药为彭托利特炸药。

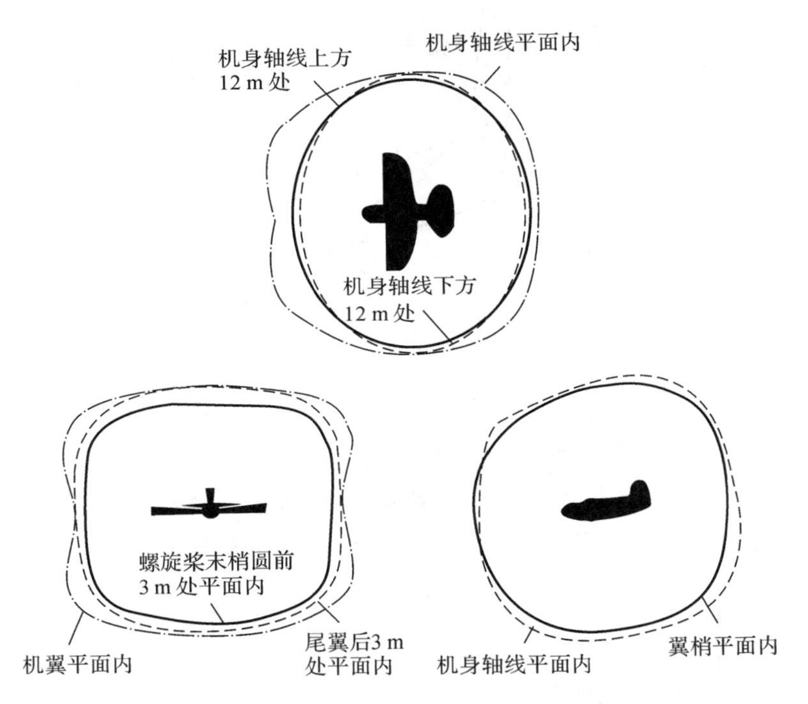

图 4.18　204 kg 球形装药使 A－25 飞机破坏等值曲线

根据 A－25 飞机的外爆炸破坏数据，在一定方位上装药处爆炸使飞机遭受 100－A 型破坏所需的峰值压力和正冲量变化曲线如图 4.19 和图 4.20 所示。

其中装药量分别为 3.6 kg、40.8 kg、204.1 kg 和 2 268 kg，炸药种类为彭托利特 50/50，炸药位置放在机翼平面内爆炸。

图示曲线表明，当冲量低于某值后，无论峰值压力多高，都不会造成 100－A 型破坏。反之，峰值压力低于某值时，不管冲量多大，也不可能造成 100－A 型破坏。因此，图 4.20 中，在Ⅰ区内，冲量是唯一的破坏判据；在Ⅱ区内，峰值压力和冲量都不是唯一的破坏判据；在Ⅲ区内，峰值压力本身就足以决定破坏情况。

阈值破坏曲线可用来计算未经试验的飞机相对炸药装药外爆炸的易损性。阈值破坏曲线的变化趋势进一步表明，对于固有振动周期比爆炸波持续时间长的构件，冲量是恰当的判据；对于振动周期短的构件，峰值压力是恰当的判据。

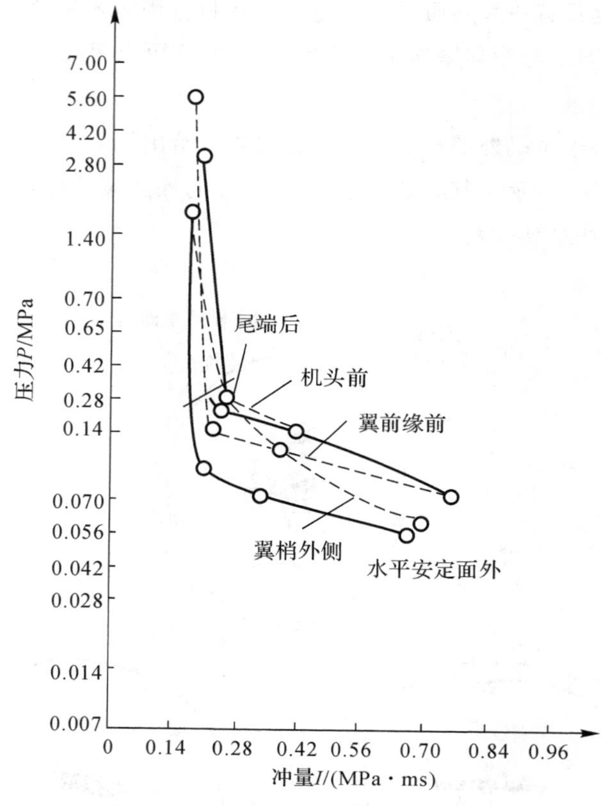

图 4.19　A－25 飞机的阈值破坏曲线

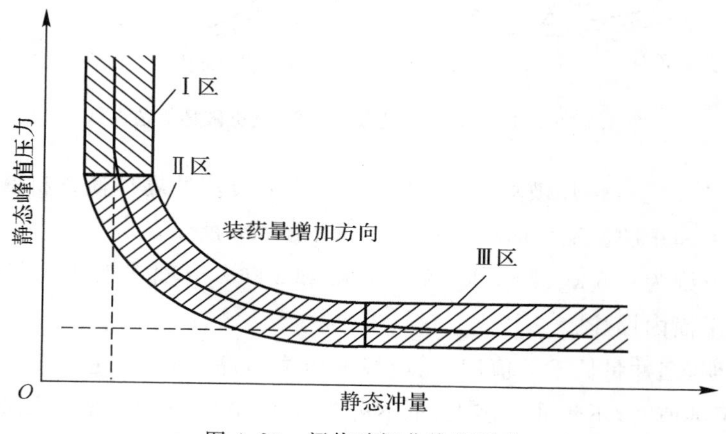

图 4.20　阀值破坏曲线的形式

(二)内爆炸效应

内爆炸是指杀伤榴弹穿入飞机结构内部,并在其内部爆炸的情况。内爆炸是摧毁飞机的有效手段。通过地面射击试验,现已积累了大量有关内爆炸对飞机结构破坏效应的资料,并且发现,弹丸延迟至完全进入飞机结构内部以后再爆炸,对飞机的破坏是最有效的。任何一种弹丸的爆炸强度必然与其炸药装药量有关，因此，通常以装药量作为衡量爆炸强度的判据。

美国陆军弹道研究所曾对实尺寸飞机进行内爆炸试验，并给出这些飞机的“A”形结构性破坏概率，如图 4.21 所示。

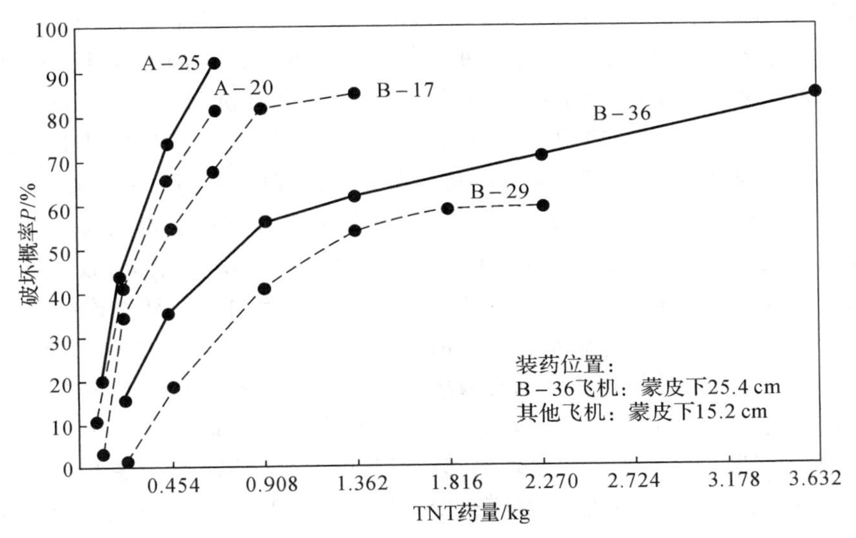

图 4.21 TNT 装药使五种飞机遭受“A”形结构性破坏概率随装药量的变化曲线

关于高度对内爆炸效应的影响，研究表明造成一定程度破坏所需装药量随高度的增加而增加。图 4.22 表示出飞机结构遭受同等内爆炸破坏时，高空条件下和海平面条件下所需装药量的比值随高度的变化。

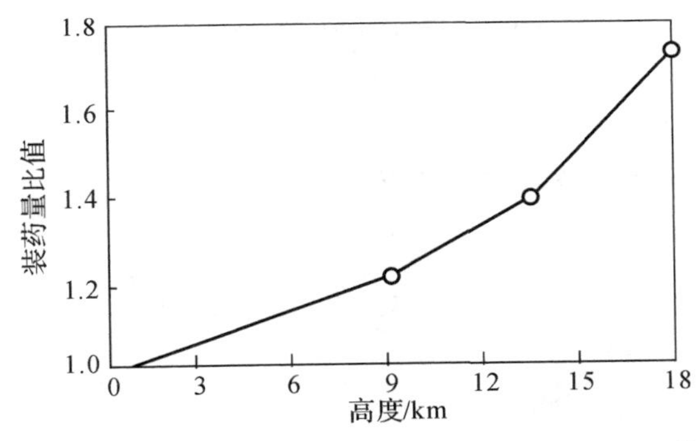

图 4.22 使飞机结构遭受同等内爆炸，高空与海平面所需平均药量比值随高度的变化曲线

五、飞机的易损性预测

飞机的易损性计算实际上是对某些已知概率在整个外形结构上以某种近似方法进行积分。这些概率可以根据由试验评价和分析方法得到的综合终点弹道数据求得。换言之，易损性研究需要用到有关飞机特性和武器参量的完整数据，常常包括影响命中的某些因素。

目标特性资料包括总体设计资料、性能数据、零部件数据、分系统布局，以及仪器设备件数、配置和结构的一般资料等。

根据易损性特性,通常将部件划分为单易损、复易损和合成破坏部件。如果单发射弹命中某一部件(或零件),且使飞机遭受某种规定类型的破坏或损伤,那么该部件(或零件)称为单易损部件。例如,单发动机的动力装置和单人飞机的乘员,对破片来说即为单易损部件。

如果必须命中若干部件(或零件)才能使飞机遭受某些规定类型的破坏或毁伤,那么这些部件(或零件)称为复易损部件。例如,当飞机乘员由两名驾驶员和一名非驾驶员组成时,要使飞机遭受"A"形人员毁伤,则必须同时击毙两个驾驶员,这时乘员即为复易损部件。但是,对于同一类型的毁伤,有的部件对某些破坏手段可能是单易损的,而对另一种破坏手段可能是复易损的。例如,对于"A"形毁伤,多发动机的动力装置,对破片来说通常认为是复易损部件;而对火箭来说就可能成为单易损部件了,因为火箭击中任何一台发动机都将毁伤整架飞机。

部件的合成破坏分连续合成破坏和累积合成破坏。如果对某一部件连续命中两发射弹,使飞机遭受的总破坏超过两发射弹单独命中时的破坏之和,就叫作连续合成破坏。累积破坏指某些射弹命中若干部件使飞机遭受的总破坏不大于这些射弹单独命中时遭受的破坏之和。作为连续破坏的例子,现以油箱来说明,如第一发射弹命中未能造成起火,但由于它造成漏油或箱体破坏,增大了随后命中在这一区域的其他射弹的引燃概率。对于累积破坏,破坏顺序无关紧要,如一架有双发动机的飞机,究竟哪台发动机毁伤无关紧要,因为无论哪一台发动机毁伤,都不会导致整架飞机坠毁。但是,只要一台发动机失效,再结合一定程度的结构性破坏,就可能使飞机丧失作战能力。

在确定飞机和毁伤元素之间的几何关系时,经常使用两种角度,如图 4.23 所示。其相互关系由下式描述:

$$\left.\begin{aligned}\cos\theta &= \cos A\cos E\\ \sin\theta &= \sin A\cos E/\cos\omega\end{aligned}\right\}\tag{4.12}$$

式中:A—— 方位角;

E—— 高低角;

θ—— 毁伤元素轨迹与飞机轴线的夹角;

ω—— 如图 4.23 所示的角。

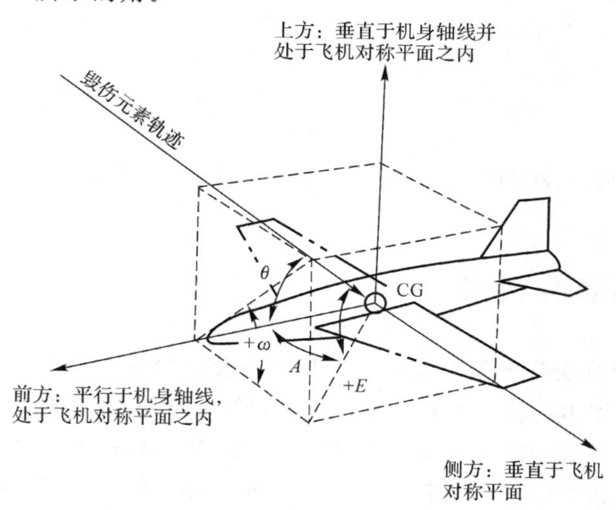

图 4.23　飞机终点易损性关系图

飞机暴露面积是这些成对角度的直接函数。A 和 θ 是正的，变化范围是 $0^\circ \sim 180^\circ$。当攻击线处在上半球时，E 和 ω 为正；当处在下半球时，E 和 ω 为负。E 和 ω 的变化范围是 $0^\circ \sim 90^\circ$。

对于碰炸弹药，飞机的终点易损性可用易损面积表示。只要目标相对射程很小，即可认为弹丸终点弹道是以平行轨迹飞行；如果在目标暴露面积上的命中是随机的，就可认为对任一点的命中概率相等。

对于单发命中情况，任一部件的毁伤概率可由试验和分析方法确定，也可采用和整架飞机相同的方法确定各部件的暴露面积。假若对飞机的命中是随机的，在各点上的命中概率相等，部件暴露面积与飞机暴露面积之比也就代表了该部件的命中概率。部件的毁伤取决于两个条件概率，即部件的命中概率和命中后的毁伤概率。因此，部件的毁伤概率等于两个条件概率之积，其数学表达式如下：

$$P_{\mathrm{hc}} = \frac{A_{\mathrm{c}}}{A_{\mathrm{p}}} \tag{4.13}$$

$$P_{\mathrm{kc}} = P_{\mathrm{hc}} P_{\mathrm{hkc}} = \frac{A_{\mathrm{c}}}{A_{\mathrm{p}}} P_{\mathrm{hkc}} \tag{4.14}$$

式中：P_{hc}—— 在飞机上的一发给定命中对该部件的命中概率；

P_{hkc}—— 在部件上的一发命中对该部件的毁伤概率；

P_{kc}—— 在飞机上的一发给定命中对该部件的毁伤概率；

A_{c}—— 部件暴露面积；

A_{p}—— 飞机暴露面积。

在一架飞机上通常有多个易损部件，假定这些部件中的任何一个遭受毁伤均能使飞机毁伤，即所有部件均为单易损部件，则飞机的毁伤概率为

$$P_{\mathrm{k}} = P_{\mathrm{k1}} + P_{\mathrm{k2}} + \cdots + P_{\mathrm{k}n} = \frac{A_1 P_{\mathrm{hk1}} + A_2 P_{\mathrm{hk2}} + \cdots + A_n P_{\mathrm{hk}n}}{A_{\mathrm{p}}} \tag{4.15}$$

$A_i P_{\mathrm{hk}i}$ 通常称为部件的易损面积，并以符号 $A_{\mathrm{v}i}$ 表示，因此有

$$P_{\mathrm{k}} = \sum_{i=1}^{n} \frac{A_{\mathrm{v}i}}{A_{\mathrm{p}}} \tag{4.16}$$

同样，$P_{\mathrm{k}} A_{\mathrm{p}}$ 以符号 A_{vp} 表示，即为整架飞机的易损面积。这样，在所有部件均为单易损部件条件下，有

$$A_{\mathrm{vp}} = \sum_{i=1}^{n} A_{\mathrm{v}i} \tag{4.17}$$

在应用这些公式时应该注意以下几点：

(1)部件的暴露面积可能因遮蔽效应而有所减小。

(2)在某些情况下，单发射弹命中飞机暴露面积的某些部位所造成的破坏可能超出单个部件，此种现象叫作搭接破坏。

(3)对于某些特定部位和攻击方向，部件相对于榴弹的暴露面积可能比枪弹更大些。这是因为榴弹爆炸后，使部件处在破片流和爆炸波破坏区域之内。

(4)对于枪弹和破片，为使飞机破坏，先必须贯穿蒙皮。跳弹或没有穿透的部件暴露面积均不视为真正的暴露面积。

因此，式(4.17)的假设条件是不存在塔接，无复易损部件，也不出现合成破坏，即只适用单易损部件。

思　考　题

1. 简述人员类目标易损性分析的过程。
2. 简述地面车辆类目标易损性分析的过程。
3. 简述地面建筑类目标易损性分析的过程。
4. 简述飞机易损性分析的过程。
5. 简述目标易损性分析的基本过程。

第五章　目标毁伤效果指标

第一节　目标毁伤规律

地地导弹不仅携带弹头种类繁多，而且打击目标的特点各不相同。一般情况下导弹毁伤目标可分为两种情况：一种是战斗部必须直接命中目标才能毁伤目标，毁伤目标的概率与命中弹数有关；另一种是战斗部虽然不直接命中目标，但在目标附近某个距离范围内爆炸时，也能毁伤目标，毁伤目标的概率与落点(或爆心点)的位置有关。我们把毁伤目标的概率与命中弹数的关系或与落点(爆心点)位置坐标的关系，叫作毁伤目标的条件规律，或简称为毁伤律。由此可见，毁伤律可以分成依赖于命中弹数和依赖于落点坐标两种基本类型，实质上是当命中弹数为 k 时或落点坐标为 (x,z) 时的毁伤目标的条件概率 $G(k)$ 或 $G(x,z)$。

一、依赖于命中弹数的毁伤律

依赖于命中弹数的毁伤律，简称为数量毁伤律，记作 $G(k)$，有如下基本性质：

(1) 当 $k=0$ 时，$G(k)=0$，即未获得命中弹，不可能毁伤目标，毁伤目标概率等于 0；

(2) 当 $k\to\infty$ 时，$G(k)\to 1$，即命中弹数无穷多时，将一定毁伤目标；

(3) 当 k 为其他时，$G(k)\geqslant G(k-1)$，即 $G(k)$ 为非减函数，命中弹数增加，毁伤目标的概率不减。

取决于命中弹数的毁伤律，常被归结成三种数学模型：0-1 毁伤律；阶梯毁伤律；指数毁伤律。

(一)0-1 毁伤律

假设命中弹数少于 m 时，肯定不能毁伤目标；命中弹数等于或大于 m 时，必然毁伤目标，即

$$G(k)=\begin{cases}0 & (k<m)\\ 1 & (k\geqslant m)\end{cases} \tag{5.1}$$

则这种情况的毁伤律就称为 0-1 毁伤律，如图 5.1 所示。

(二)阶梯毁伤律

若假定获得 m 发以上命中弹时，一定能毁伤目标；获得第一发命中弹时，毁伤目标的概率为 $1/m$，此后每获一发命中弹，毁伤概率增加 $1/m$。在此假定条件下的毁伤律，称为阶梯毁伤律，其数学模型为

$$G(k)=\begin{cases}0 & (k<1)\\ \dfrac{k}{m} & (1\leqslant k<m)\\ 1 & (k\geqslant m)\end{cases} \tag{5.2}$$

式中：m—— 参数，其图形如图 5.2 所示（设 $m=8$）。

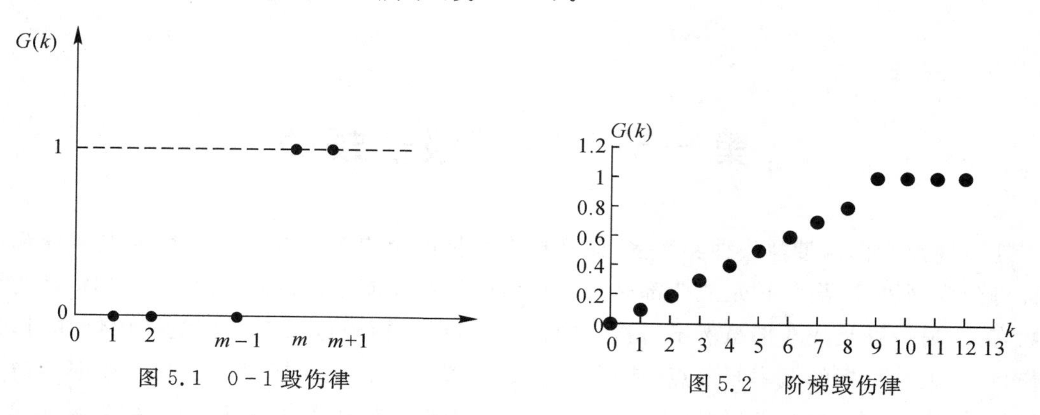

图 5.1　0－1 毁伤律

图 5.2　阶梯毁伤律

阶梯毁伤律的优点在于体现了“毁伤积累”，毁伤目标的概率随着每发命中弹而提高。但是阶梯毁伤律也存在缺点：首先，很难通过试验确定参数 m，事实上，通过试验我们只能求得平均需要多少发才能毁伤目标，很难得到一个必然毁伤目标所需的准确的命中弹数；其次，阶梯毁伤律用于计算毁伤效果很不方便。

（三）指数毁伤律

假设命中弹对目标没有“损伤积累”作用，即每次命中后毁伤目标的事件是相互独立的，或者说，每发命中弹的毁伤概率相等，并且命中弹在目标幅员内的分布是均匀的，则毁伤目标的概率为

$$G(k)=1-(1-\alpha)^{k}=1-\left(1-\frac{1}{\omega}\right)^{k} \tag{5.3}$$

式中：a—— 目标的易损（相对）面积；

ω—— 毁伤目标所需的命中弹数的数学期望，$\omega=\dfrac{1}{a}$。

式(5.3) 可写成

$$G(k)=1-\mathrm{e}^{k\ln\left(1-\frac{1}{\omega}\right)}\approx 1-\mathrm{e}^{-k\omega} \tag{5.4}$$

故称 $G(k)$ 为指数毁伤律。

指数毁伤函数是建立在无损伤积累的假设上，而且当 k 取有限值时，都有 $G(k)<1$。但实际中的目标，多少总有毁伤积累作用，在命中足够发弹时，必将毁伤目标。这些与事实不尽相符的地方，是指数毁伤律的缺点。由于指数毁伤律用于计算毁伤效果指标比较方便，因此，得到广泛应用。

二、依赖于落点相对于目标坐标的毁伤律

依赖于落点相对于目标坐标的毁伤律，简称为坐标毁伤律，记作 $G(x,z)$。

假设发射一发时，落点相对于目标的坐标为(x_1,z_1)，我们用$G_1(x_1,z_1)$表示毁伤目标的条件概率。发射两发时落点相对于目标的坐标分别为(x_1,z_1)和(x_2,z_2)，用$G_2(x_1,z_1;x_2,z_2)$表示毁伤目标的条件概率。一般地，当发射N发时，N发落点相对于目标的坐标分别为(x_1,z_1)，(x_2,z_2)，…，(x_N,z_N)，毁伤目标的条件概率记为

$$G_N(x_1,z_1;x_2,z_2;\cdots,x_N,z_N)$$

该式是$2N$个自变量的函数，显然运算很不方便。假设各发导弹毁伤目标是相互独立的事件，即对于任何两发导弹，后一发毁伤目标与前一发对目标的毁伤无关。假设不存在"毁伤积累"，上式可简化为

$$G_N(x_1,z_1;x_2,z_2;\cdots;x_N,z_N)=1-[1-G_1(x_1,z_1)][1-G_1(x_2,z_2)]\cdots[1-G_1(x_N,z_N)]$$

由此，只讨论单发毁伤目标的条件概率$G_1(x,z)$即可。为方便起见，记$G_1(x,z)$为$G(x,z)$。坐标毁伤率具有如下的基本性质：

(1) 当导弹直接命中目标时，一定能毁伤目标，即$G(0,0)=1$。若考虑导弹战斗部的威力，则落点距目标的距离在战斗部威力作用距离以内时，也必将毁伤目标。

(2) 以目标为中心的任何方向上，随落点离开目标的距离增大，$G(x,z)$将减小。

(3) 当$|x|\to\infty$或$|z|\to\infty$时，$G(x,z)\to 0$，即落点离目标很远时，毁伤目标的概率接近于0。

坐标毁伤律常被归结成下列数学模型：0－1毁伤律；高斯毁伤律；指数毁伤律；阶梯毁伤律；对数毁伤律。

(一)0－1毁伤律

我们将导弹能否毁伤目标看成导弹落点(或爆心投影点)至目标点之间的距离r的函数。当导弹落点距目标的距离r小于某给定值R时，目标必然被毁；当导弹落点距目标的距离r大于R时，目标肯定不能被毁伤，即

$$G(r)=G(x,z)=\begin{cases}0 & (r>R)\\ 1 & (r\leqslant R)\end{cases} \tag{5.5}$$

式中

$$r=\sqrt{x^2+z^2}$$

这种情况下的毁伤律为0－1毁伤律，如图5.3所示。

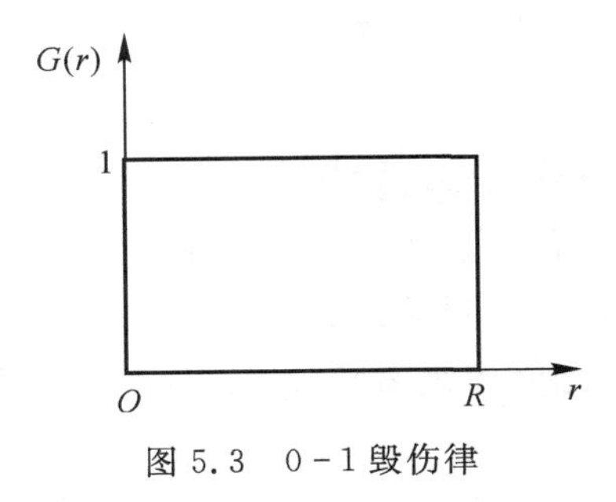

图5.3 0－1毁伤律

(二)高斯毁伤律

前面讨论的0-1毁伤律，在毁伤与不被毁伤之间存在着明显的界限值R，在R内目标完全

被毁伤，在R外，目标肯定不被毁伤。在实际情况中，有的武器并不存在这样的界限值，其毁伤律是随落点至目标点之间的距离逐渐减小的。这样，用0－1毁伤律就很难精确地描述目标毁伤规律，必须用另外的毁伤律来进行描述。高斯毁伤律就是其中的一种。

高斯毁伤律也可以说成是高斯毁伤概率密度函数，同样可以看成是落点至目标点之间的距离r的函数。它服从高斯正态分布规律，其表达式为

$$G(r)=\exp\left(-\frac{r^2}{2b^2}\right) \tag{5.6}$$

式中：b—— 常数，可以在武器试验中确定；

r—— 落点至目标点之间的距离。

$G(r)$随r/b的变化规律如图5.4所示。

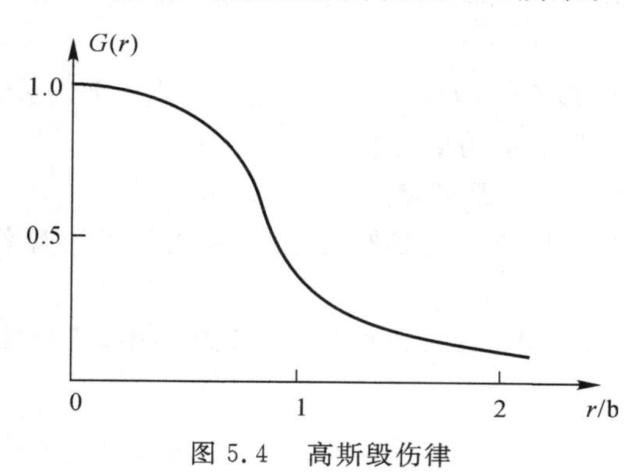

图5.4　高斯毁伤律

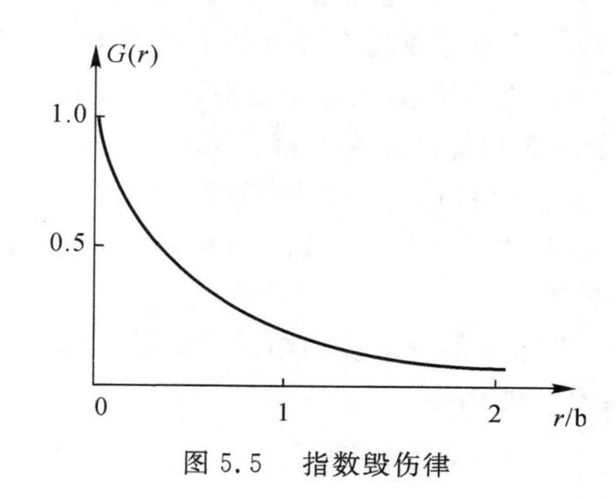

图5.5　指数毁伤律

（三）指数毁伤律

指数毁伤律与高斯毁伤律相似，不同之处在于其毁伤概率随落点至目标点的距离的变化服从指数变化规律。其表达式为

$$G(r)=\exp\left(-\frac{r}{b}\right) \tag{5.7}$$

式中：b—— 常数，可以在武器试验中获取；

r—— 落点至目标点之间的距离。

该毁伤律随r/b的变化情况如图5.5所示。

（四）阶梯毁伤律

阶梯毁伤律是将目标毁伤看成是必定毁伤半径R_{sk}和目标生存半径R_{ss}的函数，即当导弹落点距目标点的距离小于毁伤半径R_{sk}时，目标肯定被毁；当导弹落点距目标的距离大于生存半径R_{ss}时，目标肯定不能被毁；而导弹落入毁伤半径和生存半径之间时，目标毁伤规律呈线性变化，并随导弹落点至目标点之间的距离增大而减小。这种毁伤规律就称为阶梯毁伤律。其具体表达式如下：

$$G(r)=\begin{cases}1 & (0\leqslant r\leqslant R_{sk})\\ \dfrac{R_{ss}-r}{R_{ss}-R_{sk}} & (R_{sk}\leqslant r\leqslant R_{ss})\\ 0 & (r\geqslant R_{ss})\end{cases} \tag{5.8}$$

式中：R_{sk}—— 必定毁伤半径；

R_{ss}—— 目标生存半径；

r—— 导弹落点至目标点之间的距离。

该毁伤律随 r 的变化规律如图 5.6 所示。

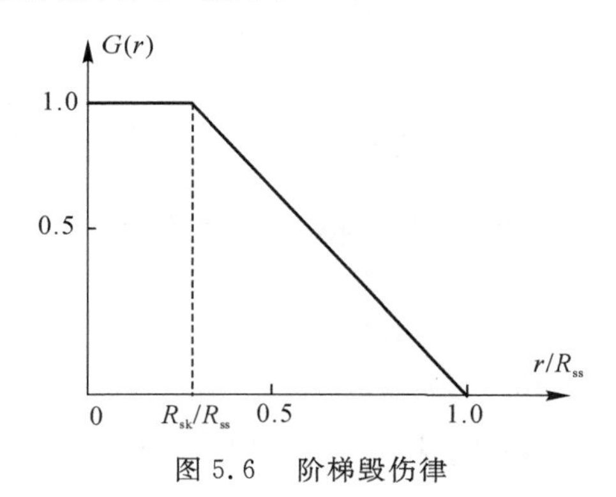

图 5.6 阶梯毁伤律

（五）对数毁伤律

对数毁伤律是由美国空军技术研究所（Air Force Inst. of Technology）Bridgman 提出的。它是毁伤律比较准确的表示方法，所以我们对该毁伤律作一详细介绍。其一般表达式为

$$G(r)=1-\int_0^r \frac{1}{\sqrt{2\pi}\,\beta r}\exp\left[-\frac{\ln^2(r/\alpha)}{2\beta^2}\right]\mathrm{d}r \tag{5.9}$$

式中：α 和 β—— 两个常数，可以通过毁伤半径 R_{sk} 和生存半径 R_{ss} 来确定。在确定 α 和 β 常数时，分别取 R_{sk} 和 R_{ss} 所对应的目标毁伤概率为98%和2%。该毁伤律随 r 的变化规律如图5.7所示。

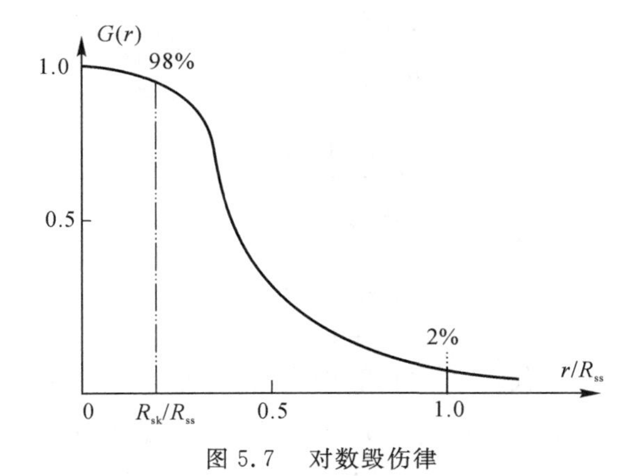

图 5.7 对数毁伤律

为了确定 α、β 两个常数，我们先引进一个特殊函数 erf(z)，该函数称为误差函数（Error Function），其定义为

$$\mathrm{erf}(z)=\frac{2}{\sqrt{\pi}}\int_0^{\pi} \mathrm{e}^{-z^2}\,\mathrm{d}z \tag{5.10}$$

该式的积分结果是难以用解析表达式来表示的，只能通过数值计算获得。

利用式(5.10)对式(5.9)进一步简化,可得

$$\frac{1}{\sqrt{2\pi}}\int_0^r \frac{1}{\beta r}\exp\left[-\frac{\ln^2(r/\alpha)}{2\beta^2}\right]\mathrm{d}r=\frac{1}{2}\mathrm{erf}\left[\frac{\ln(r/\alpha)}{\sqrt{2}\beta}\right]\Bigg|_0^r=\frac{1}{2}\left\{\mathrm{erf}\left[\frac{\ln(r/\alpha)}{\sqrt{2}\beta}\right]-\mathrm{erf}(-\infty)\right\}=$$

$$\frac{1}{2}\left\{\mathrm{erf}\left[\frac{\ln(r/\alpha)}{\sqrt{2}\beta}\right]+1\right\} \tag{5.11}$$

将式(5.11)代入式(5.9),得

$$G(r)=\frac{1}{2}\left\{1-\mathrm{erf}\left[\frac{\ln(r/\alpha)}{\sqrt{2}\beta}\right]\right\} \tag{5.12}$$

由于在毁伤半径内目标肯定被毁,而在生存半径之外时,目标必然不被毁,因此

$$G(R_{\mathrm{sk}})=0.98 \tag{5.13}$$

$$G(R_{\mathrm{ss}})=0.02 \tag{5.14}$$

因此,由式(5.12)和式(5.13),可得

$$0.98=\frac{1}{2}\left\{1-\mathrm{erf}\left[\frac{\ln(R_{\mathrm{sk}}/\alpha)}{\sqrt{2}\beta}\right]\right\}$$

变化后,并令

$$z_{\mathrm{sk}}=\frac{\ln(R_{\mathrm{sk}}/\alpha)}{\sqrt{2}\beta}$$

$$z_{\mathrm{ss}}=\frac{\ln(R_{\mathrm{ss}}/\alpha)}{\sqrt{2}\beta}$$

得

$$0.96=-\mathrm{erf}\left[\frac{\ln(R_{\mathrm{sk}}/\alpha)}{\sqrt{2}\beta}\right]=-\mathrm{erf}(z_{\mathrm{sk}}) \tag{5.15}$$

同理,可得

$$0.02=\frac{1}{2}\left\{1-\mathrm{erf}\left[\frac{\ln(R_{\mathrm{ss}}/\alpha)}{\sqrt{2}\beta}\right]\right\}$$

即

$$0.96=\mathrm{erf}\left[\frac{\ln(R_{\mathrm{ss}}/\alpha)}{\sqrt{2}\beta}\right]=\mathrm{erf}(z_{\mathrm{ss}}) \tag{5.16}$$

由式(5.15)和式(5.16),及

$$z_{\mathrm{sk}}=-1.452\ 22 \tag{5.17}$$

$$z_{\mathrm{ss}}=1.452\ 22 \tag{5.18}$$

并将式(5.17)、式(5.18)分别代入 Z_{sk} 和 Z_{ss} 的表达式,得

$$\left.\begin{aligned}-1.452\ 22\sqrt{2}\beta&=\ln(R_{\mathrm{sk}}/\alpha)=\ln R_{\mathrm{sk}}-\ln\alpha\\ 1.452\ 22\sqrt{2}\beta&=\ln(R_{\mathrm{ss}}/\alpha)=\ln R_{\mathrm{ss}}-\ln\alpha\end{aligned}\right\} \tag{5.19}$$

解该方程组可得 α,β 的表达式,即

$$\alpha=(R_{\mathrm{ss}}R_{\mathrm{sk}})^{\frac{1}{2}} \tag{5.20}$$

$$\beta=\frac{1}{2\times1.452\ 22\sqrt{2}}\ln\left(\frac{R_{\mathrm{ss}}}{R_{\mathrm{sk}}}\right)=\frac{1}{2\sqrt{2}\ z_{\mathrm{ss}}}\ln\left(\frac{R_{\mathrm{ss}}}{R_{\mathrm{sk}}}\right) \tag{5.21}$$

对数毁伤律随 $R_{\mathrm{sk}}/R_{\mathrm{ss}}$ 不同比值的变化如图5.8所示。这里 R_{sk} 和 R_{ss} 分别对应于98%和

2% 的毁伤，在实际应用中，可根据作战任务的具体要求改变其对应的毁伤值，用同样的方法可获得对应不同毁伤值的具体表达。

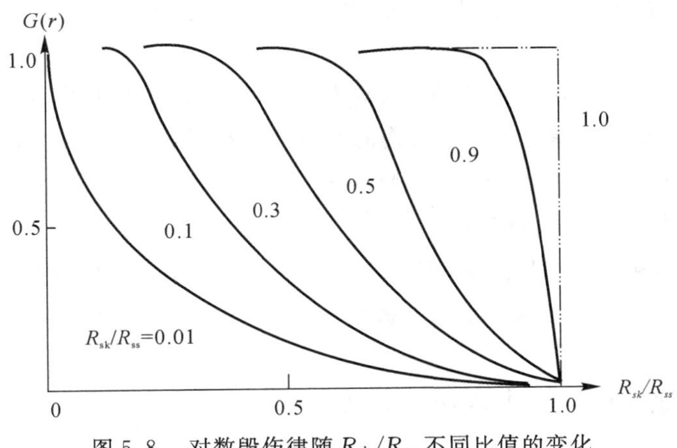

图 5.8　对数毁伤律随 R_{sk}/R_{ss} 不同比值的变化

第二节　毁伤效果指标的种类

毁伤效果指标是衡量武器系统在一定条件下完成射击任务和毁伤目标程度的数量指标。若明确规定出完成射击任务所消耗的资源和射击发数，则毁伤效果指标也可称为射击效率指标。武器系统的射击效率不仅取决于武器系统本身的精度、可靠性、战斗部的毁伤能力和目标的类型、生存能力、易损性、射击时的气象、地理环境及人员训练水平等因素，而且与火力运用方法密切相关。导弹发射的最基本的任务是给敌方造成毁伤，因此，毁伤效果指标是导弹武器系统作战应用中必须考虑的重要指标，是衡量在给定条件下能否完成作战任务的重要依据。

毁伤效果指标的选择取决于目标类型和完成的射击任务，依据目标类型，通常有以下三种典型形式。

一、目标摧毁概率

打击单个目标，射击的目的是摧毁这个目标。对该类目标打击的毁伤指标是目标摧毁概率，即

$$W = P(A) \tag{5.22}$$

A 是”目标被摧毁”这一事件，可表示为

$$A = \{s \geqslant S_n\} \tag{5.23}$$

式中：s—— 目标实际遭受毁伤的比例；

S_n—— 摧毁目标必须毁伤的比例。

式(5.23) 表明，只有在目标实际遭受毁伤的比例 s 不小于 S_n 时，才可以认为目标被摧毁。S_n 的值取决于目标类型，对于小型目标，$S_n = 1$，对于大型目标，当 $S_n \geqslant 0.5$ 时，可以认为

目标全部被摧毁；当 $S_n < 0.5$ 时，目标局部被摧毁。

二、毁伤目标数或毁伤目标部分的数学期望

射击集群目标（如飞机群、坦克编队、舰队等）时，目的是尽可能毁伤大量目标。对于这类集群目标而言，毁伤效果指标是目标被毁伤的数量或目标被毁伤部分的数学期望值，即

$$M = E[x_i] \tag{5.24}$$

式中：x_i—— 目标群中被毁伤目标数。

在这类打击目标中，除上述基本指标之外，还可以定义补充指标，如毁伤给定目标数的概率 $P(x = N)$ 和目标被毁伤数不少于给定数量的概率 $P(x \geqslant N)$ 等。

三、平均毁伤面积或平均相对毁伤面积

射击面目标（如部队集结地、防御工事地带等）时，目的是造成尽可能大的毁伤面积。其毁伤效果指标常取为平均毁伤面积或平均相对毁伤面积。在后一种情况下，其表达式为

$$M = E[u] \tag{5.25}$$

式中：$u = \frac{S_k}{S}$，为目标毁伤面积与目标总面积之比，称为相对毁伤面积。若要求目标的相对毁伤面积不小于某给定值 u_g，则毁伤效果指标为毁伤面积不小于某给定值 u_g 的概率，即

$$P_u = P(u \geqslant u_g) \tag{5.26}$$

除上述三种基本类型目标和对应的毁伤效果指标之外，实际问题中还会遇到更为复杂的情况。因此，在实际应用中必须根据作战意图、作战要求、武器型号和打击的目标类型具体分析，选择合适的毁伤效果指标作为评定打击效果和衡量完成作战任务的依据。

第三节　毁伤效果指标计算方法

目前，国内外计算毁伤效果指标的方法归纳起来主要有下列五种。

一、理论分析法

理论分析法又称模型解析法，是根据弹着分布律、目标毁伤律和目标的基本特征，运用数学、概率论等方法，将物理问题转化为数学模型，即效果指标的计算公式。通过模型的求解得出效果指标值。

该种方法的优点：概念清晰、计算速度快、使用方便，适宜于典型目标效果指标的计算。

该种方法的缺点：对于非典型目标，计算模型难以建立，或即便建立了模型，求解过程过于烦琐。

二、统计试验法(蒙特卡罗法)

统计试验法是一种数学模拟试验,是与弹着散布具有同一规律的随机数模拟弹着散布,得到一幅幅模拟射击图,从大量的射击图中统计出各种效果指标。

该种方法的优点:适用于解决一些复杂的、用解析法难以解决的,甚至是不可能解决的问题。

该种方法的缺点:费时,有的结果不够清晰。

三、网格计算法

当弹着散布中心和武器散布指标确定后,在二维平面上与散布中心一定距离的区域的概率值也就确定了,利用这一方法制成网格(方形或环扇形),将网格按一定要求覆盖在目标区域上,通过统计网格数,求出毁伤效果指标。

该种方法的优点:形象直观,不受目标几何形状的限制。

该种方法的缺点:当弹数较多时,手工作业不便。此外,网格数的统计中有时难以精确化。

四、数论布点法

该方法是利用数论方法布点替代均匀布点方法,进行毁伤效果指标计算,与统计试验法相比:一是对于目标离散方法,可采用数论布点替代均匀布点离散;二是模拟弹着点是用数论布点方法产生,其他计算方法相同。其主要优点是计算速度快。

五、算图、算表法

对于典型目标,利用已建立的模型求解,且将结果编表或制成图。使用时,可直接根据射击条件查出其毁伤效果指标值。在计算工具高度发展的条件下,该方法仍不失其生命力。

思　考　题

1. 简述目标毁伤律的分类。
2. 简述 0—1 毁伤律的应用及内涵。
3. 简述毁伤效果指标的分类。
4. 简述命中类指标的计算方法。
5. 简述高斯毁伤律的内涵。
6. 简述常用毁伤效果指标。
7. 简述冲击波超压覆盖比指标的内涵。

第六章　目标毁伤效果数值模拟计算

第一节　数值模拟计算方法概述

数值模拟计算是科学研究的常用手段之一，尤其在毁伤效应研究领域。由于试验技术手段及试验经济成本的限制，数值模拟计算作为毁伤效应研究的一种重要手段，其作用及价值显得更为重要。进行常规武器袭击下建筑结构的毁伤评估研究，需要大量爆炸与冲击荷载作用下的毁伤元信息作为基础数据。由于试验条件的限制、研究经费的制约等多方面原因，试验实测值相对较少，不能很好地满足毁伤评估的需要。采用数值模拟计算的方法可以再现整个侵彻爆炸过程，可以弥补试验研究的不足，数值模拟计算缩减了试验次数，节约了研究费用和时间，能够提供比试验更为丰富的数据信息，其结果成为试验数据必要和有益的补充，可以将试验结果根据需要进行内插和外延。这样以高性能计算机为硬件平台的数值模拟计算成为必然。

尽管目前数值模拟计算的可靠性还无法替代试验（尤其是岩土动力学问题），但是作为试验研究的一种补充措施，它是不可或缺的，特别是后续开展的毁伤评估工作，当荷载传播规律比较复杂，或者毁伤判据无法用简单方法表述时，建立在试验验证基础上的数值模拟计算具有重要的作用。

第二节　常用数值模拟计算方法

爆炸、冲击问题数值模拟计算结果的可靠度主要取决于计算模型的规模、所用软件的分析功能、计算方法的准确性，以及所采用材料模型参数的有效性。

LS－DYNA 是爆炸、侵彻的毁伤分析软件。LS－DYNA 最初称为 DYNA 程序，由 Lawrence Livermore National Laboratory（美国三大国防实验室之一）开发研制，目的主要是为武器设计提供分析工具。软件推出后深受广大用户的青睐。经过不断的功能扩充和改进，DYNA 程序已经成为国际著名的非线性动力分析软件，在武器结构设计、内弹道和终点弹道、军用材料研制等方面得到了广泛的应用。LS－DYNA 作为目前世界上最著名的以显式为主、隐式为辅的通用非线性动力分析有限元程序，能够模拟真实世界的各种复杂问题，特别适合求解各种二维、三维非线性结构的高速碰撞、爆炸和金属成形等非线性动力冲击问题，同时可以求解传热、流体及流固耦合问题，是显式有限元理论和程序的鼻祖。

计算时，弹与结构之间通过侵蚀接触模拟侵彻作用；侵彻过程结束后，提取结构的节点、单元信息及其应力、应变状态，进行爆炸计算。炸药与空气采用欧拉算法，结构采用拉格朗日算法，二者通过流固耦合发生相互作用。炸药爆炸的反应区压力模型采用高能炸药燃烧函数因子模型，状态方程采用JWL状态方程。通过 * MAT_CONCRETE_DAMAGE 材料模型模拟含钢筋混凝土的抗冲击特性。

第三节　数值模拟计算实例

一、建筑物结构的基本信息

建筑物物理模型为一幢四层五跨的框架结构，其构件可分为两类四种：第一类，梁和柱；第二类，轻质隔墙和楼板。每个房间长、宽各 600 cm，层高 360 cm，对整个建筑物模型采用整体式建模，对模型中主要的承力构件作以下取用。

梁：截面取 60 cm×40 cm，其截面宽度大于截面高的 1/4，符合高层建筑结构设计的基本要求。由于在高层结构设计中大多数都有抗震要求，从前面关于梁、柱的基本要求中可以看出，柱的配筋率一般是梁的配筋率的 2 倍左右。因此，梁的纵向受力钢筋的配筋率取 1.2%。箍筋按构造要求进行配置，其等效混凝土静态抗压强度为 48 MPa。

柱：截面取 80 cm×80 cm，纵向配筋率取 2%，这样取值同时满足高层建筑的基本要求，箍筋按构造要求进行配置，其等效混凝土静态抗压强度为 48 MPa。

板：楼板顶层厚度取 30 cm，其他层厚取 25 cm，采用现浇双向板，配筋率为 1%，这主要是考虑到双向板与单向板相比，受力特性好，更具楼板的代表性，其等效混凝土静态抗压强度为 48 MPa。

轻质隔墙：由于钢筋混凝土框架结构类建筑物的墙为填充墙，不是其主要的承力结构，因此，可以赋予其素混凝土的材料属性。考虑到一般剪力墙的厚度范围为 20～40 cm，因此，可以取建筑物中墙厚为 20 cm，配筋率为零，其等效混凝土静态抗压强度为 30 MPa。

二、武器的基本信息

战斗部壳体的材料为合金钢，密度为 7.89 g·cm^{-2}，采用各向同性弹塑性模型 * MAT_PLASTIC_KINEMATIC，主要参数见表 6.1。本结构模型采用 Von－Mises 准则，破坏准则采用有效塑形应变失效准则，即当单元的有效塑形应变达到临界值时，认为单元破坏。

表 6.1　战斗部壳体材料参数

密度 ρ/(g·cm^{-2})	杨氏模量 E/GPa	泊松比 ν	屈服应力/GPa	硬化参数	失效应变
7.89	207	0.30	1.724	1.0	2.0

炸药和引信按原始装药进行处理，炸药采用 * MAT_HIGH_EXPLOSIVE_ BURN 材料模型；引信采用塑形动能 * MAT_PLASTIC_KINEMATIC 模型。其具体的材料参数见表 6.2。

表 6.2　引信材料参数

密度 $\rho/(g\cdot cm^{-2})$	杨氏模量 E/GPa	泊松比 ν	屈服应力/GPa	硬化参数	失效应变
4.70	192	0.35	0.75	1.0	0.8

在数值模拟计算时，为了方便建模，将战斗部内除壳体之外的质量全部附加到弹药部分，因此，其密度与炸药的实际密度有所区别。

混凝土材料采用 * MAT_JOHNSON_HOLNQUIST_CONCRETE 模型，又称其为 H－J－C 模型。该模型主要用于高应变率、大变形下的混凝土和岩石的模拟。在计算中所采用的参数见表 6.3 和表 6.4，其单位由 cm－g－us 转化而来。

表 6.3　H－J－C 模型材料参数表(混凝土柱、梁、板参数)

RO	G	A	B	C	N	FC	
2.44	0.1571	0.75	1.60	0.007	0.61	4.8×10^{-4}	
T	EPSO	EFMIN	SFMAX	PC	UC	PL	UL
4.3×10^{-5}	1.0×10^{-6}	0.01	7.0	1.6×10^{-4}	0.001	0.008	0.1
D1	D2	K1	K2	K3			
0.04	1.0	0.85	1.71	2.08			

表 6.4　H－J－C 模型材料参数表(混凝土轻质隔墙参数)

RO	G	A	B	C	N	FC	
2.40	0.124 6	0.75	1.60	0.007	0.61	3.0×10^{-4}	
T	EPSO	EFMIN	SFMAX	PC	UC	PL	UL
3.7×10^{-5}	1.0×10^{-6}	0.01	7.0	1.17×10^{-4}	0.001	0.008	0.12
D1	D2	K1	K2	K3			
0.036 8	1.0	0.85	1.71	2.08			

三、侵爆战斗部侵彻混凝土靶的数值模拟

因为侵爆战斗部要求战斗部侵入目标后再爆炸，所以壳体壁较厚，结构强度较高，而且战斗部引信具有计层计时的延迟爆炸功能。本书假定战斗部引信计层达到 3 时引爆炸药。侵爆战斗部主要是通过侵彻进入楼板并且引信计数达到 3 时发生爆炸，因此，侵爆战斗部对四层五跨框架结构类建筑物的侵彻可以简化为战斗部对多层间隔钢筋混凝土靶板的侵彻。本章主要考虑战斗部在垂直条件下侵彻三层间隔钢筋混凝土靶板的数值模拟。

(一)有限元计算模型

战斗部垂直侵彻三层间隔钢筋混凝土靶板，所选靶板为三层正方形楼板，其边长为 160

cm，第一层靶板的厚度为 30 cm，第二、三层靶板的厚度为 25 cm。考虑到战斗部在空气中的飞行时间很短而且速度没有变化，为了节省计算时间，靶板间的距离取为 100 cm（实际距离为 300 cm）。战斗部壳体为合金钢，内部为装药。由于战斗部是垂直侵彻靶板，根据对称性建立三维四分之一模型，如图 6.1 所示。在对称面面上施加对称约束，靶板上、下界面均为自由界面，不施加任何约束，靶板边界施加固定约束。战斗部与靶板之间的接触面采用面-面接触中的侵蚀算法，单位由 cm－g－us 转化而来。

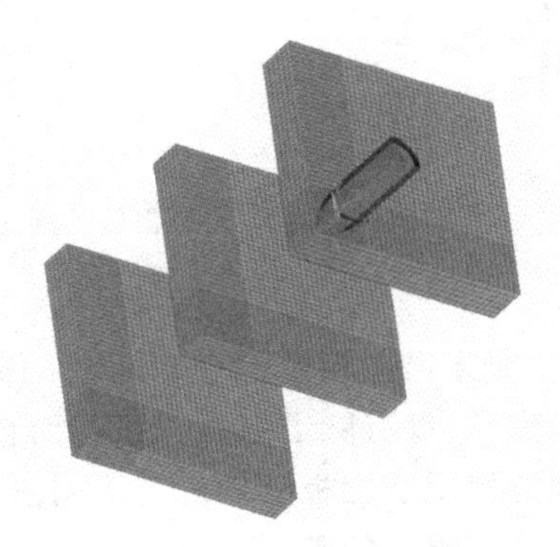

图 6.1　侵彻三层混凝土靶板的有限元模型

（二）数值模拟结果及分析

1. 侵彻贯穿过程分析

图 6.2 给出了内爆式战斗部以 800 m/s 的速度侵彻三层间隔钢筋混凝土靶板在不同时刻的侵彻效果及弹、靶板的变形和破坏情况。

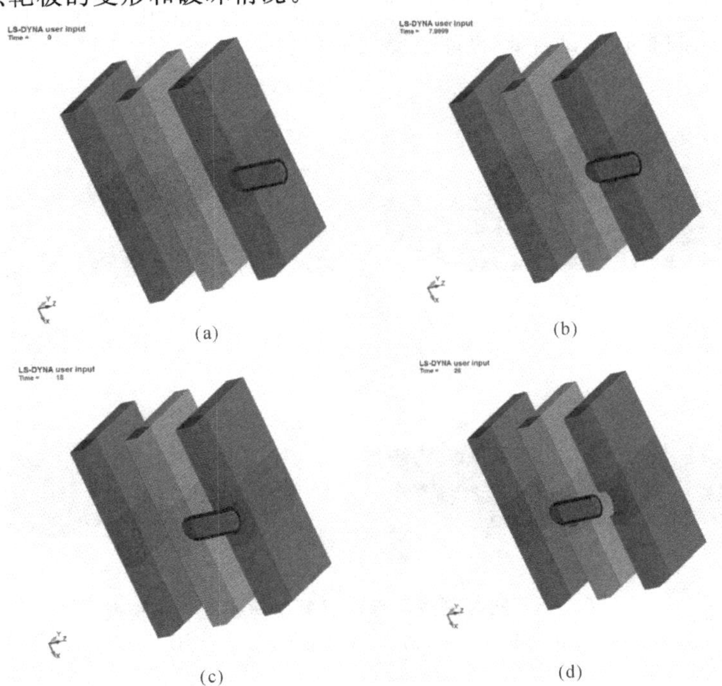

图 6.2　不同时刻战斗部对三层靶板的穿透和破坏情况

(a)t=0 μs；　(b)t=800 μs；　(c)t=1 800 μs；　(d)t=2 600 μs

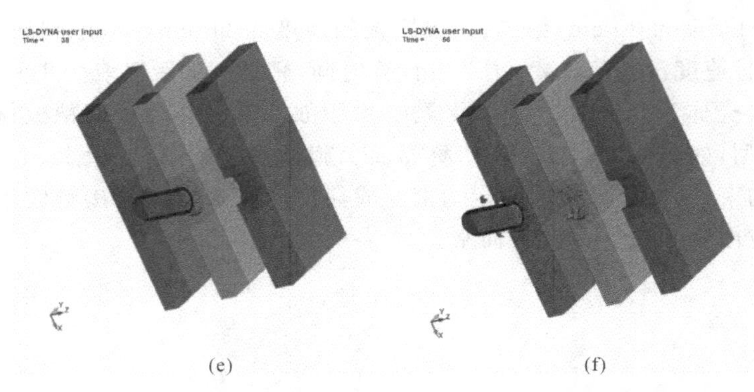

(e) (f)

续图 6.2　不同时刻战斗部对三层靶板的穿透和破坏情况

(e)t=3 800 μs；　(f)t=5 600 μs

从图 6.2 中可以看出，战斗部穿透靶板过程中对靶板的破坏情况。由于靶板较薄，因此，战斗部对靶板的作用属于冲击贯穿，没有隧道穿孔阶段。而且还可以看到，由于靶板周围施加了固定约束，因此，在战斗部冲击作用下靶板周围发生了明显的剪切破坏。下面以战斗部侵彻第一层钢筋混凝土靶板为对象研究靶板的破坏过程和贯穿机理。

图 6.3 为不同时刻战斗部对混凝土薄靶的破坏情况，从侵彻过程中的靶板背面的破坏情况可以看出，战斗部对混凝土薄靶的侵彻破坏情况属于冲击贯穿。在 t=200 μs 时，战斗部击中靶板，楼板正面弹着点附近一定范围内的混凝土介质被挤压、粉碎而向相反的方向飞散，从而形成一个漏斗状的弹坑。然后战斗部继续对靶板进行侵彻，当 t=399.9 μs 时，冲塞塞块开始形成，背面形成裂纹；当 t=999.9 μs 时，战斗部穿透靶板而飞出，靶板背面部分临空介质随着溅落。对薄靶板而言，战斗部的冲击使正面和背面的漏斗坑相连，纯粹的侵彻孔不再出现，这时靶板的破坏孔洞直径比战斗部的直径要大一些。

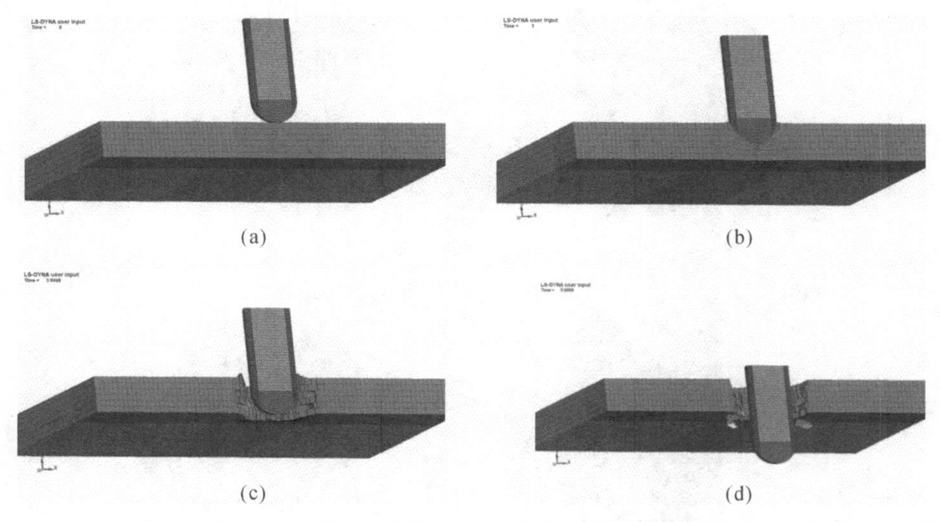

(a) (b) (c) (d)

图 6.3　不同时刻战斗部对混凝土薄靶的破坏情况

(a)t=0 μs；　(b)t=200 μs；　(c)t=399.9 μs；　(d)t=999.9 μs

2. 侵彻速度曲线分析

图 6.4 为战斗部的速度-时间历程曲线，其中 A 曲线表示战斗部壳体的速度历程曲线，B 曲线为装药部分的速度历程曲线。由速度-时间历程曲线可以看出，战斗部在侵彻三层钢筋混凝土靶板的过程中，速度有 3 次阶梯式下降，主要发生在战斗部对每层靶板的侵彻过程中，而战斗部在空气中的飞行速度基本没有损失。在战斗部侵彻每层靶板的过程中，开始时战斗部的速度下降比较缓慢，这一段时间正是战斗部开始撞击靶板到弹头侵入靶板的过程。之后到塞块形成这段时间内，速度迅速下降很快，几乎呈直线下降。战斗部和塞块一起运动直到弹尖到达靶板背面这段时间，速度下降又相对缓慢。战斗部开始穿出靶板时，速度曲线变化比较剧烈，完全穿出后，速度渐趋平稳，最终以 703.3 m/s 的速度穿出靶板。

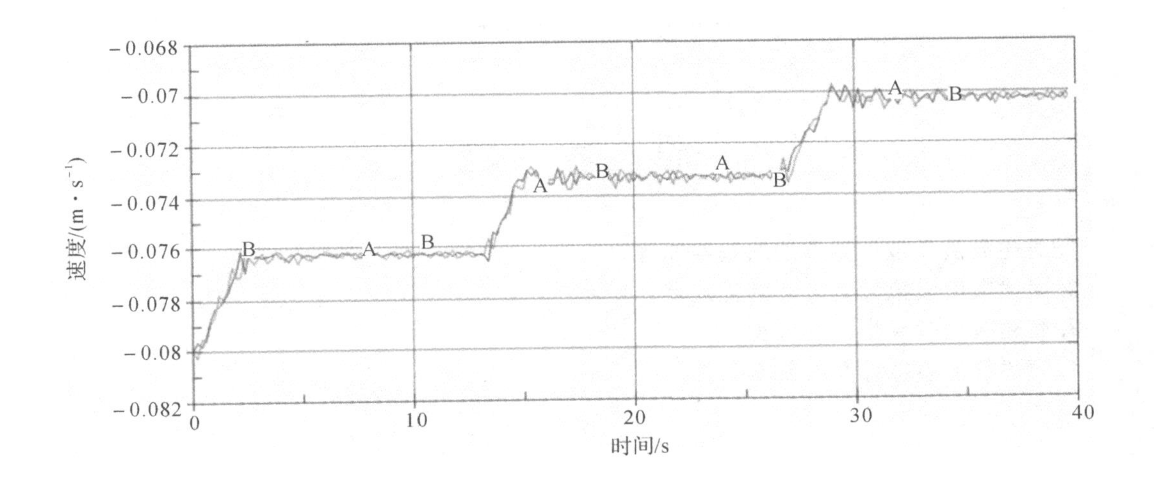

图 6.4　战斗部速度-时间历程曲线

从图 6.4 还可以看出，在战斗部贯穿靶板的过程中，壳体和装药之间相互作用。因此，在具有相同初速度的条件下两者的速度历程曲线相互交替。

3. 侵彻过载分析

图 6.5 为战斗部的加速度-时间历程曲线，其中 A 曲线表示装药部分的加速度历程曲线，B 曲线为战斗部壳体的加速度历程曲线。从图中可以看出，战斗部在侵彻三层靶板时，战斗部壳体和装药分别出现了 3 个峰值，而且装药过载大于壳体过载。从整个过载曲线还可以看出，战斗部在侵彻第一层靶板时过载较大，随着侵彻的进行，壳体的过载峰值逐渐减小，表明侵彻过载受战斗部侵彻速度的影响很大。当战斗部通过每一层靶板时，由于受到侵彻阻力的影响，速度会减小，侵彻过载也随之减小；当战斗部通过三层靶板时，分别在 0.4 ms、1.5 ms、2.9 ms 左右产生过载峰值，且过载峰值逐渐减小，战斗部过载的变化规律与虞青俊的相关研究结果一致。

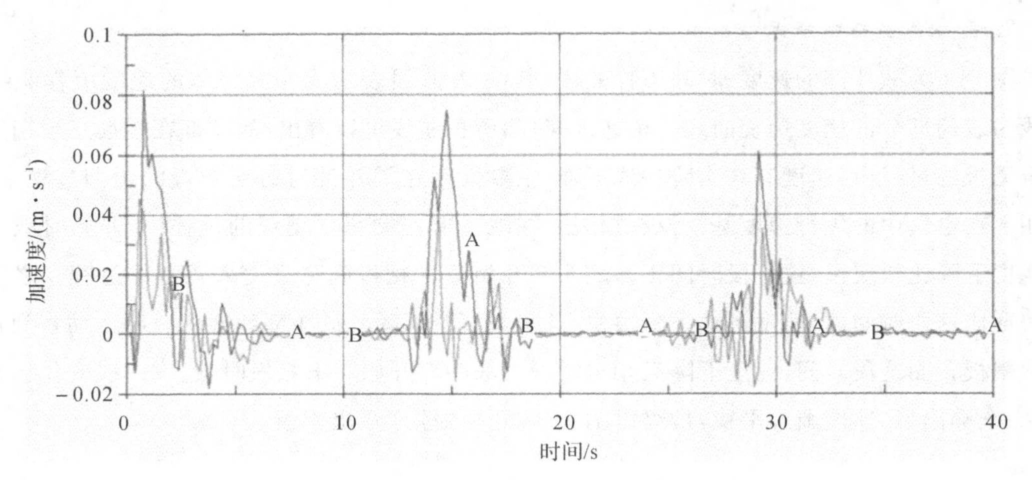

图 6.5 战斗部过载-时间曲线

思 考 题

1.简述数值模拟计算方法的基本原理。

2.简述数值模拟计算方法的优缺点。

3.简述毁伤效果指标的分类。

4.简述数值模拟计算的基本条件。

第七章　解析法计算毁伤效果指标

解析法是根据弹着分布律、目标毁伤律和目标的基本特征，运用数学、概率论等方法，将物理问题转化为数学模型，即效果指标的计算公式，通过模型的求解得出效果指标值。它是在弹着分布密度函数和目标毁伤函数给出的基础上，建立计算模型，模型的繁简和计算的难易程度与毁伤函数的形式密切相关。分析规则典型目标效果指标的计算是研究分析其他目标效果指标计算的基础。

第一节　单发命中概率的计算

毁伤效果指标的计算与导弹命中目标情况有直接关系。下面介绍单发命中概率的计算。

如图 7.1 所示，设落点散布中心为点 C，目标中心为点 O，导弹落点散布服从正态分布。取目标中心为原点，x 轴与导弹散布主轴一致。若目标幅员或毁伤幅员为 S，当点 C 的位置为已知时，发射一发命中目标的概率是随机点 (x,z) 落在目标区域 S 内的概率为

$$P(x,z)=P\{(x,z)\subseteq S\} \tag{7.1}$$

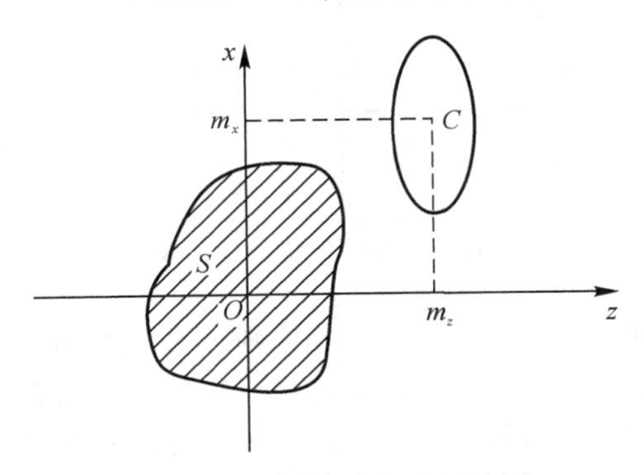

图 7.1　单发命中概率示意图

由于导弹落点散布服从正态分布，因此，式(7.1) 可以表示为

$$P(x,z)=\iint_S f(x,z)\,\mathrm{d}x\mathrm{d}z=\iint_S \frac{1}{2\pi\sigma_x\sigma_z}\exp\left[-\frac{(x-m_x)^2}{2\sigma_x^2}-\frac{(z-m_z)^2}{2\sigma_z^2}\right]\mathrm{d}x\mathrm{d}z \tag{7.2}$$

式中：m_x, m_z—— 弹着点散布中心坐标；

x, z—— 弹着点相对于原点的距离和方向误差；

σ_x, σ_z—— 射击的均方根偏差。

当散布为圆散布时，$\sigma_x=\sigma_z=\sigma$，式(7.2) 变为

$$P(x,z)=\frac{1}{2\pi\sigma^2}\iint_S \exp\left[-\frac{(x-m_x)^2+(z-m_z)^2}{2\sigma^2}\right]\mathrm{d}x\mathrm{d}z \tag{7.3}$$

当散布中心与目标中心重合时，$m_x=m_z=0$，式(7.2)可变为

$$P(x,z)=\frac{1}{2\pi\sigma_x\sigma_z}\iint_S \exp\left[-\frac{x^2}{2\sigma_x^2}-\frac{z^2}{2\sigma_z^2}\right]\mathrm{d}x\mathrm{d}z \tag{7.4}$$

当散布为圆散布，且散布中心与目标中心重合，即 $m_x=m_z=0,\sigma_x=\sigma_z=\sigma$ 时，式(7.2)可变为

$$P(x,z)=\frac{1}{2\pi\sigma^2}\iint_S \exp\left[-\frac{x^2+z^2}{2\sigma^2}\right]\mathrm{d}x\mathrm{d}z \tag{7.5}$$

由以上分析可以看出，由于导弹散布不同，因此，命中概率计算可有多种形式。如果考虑目标的形状，那么目标也可能是线形、矩形、圆形，椭圆形或任意形，目标的幅员或较大、或较小，所以命中概率的计算极其复杂，甚至有的情况下难以获得其解析值，只能用数值模拟计算法、近似计算法或统计试验法求取。下面我们仅以几种典型的目标为例讨论其命中概率计算问题。

一、命中带状目标的概率

设目标为无限长的地带，其宽度为 L，取原点为目标中心，z 轴(或 x 轴)与目标边线平行，导弹散布中心位于点 C，其坐标为 m_x,m_z，如图 7.2 所示。

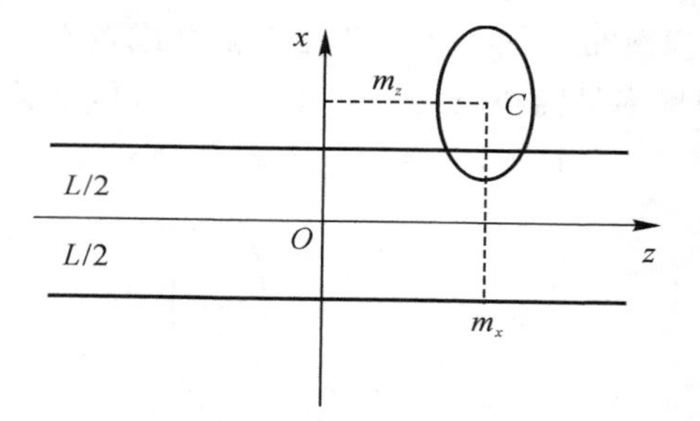

图 7.2　命中带状目标的概率

在以上假设情况下，目标为一无限长的地带，则只有一个方向上的误差对命中概率有影响，另一方向对命中概率并无影响，这样，命中带状目标概率的计算就变成了一维问题，即 σ_z，m_z(或 σ_x,m_x)对命中概率无影响，只考虑 x(或 z)的方向误差即可。为便于讨论，假设 $\sigma_x=\sigma$，$m_x=m$(或 $\sigma_z=\sigma,m_z=m$)，则弹着点散布密度函数为

$$f(x)=\frac{1}{\sqrt{2\pi}\sigma}\exp\left[-\frac{(x-m)^2}{2\sigma^2}\right] \tag{7.6}$$

命中目标的概率为

$$P\left(-\frac{L}{2}<x<\frac{L}{2}\right)=\int_{-\frac{L}{2}}^{\frac{L}{2}}f(x)\mathrm{d}x=\frac{1}{\sqrt{2\pi}\sigma}\int_{-\frac{L}{2}}^{\frac{L}{2}}\exp\left[-\frac{(x-m)^2}{2\sigma^2}\right]\mathrm{d}x=$$

$$\frac{1}{2}\left[\Phi\left(\frac{L/2-m}{\sigma}\right)-\Phi\left(-\frac{L/2+m}{\sigma}\right)\right] \tag{7.7}$$

式中

$$\Phi(x)=\frac{2}{\sqrt{2\pi}}\int_0^x \mathrm{e}^{-\frac{t^2}{2}}\mathrm{d}t$$

为拉普拉斯函数，其值可通过拉普拉斯表查得。

当散布中心与目标中心重合时，$m=0$，如图 7.3 所示，其弹着点散布密度函数为

$$f(x)=\frac{1}{\sqrt{2\pi}\sigma}\exp\left(-\frac{x^2}{2\sigma^2}\right) \tag{7.8}$$

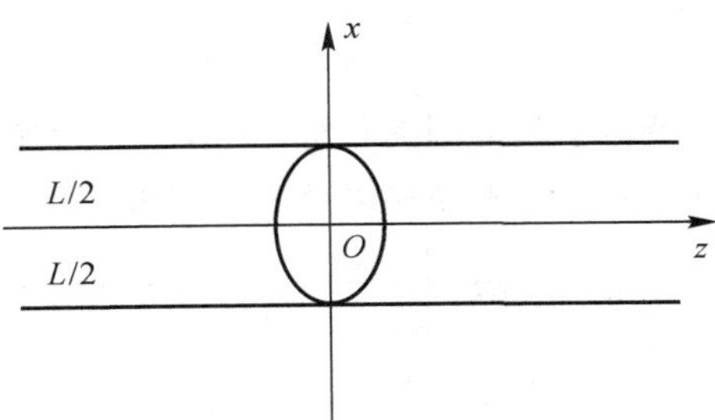

图 7.3　弹着点散布密度函数

命中概率为

$$P\left(-\frac{L}{2}<x<\frac{L}{2}\right)=\int_{-\frac{L}{2}}^{\frac{L}{2}}f(x)\mathrm{d}x=\frac{1}{\sqrt{2\pi}\sigma}\int_{-\frac{L}{2}}^{\frac{L}{2}}\exp\left[-\frac{x^2}{2\sigma^2}\right]\mathrm{d}x=$$

$$\frac{2}{\sqrt{2\pi}\sigma}\int_{0}^{\frac{L}{2}}\exp\left[-\frac{x^2}{2\sigma^2}\right]\mathrm{d}x=\Phi\left(\frac{L/2}{\sigma}\right) \tag{7.9}$$

二、命中矩形目标的概率

如图 7.4 所示，矩形目标边长分别为 L_x 和 L_z，目标中心为原点，散布中心离目标中心的距离为 m_x 和 m_z，目标的边平行于散布椭圆主轴，因此，发射一发的命中概率等于两个独立事件——命中纵深为 L_x 的地带和命中宽度为 L_z 的地带的概率之积，即

$$P=\int_{-\frac{L_x}{2}}^{\frac{L_x}{2}}\int_{-\frac{L_z}{2}}^{\frac{L_z}{2}}f(x,z)\mathrm{d}x\mathrm{d}z=\int_{-\frac{L_x}{2}}^{\frac{L_x}{2}}f(x)\mathrm{d}x\int_{-\frac{L_z}{2}}^{\frac{L_z}{2}}f(z)\mathrm{d}z=$$

$$\frac{1}{4}\left[\Phi\left(\frac{L_x/2-m_x}{\sigma_x}\right)-\Phi\left(-\frac{L_x/2+m_x}{\sigma_x}\right)\right]\left[\Phi\left(\frac{L_z/2-m_z}{\sigma_z}\right)-\Phi\left(-\frac{L_z/2+m_z}{\sigma_z}\right)\right] \tag{7.10}$$

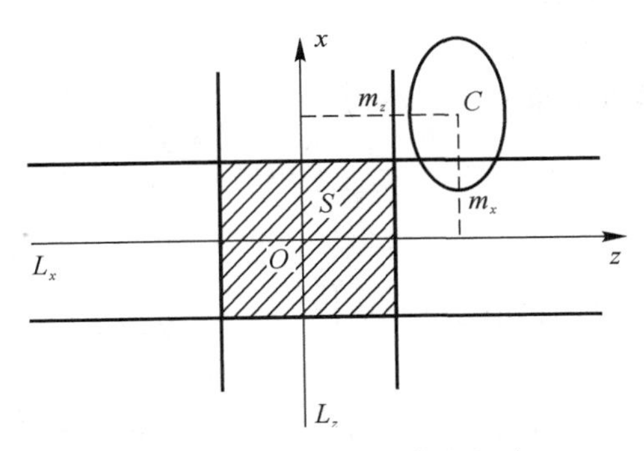

图 7.4　命中矩形目标的概率

在散布中心与目标中心重合的特殊情况下，有

$$P=\Phi\left(\frac{L_x/2}{\sigma_x}\right)\Phi\left(\frac{L_z/2}{\sigma_z}\right) \tag{7.11}$$

三、命中圆形目标的概率

如图7.5所示，点O为半径等于R的圆的目标中心，点C为弹着点散布中心。设散布轴与坐标轴平行，散布均方差分别为σ_x，σ_z，由导弹落点散布律可知

$$f(x,z)=\frac{1}{2\pi\sigma_x\sigma_z}\exp\left[-\frac{(x-m_x)^2}{2\sigma_x^2}-\frac{(z-m_z)^2}{2\sigma_z^2}\right] \tag{7.12}$$

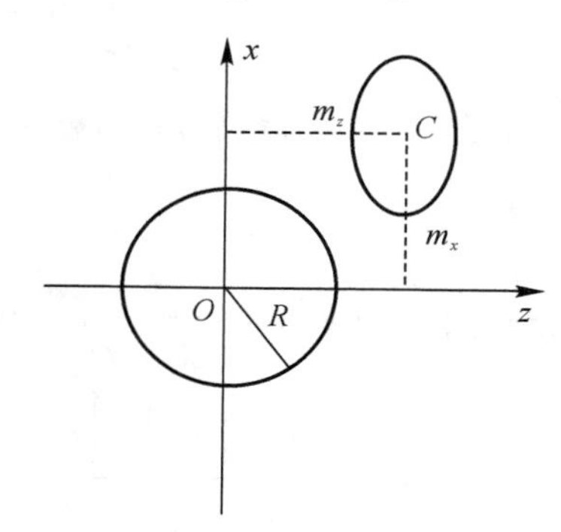

图7.5　命中圆形目标的概率

导弹命中概率为

$$P=\iint\limits_{(x^2+z^2)^{\frac{1}{2}}<R} f(x,z)\mathrm{d}x\mathrm{d}z \tag{7.13}$$

由于导弹的实际散布可能出现下列四种情况：

(1) 散布中心与目标中心重合下的圆散布：$\sigma_x=\sigma_z=\sigma$；$m_x=m_z=0$；

(2) 散布中心偏离目标中心的圆散布：$\sigma_x=\sigma_z=\sigma$；$m_x\neq 0$，$m_z\neq 0$；

(3) 散布中心与目标中心重合的椭圆散布：$\sigma_x\neq\sigma_z$；$m_x=m_z=0$；

(4) 散布中心偏离目标中心的椭圆散布：$\sigma_x\neq\sigma_z$；$m_x\neq 0$，$m_z\neq 0$。

下面我们对这四种情况分别进行讨论。

1. $\sigma_x=\sigma_z=\sigma$；$m_x=m_z=0$

在这种情况下，导弹落点散布密度函数为

$$f(x,z)=\frac{1}{2\pi\sigma^2}\exp\left(-\frac{x^2+z^2}{2\sigma^2}\right) \tag{7.14}$$

则命中概率为

$$\begin{aligned}P=&\iint\limits_{(x^2+z^2)<R^2} f(x,z)\mathrm{d}x\mathrm{d}z=\iint\limits_{\sqrt{x^2+z^2}<R}\frac{1}{2\pi\sigma^2}\exp\left(-\frac{x^2+z^2}{2\sigma^2}\right)\mathrm{d}x\mathrm{d}z=\\&\int_0^{2\pi}\int_0^R\frac{1}{2\pi\sigma^2}\exp\left(-\frac{r^2}{2\sigma^2}\right)r\mathrm{d}r\mathrm{d}\theta=\int_0^R\frac{r}{\sigma^2}\exp\left(-\frac{r^2}{2\sigma^2}\right)\mathrm{d}r=\\&-\exp\left(-\frac{r^2}{2\sigma^2}\right)\Bigg|_0^R=1-\exp\left(-\frac{R^2}{2\sigma^2}\right)\end{aligned} \tag{7.15}$$

2. $\sigma_x=\sigma_z=\sigma;m_x\neq 0,m_z\neq 0$

在这种情况下,其分布密度函数为

$$f(x,z)=\frac{1}{2\pi\sigma^2}\exp\left[-\frac{(x-m_x)^2}{2\sigma^2}-\frac{(z-m_z)^2}{2\sigma^2}\right] \tag{7.16}$$

命中概率为

$$P=\iint_{\sqrt{x^2+z^2}<R} f(x,z)\mathrm{d}x\mathrm{d}z=\iint_{\sqrt{x^2+z^2}<R}\frac{1}{2\pi\sigma^2}\exp\left[-\frac{(x-m_x)^2+(z-m_z)^2}{2\sigma^2}\right]\mathrm{d}x\mathrm{d}z \tag{7.17}$$

将式(7.17)转换为极坐标形式,令 $r_0=\sqrt{m_x^2+m_z^2}$,$r=\sqrt{x^2+z^2}$,则

$$P=P\left(\frac{R}{\sigma},\frac{r_0}{\sigma}\right)=\frac{1}{2\pi}\exp\left(-\frac{r_0}{2\sigma^2}\right)\int_0^R\int_0^{2\pi}r\exp\left(-\frac{r^2}{2\sigma^2}+\frac{rr_0\cos\theta}{\sigma^2}\right)\mathrm{d}\theta\mathrm{d}r \tag{7.18}$$

这里,$P=P\left(\frac{R}{\sigma},\frac{r_0}{\sigma}\right)$表示命中概率是$R/\sigma$和$r_0/\sigma$两个比率的函数。利用下列第一类零阶白塞尔函数表达式:

$$I_0(t)=\frac{1}{\pi}\int_0^{\pi}\cosh(t\cos\theta)\mathrm{d}\theta=\frac{1}{\pi}\int_0^{\pi}\exp(t\cos\theta)\,\mathrm{d}\theta$$

由于 $t\cos\theta$ 对称于$\theta=\pi$,因此,上式变为

$$2I_0(t)=\int_0^{2\pi}\exp(t\cos\theta)\,\mathrm{d}\theta \tag{7.19}$$

将式(7.19)代入式(7.18),可得

$$P\left(\frac{R}{\sigma},\frac{r_0}{\sigma}\right)=\frac{1}{\sigma^2}\exp\left(-\frac{r_0}{2\sigma^2}\right)\int_0^R r\exp\left(-\frac{r^2}{2\sigma^2}\right)I_0\left(\frac{rr_0}{\sigma^2}\right)\mathrm{d}r$$

令

$$r=R\sqrt{u}\ \mathrm{d}r=\frac{R}{2\sqrt{u}}\mathrm{d}u$$

则

$$P\left(\frac{R}{\sigma},\frac{r_0}{\sigma}\right)=\frac{R^2}{2\sigma^2}\exp\left(-\frac{r_0}{2\sigma^2}\right)\int_0^R\exp\left(-\frac{R^2}{2\sigma^2}\right)I_0\left(\frac{Rr_0\sqrt{u}}{\sigma^2}\right)\mathrm{d}u \tag{7.20}$$

将白塞尔函数展开成级数项,得

$$I_0(t)=\sum_{n=0}^{\infty}\frac{\left(\frac{1}{2}t\right)^{2n}}{n!^{\ 2}}$$

则

$$I_0\left(\frac{Rr_0\sqrt{u}}{\sigma^2}\right)=\sum_{n=0}^{\infty}\left(\frac{R^2}{2\sigma^2}\right)^n\left(\frac{r_0^2}{2\sigma^2}\right)^n\frac{u^n}{(n!\ )^2} \tag{7.21}$$

将式(7.21)代入式(7.20),得

$$P\left(\frac{R}{\sigma},\frac{r_0}{\sigma}\right)=\sum_{n=0}^{\infty}\frac{1}{n!}\left(\frac{r_0^2}{2\sigma^2}\right)^n\exp\left(-\frac{r_0^2}{2\sigma^2}\right)\frac{1}{n!}\left(\frac{R^2}{2\sigma^2}\right)^{n+1}\int_0^1u^n\exp\left(\frac{R^2u}{2\sigma^2}\right)\mathrm{d}u=\sum_{n=0}^{\infty}f_ng_n \tag{7.22}$$

其中

$$f_n=\frac{1}{n!}\left(\frac{r_0^2}{2\sigma^2}\right)^n\exp\left(\frac{r_0^2}{2\sigma^2}\right)=\frac{1}{n}\left(\frac{r_0^2}{2\sigma^2}\right)f_{n-1} \tag{7.23}$$

$$g_n=\frac{1}{n!}\left(\frac{R^2}{2\sigma^2}\right)^{n+1}\int_0^1 u^n\exp\left(-\frac{R^2u}{2\sigma^2}\right)\mathrm{d}u$$

利用分部积分，得

$$g_n=\frac{1}{n!}\left(\frac{R^2}{2\sigma^2}\right)^{n}\exp\left(-\frac{R^2}{2\sigma^2}\right)+g_{n-1} \tag{7.24}$$

这种情况下的命中概率计算可用这一组递推公式获得，图 7.6 给出了不同散布位移 r_0/σ 情况下，命中概率 $P\left(\frac{R}{\sigma},\frac{r_0}{\sigma}\right)$ 随 R/σ 的变化的数值计算结果。这里应当注意，当 $r_0/\sigma=0$ 时，式(7.22)变为第一种情况。

3. $\sigma_x\neq\sigma_z$；$m_x=m_z=0$

这种情况下，其分布密度函数为

$$f(x,z)=\frac{1}{2\pi\sigma_x\sigma_z}\exp\left(-\frac{x^2}{2\sigma_x^2}-\frac{z^2}{2\sigma_z^2}\right) \tag{7.25}$$

则命中概率为

$$P=\frac{1}{2\pi\sigma_x\sigma_z}\iint\limits_{\sqrt{x^2+z^2}<R}\exp\left(-\frac{x^2}{2\sigma_x^2}-\frac{z^2}{2\sigma_z^2}\right)\mathrm{d}x\mathrm{d}z \tag{7.26}$$

该积分很难得到其解析公式，只能通过数值积分进行计算。为便于计算，可将此概率值用 $R/\sigma_{\max}$（其中，$\sigma_{\max}=\max[\sigma_x,\sigma_z]$）和 $C=\sigma_z^2/\sigma_x^2$ 两个参数表示。并将数值计算结果编制成 P 随 $R/\sigma_{\max}$ 和 C 变化的表格，使用时进行查表计算。为不失一般性，假设 $\sigma_x>\sigma_z$，该概率函数 $P(R/\sigma_{\max},C)$ 的数值计算结果如图 7.7 所示。

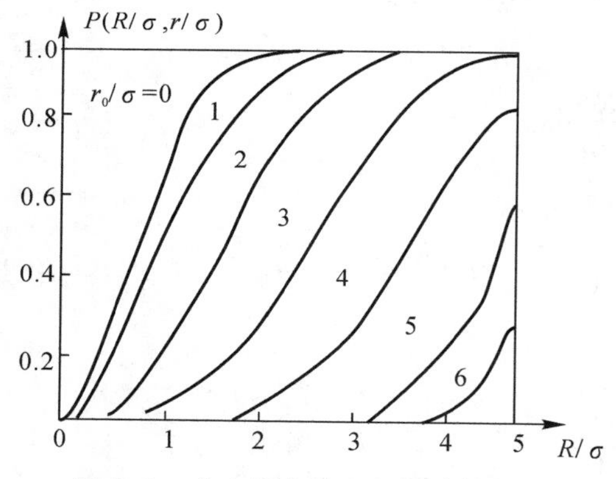

图 7.6　命中概率随 R/σ 的计算结果

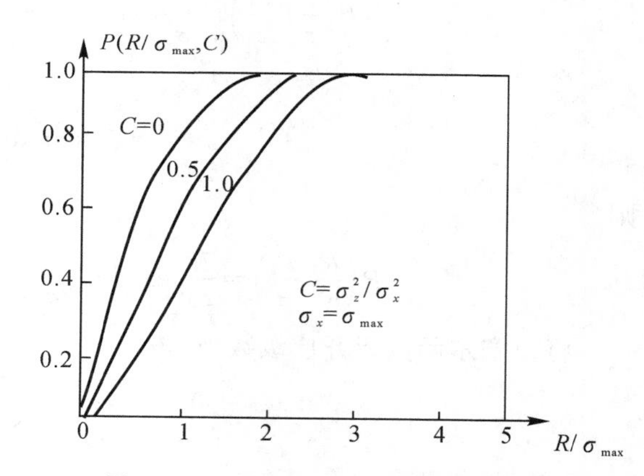

图 7.7　$P(R/\sigma_{\max},C)$ 的数值计算结果

4. $\sigma_x\neq\sigma_z$；$m_x\neq0,m_z\neq0$

在这种情况下，命中概率的一般表达式为

$$P=\frac{1}{2\pi\sigma_x\sigma_z}\iint\limits_{\sqrt{x^2+z^2}<R}\exp\left\{-\frac{1}{2}\left[\frac{(x-m_x)^2}{\sigma_x^2}+\frac{(z-m_z)^2}{\sigma_z^2}\right]\right\}\mathrm{d}x\mathrm{d}z \tag{7.27}$$

可以看出该积分相当复杂，无法得到其解析公式，并且命中概率是 4 个变量（$m_x,m_z,\sigma_x,\sigma_z$）的函数，编制其计算用表的工作量也很大，使用很不方便。因此，对于这种情况，可采用数值模拟计算法或近似计算法进行计算。

以上仅介绍了几种典型的规则形状目标的命中概率计算，但是目标形状多种多样，也可以是任意形状的。对任意形状的目标可用另一种规则形状代替，其代替原则是要使两者的面积保持不变，目标幅员各方向上的尺寸的比例大体保持一致。有时，还可以用数个规则形状的目标代替一个不规则形状的目标来计算其命中概率。在计算命中目标概率的基础上，便可计算各类目标的毁伤效果指标。

第二节　点目标毁伤效果指标计算

对点目标实施打击，关心的是点目标是否被毁伤。因此，以毁伤概率作为效果指标是合适的。其实质是弹着于诱导圆内的概率，一般表达式为

$$P=\iint_A G(x,z)f(x,z)\mathrm{d}x\mathrm{d}z \tag{7.28}$$

式中：$G(x,z)$—— 目标毁伤函数，有多种形式；

$f(x,z)$—— 弹着分布密度函数，有多种形式；

A—— 点目标诱导圆的面积，值的大小取决于弹头威力半径。

当弹着的散布主轴平行于坐标轴，$f(x,z)$ 具有下列形式：

$$f(x,z)=\frac{1}{2\pi\sigma_x\sigma_z}\exp\left\{-\frac{1}{2}\left[\frac{(x-x_0)^2}{\sigma_x^2}+\frac{(z-z_0)^2}{\sigma_z^2}\right]\right\} \tag{7.29}$$

且毁伤函数 $G(x,z)$ 取 0－1 形式时，弹着于诱导圆内的概率，即毁伤点目标的概率为

$$P=\frac{1}{2\pi\sigma_x\sigma_z}\iint_{(x-a)^2+(z-b)^2\leqslant R^2}\exp\left\{-\frac{1}{2}\left[\frac{(x-x_0)^2}{\sigma_x^2}+\frac{(z-z_0)^2}{\sigma_z^2}\right]\right\}\mathrm{d}x\mathrm{d}z \tag{7.30}$$

式中：a,b—— 为点目标的平面直角纵、横向坐标；

x,z—— 弹着点（或爆心、爆心投影点）的纵、横向坐标；

x_0,z_0—— 瞄准点坐标，一般认为瞄准点通过散布中心（当系统偏差等于 0 或近似于 0 时）。

下面分四种组合情况分别讨论点目标的毁伤概率计算问题：瞄准点在目标中心，圆散布；瞄准点在目标中心，椭圆散布；瞄准点不在目标中心，圆散布；瞄准点不在目标中心，椭圆散布。

一、瞄准点在目标中心

（一）圆散布（$\sigma_x=\sigma_z$）

此时，弹着于诱导圆内的概率为

$$P=\iint_{x^2+z^2\leqslant R^2}\frac{1}{2\pi\sigma^2}\exp\left[-\frac{(x^2+z^2)}{2\sigma^2}\right]\mathrm{d}x\mathrm{d}z \tag{7.31}$$

将直角坐标化为极坐标，令 $z=r\cos\theta, x=r\sin\theta$，则

$$P=\int_0^{2\pi}\int_0^R\frac{r}{2\pi\sigma^2}\exp\left(-\frac{r^2}{2\sigma^2}\right)\mathrm{d}r\mathrm{d}\theta$$

对 θ 积分后，得

$$P=\int_0^R \frac{r}{\sigma^2}\exp\left(-\frac{r^2}{2\sigma^2}\right)dr$$

由于被积函数为瑞利随机变量的分布密度函数，因此，其分布函数为

$$P=1-\exp\left(-\frac{1}{2}\frac{R^2}{\sigma^2}\right) \tag{7.32}$$

当弹的散布指标为概率偏差时，同理可得出

$$P=1-\exp\left(-\rho^2\frac{R^2}{E^2}\right) \tag{7.33}$$

当弹的散布指标为圆概率偏差时，有

$$P=1-\frac{1}{2}^{\left(\frac{R}{\mathrm{CEP}}\right)^2} \tag{7.34}$$

例 弹头对某工事的破坏半径 $R=30$ m，射击误差服从圆散布，圆概率偏差 CEP=20 m，试求发射一发破坏工事的概率。

解

$$\sigma=\mathrm{CEP}/1.1774=(20/1.1774)\ \mathrm{m}=17\ \mathrm{m}$$

$$P=1-\exp\left(-\frac{R^2}{2\sigma^2}\right)=1-\exp\left(-\frac{30^2}{2\times17^2}\right)=0.79$$

（二）椭圆散布（$\boldsymbol{\sigma_x\neq\sigma_z}$）

单发弹着于诱导圆内的概率为

$$P\left(\frac{R}{\sigma_{\max}},C\right)=\frac{1}{C}\int_0^{\frac{R}{\sigma_{\max}}} r\exp\left[-\frac{r^2(1+C^2)}{4C^2}\right]I_0\left[\frac{r^2(1-C^2)}{4C^2}\right]dr \tag{7.35}$$

式中：R—— 毁伤半径，并假设 $\sigma_z>\sigma_x$；

$I_0(x)$—— 零阶修正贝塞尔函数。

$$\sigma_{\max}^2=\max(\sigma_x^2,\sigma_z^2)$$

$$C^2=\frac{\sigma_x^2}{\sigma_z^2}\quad(0<C<1)$$

证明 当弹着的分布为二维椭圆正态分布时，弹着于诱导圆内的概率为

$$P=\frac{1}{2\pi\sigma_x\sigma_z}\iint_{\sqrt{x^2+z^2}\leqslant R}\exp\left[-\frac{1}{2}\left(\frac{x^2}{\sigma_x^2}+\frac{z^2}{\sigma_z^2}\right)\right]dxdz$$

令 $\frac{z}{\sigma_{\max}}=r\cos\theta$，$\frac{x}{\sigma_{\max}}=r\sin\theta$，于是

$$dxdz=\begin{bmatrix}\sigma_{\max}\cos\theta & \sigma_{\max}\sin\theta\\ -r\sigma_{\max}\sin\theta & r\sigma_{\max}\cos\theta\end{bmatrix}drd\theta=\sigma_{\max}^2 rdrd\theta$$

将 $\sqrt{x^2+z^2}\leqslant R$ 化为 $r\leqslant\frac{R}{\sigma_{\max}}$ 的圆域，得

$$P=P\left(\frac{R}{\sigma_{\max}},C\right)=\frac{1}{2\pi C}\int_0^{\frac{R}{\sigma_{\max}}}\int_0^{2\pi} r\exp\left[-\frac{r^2}{2}\left(\cos^2\theta+\frac{\sin^2\theta}{C^2}\right)\right]d\theta dr=$$

$$\frac{1}{2\pi C}\int_0^{\frac{R}{\sigma_{\max}}}\int_0^{2\pi} r\exp\left\{-\frac{r^2}{4C^2}[(1+C^2)-(1-C^2)\cos 2\theta]\right\}d\theta dr$$

令 $\varphi=2\theta-2\pi$，则有

$$P=\frac{1}{4\pi C}\int_0^{\frac{R}{\sigma_{\max}}}\int_{-2\pi}^{2\pi} r\exp\left\{-\frac{r^2}{4C^2}[(1+C^2)-(1-C^2)\cos\varphi]\right\}d\varphi dr=$$

$$\frac{1}{4\pi C}\int_0^{\frac{R}{\sigma_{\max}}} r\exp\left[-\frac{r^2(1+C^2)}{4C^2}\right]\int_{-2\pi}^{2\pi}\exp\left[\frac{r^2(1-C^2)}{4C^2}\cos\varphi\right]\mathrm{d}\varphi\mathrm{d}r=$$

$$\frac{1}{4\pi C}\int_0^{\frac{R}{\sigma_{\max}}} r\exp\left[-\frac{r^2(1+C^2)}{4C^2}\right]\cdot 2\int_0^{2\pi}\exp\left[\frac{r^2(1-C^2)}{4C^2}\cos\varphi\right]\mathrm{d}\varphi\mathrm{d}r=$$

$$\frac{1}{2\pi C}\int_0^{\frac{R}{\sigma_{\max}}} r\exp\left[-\frac{r^2(1+C^2)}{4C^2}\right]\int_0^{2\pi}\exp\left[\frac{r^2(1-C^2)}{4C^2}\cos\varphi\right]\mathrm{d}\varphi\mathrm{d}r$$

因为

$$I_0(x)=\frac{1}{2\pi}\int_0^{2\pi}\mathrm{e}^{x\cos\varphi}\mathrm{d}\varphi$$

所以

$$P=\frac{1}{C}\int_0^{\frac{R}{\sigma_{\max}}} r\exp\left[-\frac{r^2(1+C^2)}{4C^2}\right]I_0\left[\frac{r^2(1-C^2)}{4C^2}\right]\mathrm{d}r$$

当椭圆散布指标为概率偏差时，同理可得

$$P=\frac{2\rho^2}{C}\int_0^{\frac{R}{E_{\max}}} r\exp\left[-\frac{\rho^2 r^2(1+C^2)}{2C^2}\right]I_0\left[\frac{\rho^2 r^2(1-C^2)}{2C^2}\right]\mathrm{d}r \tag{7.36}$$

式中：R—— 毁伤半径；

$E_{\max}$—— 武器椭圆散布偏差 E_x，E_z 中较大者；

C——E_x，E_z 中小者与大者之比；

I_0—— 零阶修正的贝塞尔函数。

当用多发弹进行打击时，瞄准点不变，各弹相互独立，不计积累效应，其计算公式如下：

当各弹相同时

$$P_N=1-(1-P_1)^N$$

式中：P_1—— 发弹的毁伤概率；

N—— 使用的同种弹数。

当各弹不相同时

$$P_N=1-\prod_{i=1}^{N}(1-P_i)$$

式中：P_i—— 第 i 发弹的毁伤概率；

N—— 总弹数。

二、瞄准点偏离目标中心

（一）圆散布

点目标被毁伤的概率计算公式为

$$P=\frac{1}{\sigma^2}\exp\left(-\frac{r^2}{2\sigma^2}\right)\int_0^R\rho\exp\left(-\frac{\rho^2}{2\sigma^2}\right)I_0\left(\frac{r\rho}{\sigma^2}\right)\mathrm{d}\rho \tag{7.37}$$

式中：r—— 瞄准点至点目标的距离；

ρ—— 弹着点至点目标的距离；

I_0—— 零阶修正的贝塞尔函数；

R—— 毁伤半径。

证明　当瞄准点偏离目标中心时，点目标被毁伤的概率计算的一般式为

$$P=\iint_A G(x,z)f(x-x_0,z-z_0)\mathrm{d}x\mathrm{d}z$$

式中：　　$G(x,z)$—— 毁伤函数；

$f(x-x_0,z-z_0)$—— 二维正态分布的概率密度函数。

当 $G(x,z)$ 取 0－1 毁伤函数形式，概率密度函数为

$$f(x-x_0,z-z_0)=\frac{1}{2\pi\sigma^2}\exp\left[-\frac{(x-x_0)^2+(z-z_0)^2}{2\sigma^2}\right]$$

毁伤概率为

$$P=\frac{1}{2\pi\sigma^2}\iint\limits_{(z-a)^2+(x-b)^2\leqslant R^2}\exp\left[-\frac{(x-x_0)^2+(z-z_0)^2}{2\sigma^2}\right]\mathrm{d}x\mathrm{d}z$$

对其按图 7.8 进行坐标变换，令

$$z=a+\rho\cos\theta,\quad x=b+\rho\sin\theta;\quad z_0-a=r\cos\theta_0,\quad x_0-b=r\sin\theta_0$$

式中：b,a—— 点目标的平面直角纵、横向坐标；

θ—— $\overline{AC}$ 与水平轴的夹角；

θ_0—— $\overline{AB}$ 与水平轴的夹角。

则

$$\exp\left[-\frac{(x-x_0)^2+(z-z_0)^2}{2\sigma^2}\right]=\exp\left[-\frac{(b+\rho\sin\theta-x_0)^2+(a+\rho\cos\theta-z_0)^2}{2\sigma^2}\right]=$$

$$\exp\left\{-\frac{1}{2\sigma^2}[\rho^2+r^2-2\rho r(\cos\theta\cos\theta_0+\sin\theta\sin\theta_0)]\right\}=$$

$$\exp\left\{-\frac{1}{2\sigma^2}[\rho^2+r^2-2\rho r\cos(\theta-\theta_0)]\right\}$$

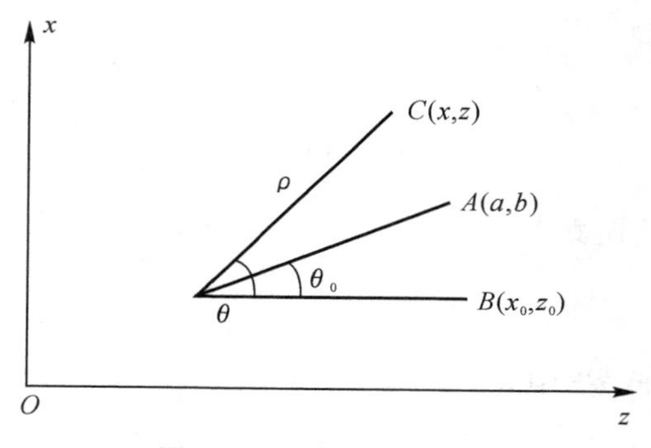

图 7.8　坐标变换关系图

考虑坐标变换的雅可比行列式，得

$$P=\frac{1}{2\pi\sigma^2}\exp\left(-\frac{r^2}{2\sigma^2}\right)\int_0^R\rho\exp\left(-\frac{\rho^2}{2\sigma^2}\right)\int_0^{2\pi}\exp\left[\frac{r\rho}{\sigma^2}\cos(\theta-\theta_0)\right]\mathrm{d}\theta\mathrm{d}\rho$$

令 $t=\theta-\theta_0$，则有

$$\int_0^{2\pi}\exp\left[\frac{r\rho}{\sigma^2}\cos(\theta-\theta_0)\right]\mathrm{d}\theta=\int_{-\theta_0}^{2\pi-\theta_0}\exp\left(\frac{r\rho}{\sigma^2}\cos t\right)\mathrm{d}t=\int_0^{2\pi}\exp\left(\frac{r\rho}{\sigma^2}\cos\theta\right)\mathrm{d}\theta$$

这说明上述积分只与瞄准点到目标中心的距离有关，而与方向角 θ_0 无关。由第一类零阶贝塞尔函数的积分公式：

$$I_0(x)=\frac{1}{2\pi}\int_0^{2\pi}\exp(x\cos\theta)\mathrm{d}\theta$$

可得

$$\int_0^{2\pi}\exp\left(\frac{r\rho}{\sigma^2}\cos\theta\right)d\theta=2\pi I_0\left(\frac{r\rho}{\sigma^2}\right)$$

式中：$I_0(x)$——零阶贝塞尔函数。

因此，点目标毁伤的概率计算公式为

$$P=\frac{1}{\sigma^2}\exp\left(-\frac{r^2}{2\sigma^2}\right)\int_0^R\rho\exp\left(-\frac{\rho^2}{2\sigma^2}\right)I_0\left(\frac{r\rho}{\sigma^2}\right)d\rho \tag{7.38}$$

此即为莱斯分布密度函数在 0－R 域上的积分，称为圆覆盖函数，记为 $P\left(\frac{R}{\sigma},\frac{r_0}{\sigma}\right)$。

当弹着散布指标取概率偏差时，同理可导出点目标被毁伤的概率计算公式：

$$P=2\rho'^2\exp[-\rho'^2r^2(E)]\int_0^{R(E)}\rho\exp(-\rho'^2\rho^2)I_0[2\rho'^2r(E)\rho]d\rho \tag{7.39}$$

式中，$\rho'=0.476\ 936\ 276$。

(二) 椭圆散布($\boldsymbol{\sigma_x\neq\sigma_z,x_0\neq 0,z_0\neq 0}$)

当瞄准点偏离目标中心，且 $\sigma_x\neq\sigma_z$ 时，计算单弹弹着于诱导圆中的概率较复杂。因此，可以将诱导圆化为矩形，且各边平行于主散布轴。此时弹着于诱导矩形内的概率为

$$P=\int_\alpha^\beta\int_\gamma^\delta f(x,z)dxdz=\int_\alpha^\beta\frac{1}{\sigma_x\sqrt{2\pi}}\exp\left[-\frac{(x-x_0)^2}{2\sigma_x^2}\right]dx\int_\gamma^\delta\frac{1}{\sigma_z\sqrt{2\pi}}\exp\left[-\frac{(z-z_0)^2}{2\sigma_z^2}\right]dz=$$

$$\frac{1}{4}\left[\Phi\left(\frac{\beta-x_0}{\sigma_x\sqrt{2}}\right)-\Phi\left(\frac{\alpha-x_0}{\sqrt{2}\sigma_x}\right)\right]\left[\Phi\left(\frac{\delta-z_0}{\sqrt{2}\sigma_z}\right)-\Phi\left(\frac{\gamma-z_0}{\sqrt{2}\sigma_z}\right)\right] \tag{7.40}$$

式中：$\Phi(x)=\frac{2}{\sqrt{\pi}}\int_0^x\exp(-t^2)dt$ 为拉普拉斯函数；$\alpha,\beta,\gamma,\delta$ 分别为 Ox 轴上和 Oz 轴上目标的边界点坐标。

若把标准偏差改为概率偏差，且引入简化的拉普拉斯函数，则有

$$P=\frac{1}{4}\left[\Phi\left(\frac{\beta-x_0}{E_x}\right)-\Phi\left(\frac{\alpha-x_0}{E_x}\right)\right]\left[\Phi\left(\frac{\delta-z_0}{E_z}\right)-\Phi\left(\frac{\gamma-z_0}{E_z}\right)\right] \tag{7.41}$$

当(x_0,z_0)为 0 时，有

$$P=\frac{1}{4}\left[\Phi\left(\frac{\beta}{E_x}\right)-\Phi\left(\frac{\alpha}{E_x}\right)\right]\left[\Phi\left(\frac{\delta}{E_z}\right)-\Phi\left(\frac{\gamma}{E_z}\right)\right] \tag{7.42}$$

由上述可见，对点目标被毁伤的概率的计算，除圆散布 0－1 毁伤函数和(x_0,z_0)为 0 时可作精确计算之外，其他情形下，仅能作近似数值解。这对火力运用研究者来说，提出了两个任务：其一，努力提高近似计算的精度；其二，探求精确的解析公式。

第三节　均匀直线目标毁伤效果指标计算

均匀直线目标是指大型桥梁、铁路编组站、机场跑道、行进中的武器装备、运输车辆等目标。

对均匀直线目标实施打击，其毁伤状态可能有目标完全被毁伤、未被毁伤和部分被毁伤。因此，其毁伤效果指标就与点目标不同。下面主要介绍平均相对覆盖长度和至少覆盖一定长度的概率计算公式。

一、均匀直线目标的命中区域

线目标的命中区域是以线目标端点为圆心、毁伤半径为半径作圆弧，与通过端点垂直于线目标的直线交于 A,B,C,D 四点，连接 AC 和 BD 所组成的蚕茧形区域，如图 7.9 所示。

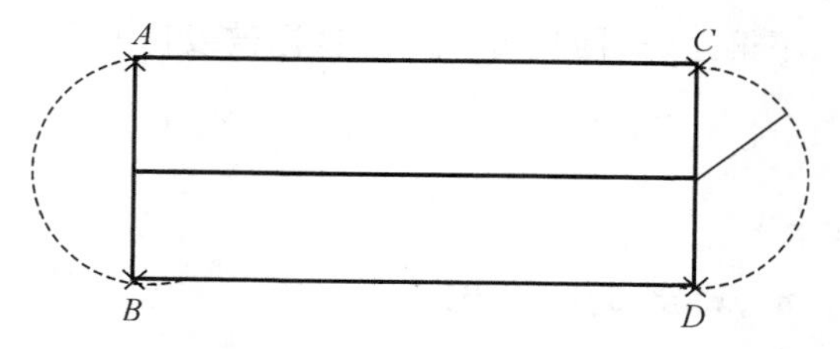

图 7.9　线性目标示意图

当弹着于该命中区域之外时，该线目标被毁伤的概率为 0。因此，均匀直线目标的命中区域就是该线目标被毁伤的概率大于或等于 0 的边界所围成的区域。对作战任务来讲，关心的是该线目标遭到给定毁伤程度的概率或期望毁伤长度。因此，还须引入有利弹着区的概念。

二、有利弹着区

瞄准点在目标中心，弹着为圆散布，对均匀直线目标至少覆盖一定值的弹着区域，称为有利弹着区。弹着于该区域内时，目标被毁伤概率不小于给定值 L_0，其确定方法如下：

设目标长度为 L，至少覆盖 mL（$m=[0,1]$），自线目标的两个端点向内截取长 mL 的线段，得两个截点 O_1 和 O_2。以这个两个点为圆心、毁伤半径 R 为半径画圆弧，再于距端点 $0.5mL$ 处作垂直于线目标的垂线，交于两弧于 A,B,C,D 四点，将 AC 和 BD 连接起来，如图 7.10 所示，这个蚕茧形区域就是至少覆盖一定值 mL 的有利弹着区。

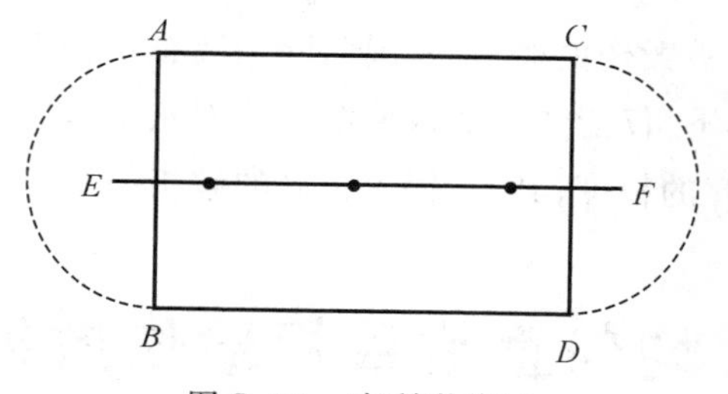

图 7.10　有利弹着区

当弹着于该区域边界线上时，线目标的被覆盖的长度均为 mL；当在边界线之内时，覆盖长度大于 mL。由此可见，有利弹着区域一定在命中区域之内。

三、至少覆盖一定值的概率

线目标至少覆盖一定值的概率的计算，就是计算弹着于有利弹着区的概率。其计算方法有两种：一是网格计算法；二是解析法。下面我们来建立解析法的计算式。

设目标长为 L，毁伤半径为 R，概率偏差 $E=1$，至少覆盖 mL，$0 \leqslant m \leqslant 1$，$2R > mL$。瞄准点在目标中心，原点与目标中心重合。由于弹着为圆散布，因此，取 x 轴于线目标之上、如图 7.10 所示。

由图可见，均匀线目标的有利弹着区 D 被分割成三个部分：

D_1（$x=-x_0$ 以左的弓形区域）；

D_2（$x=-x_0$ 至 $x=x_0$ 的矩形区域）；

D_3（$x=x_0$ 以右的弓形区域）。

因此，至少覆盖 mL 概率的计算，就是分别求出弹着于 D_1，D_2，D_3 内的概率之和。

由于弹着散布为圆散布，且以概率偏差 E 为散布指标，因此，弹着点纵、横向的分布密度为

$$f(x)=\frac{\rho}{\sqrt{\pi}E}\exp\left[-\rho^2\left(\frac{x}{E}\right)^2\right]$$

$$f(y)=\frac{\rho}{\sqrt{\pi}E}\exp\left[-\rho^2\left(\frac{x}{E}\right)^2\right]$$

弹着于有利弹着区内的概率为

$$P=\iint\limits_{D}f(x)f(y)\mathrm{d}x\mathrm{d}y=\iint\limits_{D_1}f(x)f(y)\mathrm{d}x\mathrm{d}y+\iint\limits_{D_2}f(x)f(y)\mathrm{d}x\mathrm{d}y+\iint\limits_{D_3}f(x)f(y)\mathrm{d}x\mathrm{d}y= P_1+P_2+P_3 \tag{7.43}$$

下面分别导出 P_1，P_2，P_3 的计算式。

$$P_2=\iint\limits_{D_2}f(x)f(y)\mathrm{d}x\mathrm{d}y=\int_{-x_0}^{x_0}\int_{-h_0}^{h_0}\frac{\rho^2}{\pi E^2}\exp\left\{-\rho^2\left[\left(\frac{x}{E}\right)^2+\left(\frac{y}{E}\right)^2\right]\right\}\mathrm{d}x\mathrm{d}y=$$
$$\int_{-x_0}^{x_0}\frac{\rho}{\sqrt{\pi}E}\exp\left[-\rho^2\left(\frac{x}{E}\right)^2\right]\mathrm{d}x\int_{-h_0}^{h_0}\frac{\rho}{\sqrt{\pi}E}\exp\left[-\rho^2\left(\frac{y}{E}\right)^2\right]\mathrm{d}y \tag{7.44}$$

根据简化的拉普拉斯函数的定义，上式化为

$$P_2=\hat{\Phi}\left(\frac{x_0}{E}\right)\hat{\Phi}\left(\frac{h_0}{E}\right)$$

P_1 与 P_3 的被积函数相等，积分域对称，故积分相等。为了保证计算积分的精度，则将区域按 $x=x_0$，x_1，$\cdots$，x_n 等距离分割，则有

$$P_1+P_3=\iint\limits_{D_2}f(x)f(y)\mathrm{d}x\mathrm{d}y+\iint\limits_{D_3}f(x)f(y)\mathrm{d}x\mathrm{d}y\approx$$
$$\left[\int_{-x_1}^{x_1}f(x)\mathrm{d}x-\int_{-x_0}^{x_0}f(x)\mathrm{d}x\right]\int_{-h_1}^{h_1}f(y)\mathrm{d}y+$$
$$\left[\int_{-x_2}^{x_2}f(x)\mathrm{d}x-\int_{-x_1}^{x_1}f(x)\mathrm{d}x\right]\int_{-h_2}^{h_2}f(y)\mathrm{d}y+\cdots+$$

$$\left[\int_{-x_n}^{x_n} f(x)\mathrm{d}x - \int_{-x_{n-1}}^{x_{n-1}} f(x)\mathrm{d}x\right]\int_{-h_n}^{h_n} f(y)\mathrm{d}y \approx \sum_{i=1}^{n}\left[\hat{\Phi}\left(\frac{x_i}{E}\right)-\hat{\Phi}\left(\frac{x_{i-1}}{E}\right)\right]\hat{\Phi}\left(\frac{h_i}{E}\right) \tag{7.45}$$

所以

$$P = P_1 + P_2 + P_3 \approx \hat{\Phi}\left(\frac{x_0}{E}\right)\hat{\Phi}\left(\frac{h_0}{E}\right) + \sum_{i=1}^{n}\left[\hat{\Phi}\left(\frac{x_i}{E}\right)-\hat{\Phi}\left(\frac{x_{i-1}}{E}\right)\right]\hat{\Phi}\left(\frac{h_i}{E}\right) \tag{7.46}$$

式中

$$x_0 = \frac{L}{2} - m \cdot \frac{L}{2}$$

$$h_0 = \sqrt{R^2 - \left(\frac{1}{2}mL\right)^2}$$

$$R_{h_0} = h_0$$

当 $i=1,2,3,\cdots,n$ 时，有

$$x_i = x_0 + \frac{R - \frac{1}{2}mL}{n}i$$

$$R_{h_i} = \sqrt{R^2 - \left(\frac{1}{2}mL + \frac{R-\frac{1}{2}mL}{n}i\right)^2}$$

$$h_i = R_{h_i} + \frac{1}{2}(R_{h_{i-1}} - R_{h_i})$$

$$h_n = \frac{3}{4}R_{h_{n-1}}$$

按上述公式计算的结果制成表或图。当给定至少覆盖值后，可直接由表或图中查出对应的概率；当给定概率值后，可查出至少覆盖值。

四、瞄准点偏离目标中心、弹着散布为圆散布、至少覆盖一定值的概率的计算

由于弹着散布为圆散布，可以取 x 轴平行于线目标轴线。设目标中心点为点 O，瞄准点为点 O'，α 为 $O'O$ 连线与线目标间的夹角（$0 < \alpha \leqslant 2\pi$），如图 7.12 所示。

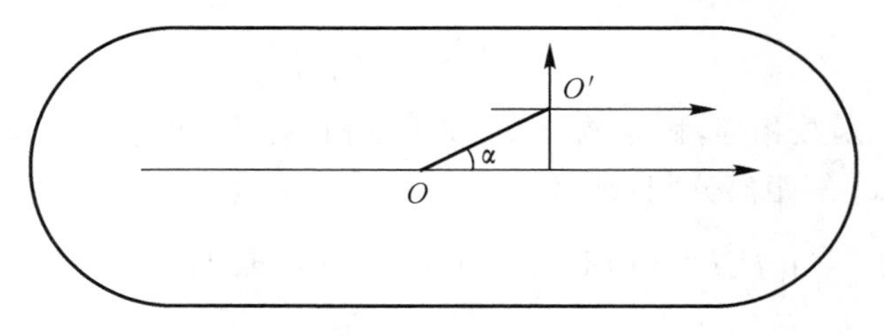

图 7.12　关系示意图

采用前述方法，可以导出下列计算公式：

$$P=\hat{\Phi}\left(\frac{x_0-r\cos\alpha}{E}\right)\hat{\Phi}\left(\frac{h_0-r\sin\alpha}{E}\right)+$$
$$\sum_{i=1}^{n}\left\{\frac{1}{2}\left[\hat{\Phi}\left(\frac{x_i+r\cos\alpha}{E}\right)-\hat{\Phi}\left(\frac{x_{i-1}+r\cos\alpha}{E}\right)+\hat{\Phi}\left(\frac{x_i-r\cos\alpha}{E}\right)-\hat{\Phi}\left(\frac{x_{i-1}-r\cos\alpha}{E}\right)\right]\cdot\right.$$
$$\left.\frac{1}{2}\left[\hat{\Phi}\left(\frac{h_i+r\sin\alpha}{E}\right)-\hat{\Phi}\left(\frac{h_i-r\sin\alpha}{E}\right)\right]\right\} \tag{7.47}$$

其计算结果已制成表，当给定一定的概率值后，可以查出至少覆盖值。

五、均匀直线目标平均相对覆盖的计算

均匀直线目标平均相对覆盖的基本计算公式如下：

$$S=\frac{1}{2L}\int_{-L}^{L}\int_{-\infty}^{\infty}\int_{-\infty}^{\infty}G(x-x_t,y)f(x,y)\mathrm{d}x\mathrm{d}y\mathrm{d}x_t \tag{7.48}$$

式中：x_t—— 线目标内一点；

$2L$ —— 线目标的长度。

坐标 x 方向与线目标长度方向重合。

(1) 当 $G(x-x_t,y)$ 为圆形毁伤函数，且给出 R 时，其计算公式为

$$S=\frac{1}{2L}\int_{-L}^{L}\iint_{(x-x_t)^2+y^2\leqslant R^2}\frac{\rho^2}{\pi}\exp\left[-\rho^2\left(\frac{x^2}{E^2}+\frac{y^2}{E^2}\right)\right]\mathrm{d}x\mathrm{d}y\mathrm{d}x_t \tag{7.49}$$

经变换后，得

$$S=\frac{\rho^2}{L}\int_{-L}^{L}\exp\left[-\rho^2\left(\frac{x_t}{E}\right)^2\right]I_0\left(\frac{2\rho^2x_tr^2}{E}\right)\mathrm{d}r\mathrm{d}x_t=$$
$$\frac{1}{2\sigma^2L}\int_{-L}^{L}\exp\left[-\frac{1}{2}\left(\frac{x_t}{\sigma}\right)^2\right]\int_0^{\frac{R}{\sigma}}r\exp\left(-\frac{r^2}{2\sigma^2}\right)I_0\left(\frac{x_tr^2}{\sigma^2}\right)\mathrm{d}r\mathrm{d}x_t \tag{7.50}$$

式中：R—— 毁伤半径。

(2) 将毁伤域化为矩形之边长 l_x,l_y 时，平均相对覆盖的计算。

设线目标长为 $2l$，弹着散布指标 $E=1$，毁伤半径为 R。

计算线目标平均相对覆盖值的关键在于先找出目标的相对覆盖值 $u=\frac{l'}{2l}$ 的分布律，然后对其取期望就可以了。l' 为线目标被覆盖长度，由于 l' 是随机的，因此，U 为随机变量，分布函数为

$$F_x(u_x)=P(U_x<u_x) \tag{7.51}$$

随机变量 U_x 是一个混合型随机变量。在一般情形下，U_x 取两个端点值 0 与 $(u_x)_{\max}$ 的概率均不等于零，而相应地为 P_{0x} 和 $P_{\max}$。在这两个端点之间的分布函数是连续递增的。

先找出 U_x 的极大值 $(u_x)_{\max}$，并记为 $(u_x)_{\max}=Z_x$。

显然，若 $l_x<2l$，则有

$$Z_x=\frac{l_x}{2l}$$

若 $l_x>2l$，毁伤区可覆盖全目标，则

$$Z_x=1$$

若 $l_x=2l$,则可取上面二式的任何一个。关系示意图如图 7.13 所示。

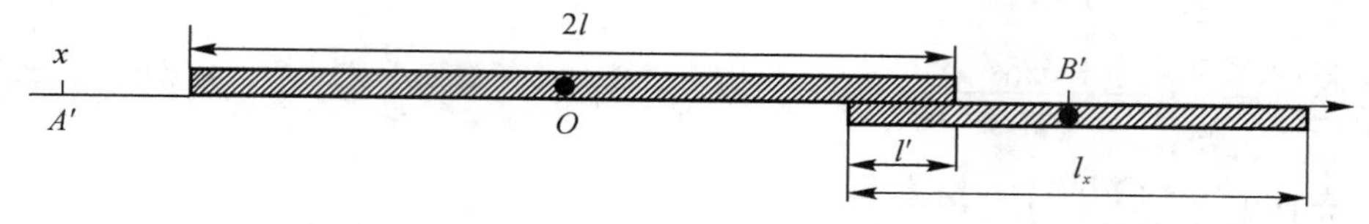

图 7.13　关系示意图

弹着于线段 $A'B'$ 的范围之外,才会使相对覆盖长度小于 u_x。线段 $A'B'$ 的边界点坐标分别如下:

点 A' 的坐标为

$$-\left(\frac{2l+l_x}{2}-u_x\cdot 2l\right)$$

点 B' 的坐标为

$$\frac{2l+l_x}{2}-u_x\cdot 2l$$

显然,弹着于线段 $A'B'$ 范围之外的概率为

$$F_x(u_x)=1-\frac{1}{2}\left[\hat{\Phi}\left(\frac{2l+l_x}{2}-u_x\cdot 2l\right)+\hat{\Phi}\left(\frac{2l+l_x}{2}-u_x\cdot 2l\right)\right] \tag{7.52}$$

该函数在 x 轴的三个线段用下式表示:

当 $u_x\leqslant 0$ 时,

$$F_x(u_x)=0$$

当 $0<u_x\leqslant Z_x$ 时

$$F_x(u_x)=1-\frac{1}{2}\left[\hat{\Phi}\left(\frac{2l+l_x}{2}-u_x\cdot 2l\right)+\hat{\Phi}\left(\frac{2l+l_x}{2}-u_x\cdot 2l\right)\right]$$

当 $u_x>Z_x$ 时　　$F_x(u_x)=1$

现已求得 U_x 的分布函数,则 U_x 的期望值显然为

$$S=0\cdot P_{0x}+Z_xP_{mx}+\int_0^{Z_x}u_x\left[F_x(u_x)\right]'_{u_x}\mathrm{d}u_x=Z_xP_{mx}+\int_0^{Z_x}u_x\left[F_x(u_x)\right]'_{u_x}\mathrm{d}u_x \tag{7.53}$$

式中的积分可通过简化的拉普拉斯函数进行计算,即

$$\begin{aligned}
S=&Z_xP_{mx}+\int_0^{Z_x}u_x\left[1-\hat{\Phi}\left(\frac{2l+l_x}{2}-u_x\cdot 2l\right)\right]'_{u_x}\mathrm{d}u_x=\\
&Z_xP_{mx}+\int_0^{Z_x}u_x\left[1-\frac{2\rho}{\sqrt{\pi}}\int_0^{\frac{2l+l_x}{2}-u_x\cdot 2l}\exp(-\rho^2t^2)\mathrm{d}t\right]'_{u_x}\mathrm{d}u_x=\\
&Z_xP_{mx}+\int_0^{Z_x}u_x\left\{-\frac{2\rho}{\sqrt{\pi}}\exp\left[-\rho^2\left(\frac{2l+l_x}{2}-u_x\cdot 2l\right)^2\right]\cdot(-2l)\right\}\mathrm{d}u_x=\\
&Z_xP_{mx}+\int_{\frac{2l+l_x}{2}-Z_x\cdot 2l}^{\frac{2l+l_x}{2}}\frac{2\rho}{\sqrt{\pi}}\frac{2l+l_x}{4l}\exp(-\rho^2y^2)\mathrm{d}y-\frac{2\rho}{\sqrt{\pi}}\frac{1}{2l}\int_{\frac{2l+l_x}{2}-Z_x\cdot 2l}^{\frac{2l+l_x}{2}}y\exp(-\rho^2y^2)\mathrm{d}y=\\
&Z_xP_{mx}+\frac{2l+l_x}{4l}\left[\hat{\Phi}\left(\frac{2l+l_x}{2}\right)-\hat{\Phi}\left(\frac{2l+l_x}{2}-Z_x\cdot 2l\right)\right]-\\
&\frac{1}{\sqrt{\pi}\rho\cdot 2l}\left\{\exp\left[-\rho^2\left(\frac{2l+l_x}{2}-Z_x\cdot 2l\right)^2\right]-\exp\left[-\rho^2\left(\frac{2l+l_x}{2}-Z_x\cdot 2l\right)^2\right]\right\}
\end{aligned}$$

其中,令

$$y=\frac{2l+l_x}{2}-u_x\cdot 2l$$

当 $l_x<2l$ 时

$$Z_x=\frac{l_x}{2l},P_{mx}=\Phi\left(l-\frac{l_x}{2}\right)$$

当 $l_x=2l$ 时

$$Z_x=1,\quad P_{mx}=0$$

当 $l_x>2l$ 时

$$Z_x=1,\quad P_{mx}=\Phi\left(\frac{l_x}{2}-l\right)$$

当不对 R 化为矩形毁伤域时,只须将上式中的 l_x 取 $2R$ 即可。

第四节　面目标毁伤效果指标计算

面目标情况较复杂,一般可分为以下几种情况。

(1) 均匀分布且可归化为圆形或矩形。

当面目标内的要素布局不明或虽然知其布局情况,但一时难以确定其要害部位时,通常把这种面目标当成均匀面目标处理,即认为目标内各要素的重要性及其抗爆炸效应的强度近似相同。为便于计算此种目标,通常将面目标形状归化为圆形或矩形。

(2) 均匀分布但形状不规则。

此种目标通常不能归化为圆形或矩形。

(3) 非均匀分布非规则形状。

此种目标内的要素的重要性(权重) 不同,各要素的抗爆炸效应的强度不同或相差悬殊,且其形状不规则。

(4) 面目标内的子目标(或要素) 服从某种分布律。

例如,某地域内人口分布,就可以根据人口的具体地理分布情况,统计出其分布律,如服从均匀分布或正态分布等。

(5) 面目标作为点目标或线目标处理。

当面目标内有一个或几个重要子目标时,认为对该面目标的打击,只有毁伤这些重要子目标或其重要子目标的一部分时,才算达到了毁伤要求;或当毁伤要求为毁伤区覆盖面目标的几何中心(近似相当于至少毁伤目标面积的 40% ~ 50%)。上述两种情况下,面目标实际上可当成点目标或线目标来处理。

由此可见,建立上述各种情况下的毁伤效果指标计算模型,不但烦琐,而且在某些情况下甚至是不可能的。因此,这里仅讨论一些基本的计算模型的建立。

一、平均相对毁伤计算公式

(一) 瞄准点为目标中心时

瞄准点为目标中心时,有

$$S=\frac{1}{B}\iint_B\int_{-\infty}^{\infty}\int_{-\infty}^{\infty}G(x-x_t,z-z_t)f(x,z)\mathrm{d}x\mathrm{d}z\mathrm{d}x_t\mathrm{d}z_t \tag{7.54}$$

式中: (x_t,z_t)—— 面目标内的一点;

$G(x-x_t,z-z_t)$—— 毁伤函数;

$f(x,z)$—— 弹着点的分布密度函数;

B—— 目标区域。

(二) 瞄准点偏离目标中心时

瞄准点偏离目标中心时,有

$$S=\frac{1}{B}\iint_B\int_{-\infty}^{\infty}\int_{-\infty}^{\infty}G(x-x_t,z-z_t)f(x-x_0,z-z_0)\mathrm{d}x\mathrm{d}z\mathrm{d}x_t\mathrm{d}z_t \tag{7.55}$$

式中:(x,z)—— 弹着点,(x_0,z_0) 为瞄准点。

下面针对不同形状均匀分布的面目标,导出上述一般计算式的具体计算公式。

(1) 圆形均匀分布面目标,圆散布,瞄准点与目标中心重合时,平均相对毁伤的计算公式:

1) 目标区域为圆形,取圆心为原点,半径为 K,且目标内要素为均匀分布;

2) 弹着分布 $f(x,z)$ 为正态分布,瞄准点在目标中心;

3) 当在(x,z) 处爆炸时,目标区内任一点(x_t,z_t) 被毁伤的概率为 $G(x-x_t,z-z_t)$,取 0-1 毁伤函数。

在上述假定之下,单发弹毁伤面目标区域百分数的期望值为

$$S=\frac{1}{\pi K^2}\iint_{(x_t^2+z_t^2)\leqslant K^2}\iint_{(x-x_t)^2+(z-z_t)^2\leqslant R^2}f(x,z)\mathrm{d}x\mathrm{d}z\mathrm{d}x_t\mathrm{d}z_t \tag{7.56}$$

记 $x_t^2+z_t^2=r_0^2$,即面目标中的某一点到原点(瞄准点)的距离的平方。此时,单弹对点目标的毁伤概率就是瞄准点偏离中心目标时的点目标的毁伤概率。

由圆覆盖函数的定义可知

$$P\left(\frac{R}{\sigma},\frac{r_0}{\sigma}\right)=\iint_{(x-x_t)^2+(z-z_t)^2\leqslant R^2}\frac{1}{2\pi\sigma^2}\exp\left[-\frac{1}{2\sigma^2}(x^2+z^2)\right]\mathrm{d}x\mathrm{d}z \tag{7.57}$$

所以,对面目标的平均相对覆盖值为

$$\begin{aligned}S=&\frac{1}{\pi K^2}\iint_{x_t^2+z_t^2\leqslant K^2}P\left(\frac{R}{\sigma},\frac{r_0}{\sigma}\right)\mathrm{d}x_t\mathrm{d}z_t=\\&\frac{1}{\pi K^2}\iint_{x_t^2+z_t^2\leqslant K^2}\frac{1}{\sigma^2}\exp\left[-\frac{1}{2\sigma^2}(x_t^2+z_t^2)\right]\int_0^R r\exp\left(-\frac{r^2}{2\sigma^2}\right)I_0\left(\frac{rr_0}{2\sigma^2}\right)\mathrm{d}r\mathrm{d}x_t\mathrm{d}z_t\end{aligned} \tag{7.58}$$

将直角坐标化为极坐标,并经分部积分后,可得

$$S=P\left(\frac{R}{\sigma},\frac{K}{\sigma}\right)-\frac{R}{K}\exp\left(-\frac{R^2+K^2}{2\sigma^2}\right)I_1\left(\frac{RK}{\sigma^2}\right)+\frac{R^2}{K^2}P\left(\frac{K}{\sigma},\frac{R}{\sigma}\right)$$

式中：　K—— 目标半径；

R—— 毁伤半径；

$P(x,y)$—— 圆覆盖函数；

$I_1(x)$—— 一阶贝塞尔函数。

若将弹的散布指标改为概率偏差和圆概率偏差，则平均相对毁伤值为

$$S=P\left(\frac{R}{E},\frac{K}{E}\right)+\frac{R^2}{K^2}P\left(\frac{K}{E},\frac{R}{E}\right)-\frac{R}{K}\exp\left(-\rho^2\frac{R^2+K^2}{E^2}\right)I_1\left(\frac{2\rho^2RK}{E^2}\right) \tag{7.59}$$

$$S=P\left(\frac{R}{\mathrm{CEP}},\frac{K}{\mathrm{CEP}}\right)+\frac{R^2}{K^2}P\left(\frac{K}{\mathrm{CEP}},\frac{R}{\mathrm{CEP}}\right)-\frac{R}{K}\exp\left(-\lambda\frac{R^2+K^2}{\mathrm{CEP}^2}\right)I_1\left(\frac{2\lambda RK}{CEP^2}\right) \tag{7.60}$$

式中，$\rho=0.476\ 936\ 27$，$\lambda=\ln 2=0.693\ 147\ 180$。

当为多弹（同型）打击时，瞄准在原点，即目标中心，瞄准点不变，各弹相互独立，不计累积效应，其计算公式为

$$S_N=1-\frac{2}{K^2}\int_0^K\left[1-P\left(\frac{R}{\sigma},\frac{r_0}{\sigma}\right)\right]^N r\mathrm{d}r \tag{7.61}$$

式中，K，r 均以 σ 为单位。

$$S_N=1-\frac{2}{K^2}\int_0^K\left[1-P\left(\frac{R}{E},\frac{r_0}{E}\right)\right]^N r\mathrm{d}r \tag{7.62}$$

$$S_N=1-\frac{2}{K^2}\int_0^K\left[1-P\left(\frac{R}{\mathrm{CEP}},\frac{r_0}{\mathrm{CEP}}\right)\right]^N r\mathrm{d}r \tag{7.63}$$

式中：　K—— 目标半径；

R—— 毁伤半径；

$P(x,y)$—— 圆覆盖函数；

N—— 独立发射的弹数。

下面来证明式(7.62)。

按定义，得

$$S_N=\frac{S'_N}{\pi K^2}$$

N 发弹的任一发对目标域内任一面积元 $\mathrm{d}x_t\mathrm{d}z_t$ 的毁伤概率为

$$P\left(\frac{R}{\sigma},\frac{r_0}{\sigma}\right)$$

式中，$r_0=\sqrt{x_t^2+z_t^2}$。

独立发射 N 发弹，对目标域内任一面积元 $\mathrm{d}x_t\mathrm{d}z_t$ 的毁伤概率为

$$P_N=1-\left[1-P\left(\frac{R}{\sigma},\frac{r_0}{\sigma}\right)\right]^N$$

N 发弹对任一面积元 $\mathrm{d}x_t\mathrm{d}z_t$ 的毁伤面积期望值为

$$P_N\mathrm{d}x_t\mathrm{d}z_t=\left\{1-\left[1-P\left(\frac{R}{\sigma},\frac{r_0}{\sigma}\right)\right]^N\right\}\mathrm{d}x_t\mathrm{d}z_t$$

将上式在目标域 $x_t^2+z_t^2\leqslant K^2$ 上积分，并转换为极坐标之后，得

$$S'_N=\int_0^{2\pi}\int_0^K\left\{1-\left[1-P\left(\frac{R}{\sigma},\frac{r_0}{\sigma}\right)\right]^N\right\}r\mathrm{d}r\mathrm{d}\theta=\pi K^2-2\pi\int_0^K\left[1-P\left(\frac{R}{\sigma},\frac{r_0}{\sigma}\right)\right]^N r\mathrm{d}r$$

则平均相对毁伤面积为

$$S=\frac{S'_N}{\pi K^2}=1-\frac{2}{K^2}\int_0^K\left[1-P\left(\frac{R}{\sigma},\frac{r_0}{\sigma}\right)\right]^N r\mathrm{d}r$$

(2) 圆形均匀分布面目标，圆形散布，瞄准点偏离目标中心时，平均相对覆盖值的计算式为

$$S=\frac{2}{\pi K^2}\int_0^K\int_0^{2\pi}\exp\left(-\frac{r_0^2+r^2+2r_0r\cos\theta}{2\sigma^2}\right)\cdot$$
$$\int_0^{\frac{R}{\sigma}}r\exp\left(-\frac{t^2}{2}\right)I_0\left(\sqrt{r_0^2+r^2+2r_0r\cos\theta}\ \frac{t}{\sigma}\right)\mathrm{d}t\cdot r\mathrm{d}r\mathrm{d}\theta \tag{7.64}$$

式中：r_0—— 瞄准点偏离目标中心的距离，$r_0=\sqrt{x_0^2+z_0^2}$；

r—— 弹着点偏离目标中心的距离，$r=\sqrt{x^2+z^2}$；

ρ—— 常数；

$I_0(x)$—— 零阶修正的贝塞尔函数。

当为多发同型弹时，瞄准点不变，各弹相互独立，不计累积效应，当弹的散布指标取为 E 时，其计算公式为

$$S=\frac{2}{\pi K^2}\int_0^K\int_0^{2\pi}\{1-[1-P(K,R,r_0)]^n\}r\mathrm{d}r\mathrm{d}\theta \tag{7.65}$$

式中

$$P(K,R,r_0)=2\rho^2\exp[-\rho^2(r_0^2+r^2+2r_0r\cos\theta)]\int_0^R t\exp(-\rho^2t^2)\cdot$$
$$\frac{1}{\pi}\int_0^{\pi}\exp(2\rho^2\sqrt{r_0^2+r^2+2r_0r\cos\theta})t\cos\varphi\mathrm{d}\varphi\mathrm{d}t$$

(3) 矩形均匀分布面目标，圆形散布，瞄准点在目标中心时，平均相对覆盖值的计算。

瞄准点在面目标中心，采用方型毁伤函数。设目标区与毁伤区均是各边平行于弹的主散布轴的矩形域，则目标域被毁伤区覆盖的区域同样也是各边平行于主散布轴的矩形。因此，可把平面覆盖问题化为两个相互独立的直线覆盖问题，则相对覆盖面积为

$$S'=\frac{V_xV_z}{2l_x2l_z}=\frac{V_x}{2l_x}\cdot\frac{V_z}{2l_z}=U_xU_z \tag{7.66}$$

式中：V_x—— 目标长度 $2l_x$ 被毁伤区所覆盖的部分；

V_z—— 目标宽度 $2l_z$ 被毁伤区所覆盖的部分。

此时，求平均相对毁伤面积 S 就不必求 S' 的分布律，而只需求 U_x，U_z 的分布律，即

$$S=M(U_x)M(U_z)=m_xm_z \tag{7.67}$$

关于 U_x，U_z 的分布函数 $F_x(U_x)$，$F_z(U_z)$ 已在线目标效果指标的计算中讨论过了，则

$$M_x=Z_xP_{mx}+\int_0^{Z_x}u_x\,[F_x(u_x)]'_{u_x}\mathrm{d}u_x$$

$$M_z=Z_zP_{mz}+\int_0^{Z_z}u_z\,[F_z(u_z)]'_{u_z}\mathrm{d}u_z$$

式中，

$$P_{0x}=P(u_x=0)$$
$$P_{mx}=P(U_x=u_{x\max})$$
$$P_{0z}=P(u_z=0)$$
$$P_{mz}=P(U_z=u_{z\max})$$

利用简化的拉普拉斯函数计算上述积分，得

$$M_x = Z_x P_{mx} + \frac{2l_x + l_{xx}}{4l_x}\left[\hat{\Phi}\left(\frac{2l_x + l_{xx}}{2}\right) - \hat{\Phi}\left(\frac{2l_x + l_{xx}}{2} - Z_x \cdot 2l_x\right)\right] - \frac{1}{\sqrt{\pi}\rho 2l_x}\left\{\exp\left[-\rho^2\left(\frac{2l_x + l_{xx}}{2} - Z_x \cdot 2l_x\right)^2\right] - \exp\left[-\rho^2\left(\frac{2l_x + l_{xx}}{2}\right)\right]\right\} \tag{7.68}$$

$$M_z = Z_z P_{mz} + \frac{2l_z + l_{zz}}{4l_z}\left[\hat{\Phi}\left(\frac{2l_z + l_{zz}}{2}\right) - \hat{\Phi}\left(\frac{2l_z + l_{zz}}{2} - Z_z \cdot 2l_z\right)\right] - \frac{1}{\sqrt{\pi}\rho 2l_z}\left\{\exp\left[-\rho^2\left(\frac{2l_z + l_{zz}}{2} - Z_z \cdot 2l_z\right)^2\right] - \exp\left[-\rho^2\left(\frac{2l_z + l_{zz}}{2}\right)^2\right]\right\} \tag{7.69}$$

式中：l_{xx}, l_{zz}—— 毁伤矩形的边长；

$2l_x, 2l_y$—— 目标的边长；

$\hat{\Phi}(x)$—— 简化的拉普拉斯函数，且有

$$\hat{\Phi}(x) = \frac{2\rho}{\pi}\int_0^x \exp(-\rho^2 t^2)\mathrm{d}t \tag{7.70}$$

关于 Z_x, P_{mx} 的计算公式：

当 $l_{xx} < 2l_x$ 时

$$Z_x = \frac{l_{xx}}{2l_x}, P_{mx} = \Phi\left(l_x - \frac{l_{xx}}{2}\right)$$

当 $l_{xx} = 2l_x$ 时　　$Z_x = 1, P_{mx} = 0$

当 $l_{xx} > 2l_x$ 时

$$Z_x = 1, P_{mx} = \Phi\left(\frac{l_{xx}}{2} - l_x\right)$$

而 Z_z, P_{mz} 的决定与上式相同，仅需改动脚标为 z 即可。

当目标仍为矩形，而毁伤函数为 0 - 1 毁伤函数时，则有

$$M_x = Z_x P_{mx} + \frac{2l_x + 2R}{4l_x}\left[\hat{\Phi}\left(\frac{2l_x + 2R}{2}\right) - \hat{\Phi}\left(\frac{2l_x + 2R}{2} - Z_x \cdot 2l_x\right)\right] - \frac{1}{\sqrt{\pi}\rho \cdot 2l_x}\left\{\exp\left[-\rho^2\left(\frac{2l_x + 2R}{2} - Z_x 2 \cdot l_x\right)^2\right] - \exp\left[-\rho^2\left(\frac{2l_x + 2R}{2}\right)^2\right]\right\} \tag{7.71}$$

式中

$$Z_x = \begin{cases} \frac{2R}{2l_x} & (2R < 2l_x) \\ 1 & (2R = 2l_x) \\ 1 & (2R > 2l_x) \end{cases} \quad P_{mx} = \begin{cases} \hat{\Phi}\left(\frac{2l_x}{2} - R\right) & (2R < 2l_x) \\ 0 & (2R = 2l_x) \\ \hat{\Phi}\left(R - \frac{2l_x}{2}\right) & (2R > 2l_x) \end{cases}$$

上述计算公式，不仅圆散布能用，椭圆散布亦能用。

二、以一定概率至少相对毁伤

对面目标实施打击时，目标面积被毁伤的百分数的分布区间为

$$0 \leqslant U \leqslant U_{\max}$$

式中：U—— 面目标被毁伤的面积百分数，是一个随机变量。

显然有

$$P(0 \leqslant U \leqslant U_{\max}) = 1$$

当U的可能值取0时，对实现作战意图而言，显然没有任何实际意义。因此，我们关心的是

$$P(U \geqslant u_0) < 1$$

在目标半径、毁伤半径及瞄准点位置一定的条件下，若要求u_0大，则对应的概率值一定相应减少。若要求$P_0 = 0.9$，则对应的概率值为可靠概率，u_0对应的为可靠毁伤面积。通常u_0取$0.3 \sim 0.5$，而P_0取$70\% \sim 95\%$。给定P_0可求出u_0，反之亦然。下面讨论的是给定P_0条件下，如何求u_0的问题。

（一）瞄准点在目标中心

圆散布、圆形目标、圆毁伤函数条件下，设目标半径为K，毁伤半径为R，爆心或爆心投影点至目标中心的距离为r_0，给定的毁伤概率为P_0，至少相对毁伤的几何关系如图7.14所示。

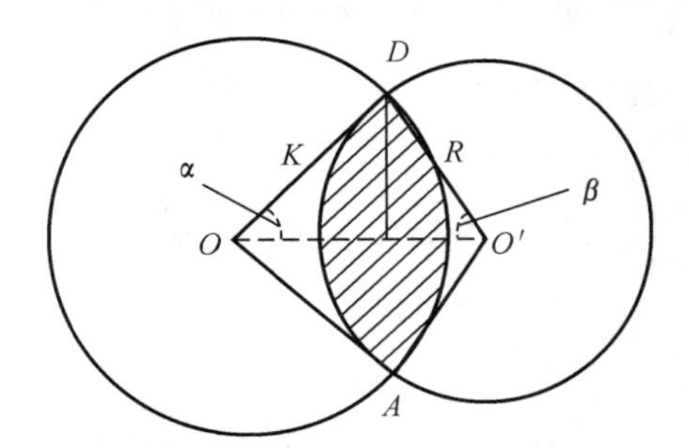

图7.14　圆目标命中概率示意图

1. α，β存在的可能集合

由于K，R，r_0为任意的，因此，α，β的可能情形是

$$A(\alpha,\beta) = \left\{\left(\alpha < \frac{\pi}{2}, \beta < \frac{\pi}{2}\right), \left(\alpha < \frac{\pi}{2}, \beta > \frac{\pi}{2}\right), \left(\alpha > \frac{\pi}{2}, \beta < \frac{\pi}{2}\right)\right\} \tag{7.72}$$

2. 用K，R，r_0表示α，β

为了避免象限的判断，考虑到$0 < \alpha < \pi$，$0 < \beta < \pi$，同时由几何图形，可知上述三种情形下，至少相对毁伤面积为两个扇形面积之和减去$\triangle O_1DO$的面积的2倍（即四边形的面积）。为此，采用反余弦函数表示α，β。

对于$\triangle ODO_1$，据余弦定理，有

$$\cos\alpha = \frac{K^2 + r_0^2 - R^2}{2Kr_0} \quad \rightarrow \quad \alpha = \arccos\frac{K^2 + r_0^2 - R^2}{2Kr_0}$$

$$\cos\beta = \frac{R^2 + r_0^2 - K^2}{2Rr_0} \quad \rightarrow \quad \beta = \arccos\frac{R^2 + r_0^2 - K^2}{2Rr_0}$$

$$S_{\triangle ODO_1} = \sqrt{P(P - r_0)(P - K)(P - R)}$$

其中，P为三角形的半周长，$P = \frac{1}{2}(r_0 + K + R)$。

当反余弦用弧度表示时，有

$$u_0 = \frac{1}{\pi K^2}\left(K^2 \arccos\frac{K^2 + r_0^2 - R^2}{2Kr_0} + R^2 \arccos\frac{R^2 + r_0^2 - K^2}{2Rr_0} - 2S\right) =$$

$$K^2\arccos\frac{K^2+r_0^2-R^2}{2Kr_0}+R^2\arccos\frac{R^2+r_0^2-K^2}{2Rr_0}-2\sqrt{P(P-r_0)(P-K)(P-R)} \tag{7.73}$$

当反余弦用角度表示时,有

$$u_0=\frac{1}{180K^2}\left[K^2\arccos\frac{K^2+r_0^2-R^2}{2Kr_0}+R^2\arccos\frac{R^2+r_0^2-K^2}{2Rr_0}-2\sqrt{P(P-r_0)(P-K)(P-R)}\cdot\frac{180}{\pi}\right] \tag{7.74}$$

根据点目标毁伤概率的计算公式,至少覆盖圆的半径为

$$r_0=\frac{E}{\rho}\sqrt{\ln\frac{1}{1-P_0}}$$

则 α,β 可表示为

$$\alpha=\arccos\frac{K^2+\frac{E^2}{\rho^2}\ln\frac{1}{1-P_0}-R^2}{2K\frac{E}{\rho}\sqrt{\ln\frac{1}{1-P_0}}}$$

$$\beta=\arccos\frac{R^2+\frac{E^2}{\rho^2}\ln\frac{1}{1-P_0}-K^2}{2R\frac{E}{\rho}\sqrt{\ln\frac{1}{1-P_0}}}$$

其至少毁伤面积为

$$u_0=\frac{1}{2\pi}\left[(2\alpha-\sin 2\alpha)+\left(\frac{R}{K}\right)^2(2\beta-\sin 2\beta)\right] \tag{7.75}$$

(二)瞄准点偏离目标中心

当目标为均匀圆形面目标,毁伤函数为圆毁伤函数时,计算公式同瞄准点在目标中心一样。

在计算时,将 E 换算成 E_{xin},$E_{xin}=\mu E$,若 $\mu>1$,则 $E_{xin}>E$,它等价于射击误差扩大了,即 $r'_0=r_0+d$,其中 d 为瞄准点偏离目标中心的距离。此时所求出的 $u'_0<u_0$。也就是说,在概率值给定条件下,当 R,K,r_0 一定时,u_0 值将随 d 的增大而减少。

上述计算公式是针对圆形目标条件导出的。当实际目标近似于圆形、矩形或椭圆形时,均可化为圆形目标处理,但应注意计算 u_0,u'_0 所要求的精度的制约。

第五节　椭圆散布时毁伤效果指标近似计算

导弹武器弹着散布实际也存在纵向、横向散布不等的情形。因此,有必要做下列讨论。

一、将椭圆散布按等概率等效成圆散布

美国、俄罗斯的文献中已给出了不少等效方法,下面仅列举精度较高的三种方法。

(1) 将椭圆散布的标准偏差等效成圆概率偏差。

定义:若

$$P\left(\frac{\mathrm{CEP}}{\sigma_{\max}},C\right)=50\% \tag{7.76}$$

则称满足上式的 CEP 为等效圆概率偏差。式中,$C^2=\frac{\sigma_x^2}{\sigma_z^2}$,且 $\sigma_z^2=\sigma_{\max}^2$。

由此可知,CEP 为 σ_x,σ_z 的函数,其近似关系式为

$$\mathrm{CEP}=0.589(\sigma_x+\sigma_z)$$

或

$$\mathrm{CEP}=0.615\sigma_x+0.562\sigma_z \quad (\sigma_z>\sigma_x)$$

上面二个近似式,后面的较前面的精度高一些。

(2) 运用半径 l_{90} 化椭圆散布为圆散布。

l_{90} 为单发命中概率等于 90% 的圆的半径,可作为射击精度的主要指标。

当$\frac{E_x}{E_z}=1$时,$l_{90}=3.17E$,即 $E=\frac{l_{90}}{3.17}=0.315l_{90}$,$E$ 为圆散布的概率偏差。

对不同类型的导弹武器来讲,不同的射程和射向对应着不同的 l_{90} 值,依据 E_x,E_z 和概率值,采用等尔值计算得到 l_{90} 值。

(3) 当 E_x,E_z 比较接近时(一般指 $C>0.7$),对不同的毁伤半径 R,若按 $E_x=E_z$,则弹着于该圆内的概率为

$$P=1-\exp\left(-\rho^2\frac{R^2}{E^2}\right)$$

$E_x\neq E_z$ 时,弹着于该圆内的概率为

$$P=\frac{2\rho^2}{C}\int_0^{\frac{R}{E_{\max}}}r\exp\left(-\rho^2r^2\frac{C^2+1}{2C^2}\right)I_0\left(\rho^2r^2\frac{1-C^2}{2C^2}\right)\mathrm{d}r \tag{7.77}$$

在二者概率相等的条件下,将 E_x,E_z 转为 E 的表达式为

$$E=\frac{\rho R}{\sqrt{\ln\dfrac{1}{1-\dfrac{2\rho^2}{C}\displaystyle\int_0^{\frac{R}{E_{\max}}}r\exp\left(-\rho^2r^2\frac{C^2+1}{2C^2}\right)I_0\left(\rho^2r^2\frac{1-C^2}{2C^2}\right)\mathrm{d}r}}}$$

式中,$\rho=0.4769$,$E_{\max}=\max(E_x,E_z)$。

二、将椭圆散布等效(等概率)成矩形散布

把椭圆散布等效成矩形散布,然后按等效矩形散布计算其效果指标,即$\frac{R}{E_x}\rightarrow\frac{mR}{E_x}$,$\frac{R}{E_z}\rightarrow\frac{mR}{E_z}$,将椭圆毁伤域等效成矩形毁伤域,如图 7.15 所示。

其中 m 值选取如下：

$$C=\begin{cases}0.9 & (m=0.9)\\ 0.8 & (m=0.9)\\ 0.7 & (m=0.9)\\ 0.6 & (m=0.91)\\ 0.5 & (m=0.91)\\ 0.4 & (m=0.92)\\ 0.3 & (m=0.94)\\ 0.2 & (m=0.95)\end{cases}$$

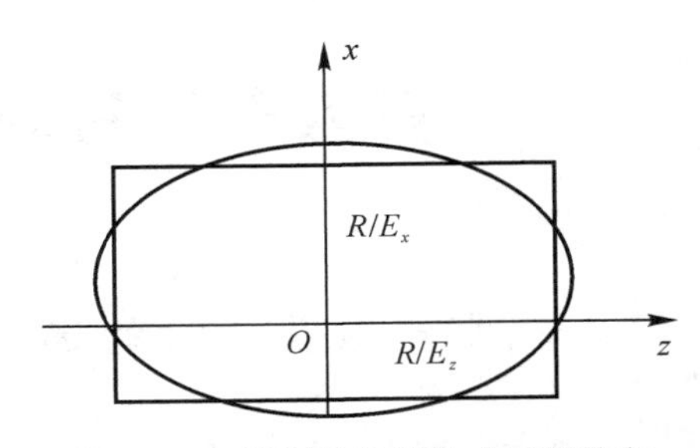

图 7.15 椭圆散布等效成矩形散布

三、效果指标的计算

在将椭圆散布等效为圆散布的条件下，效果指标的计算大家比较熟悉。下面仅将椭圆散布等效成矩形散布后，点目标效果指标的计算做一简单介绍。

（一）当瞄准点无偏离时，单弹对点目标毁伤概率的计算

计算公式为

$$P=\frac{\rho}{\sqrt{\pi}}\int_{-mR}^{mR}\exp(-\rho^2x^2)\,\mathrm{d}x\cdot\frac{\rho}{\sqrt{\pi}}\int_{-mR}^{mR}\exp(-\rho^2z^2)\,\mathrm{d}z=\hat{\Phi}\left(\frac{mR}{E_x}\right)\hat{\Phi}\left(\frac{mR}{E_z}\right)$$

式中：$\hat{\Phi}(x)$—— 简化的拉普拉斯函数。

（二）当瞄准点有偏离时，单弹对点目标毁伤概率的计算

计算公式为

$$P=\frac{1}{4}\left[\hat{\Phi}\left(\frac{mR+r\cos\theta}{E_z}\right)-\hat{\Phi}\left(\frac{-mR+r\cos\theta}{E_z}\right)\right]\left[\hat{\Phi}\left(\frac{mR+r\sin\theta}{E_x}\right)-\hat{\Phi}\left(\frac{-mR+r\sin\theta}{E_x}\right)\right] \tag{7.78}$$

式中：m 取值同前，r，θ 如图 7.16 所示。

例 计划用当量 300 万吨、概率偏差 $E_z=2.8$ km、$E_x=2.0$ km 的一枚核弹空爆炸，对某电解铜厂进行打击，计算该厂被毁伤的概率。

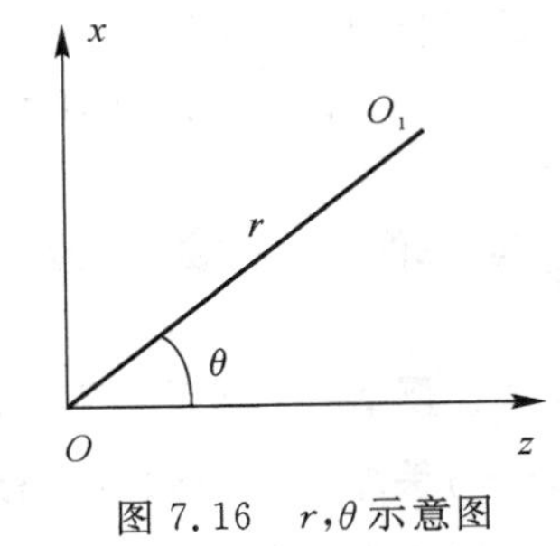

图 7.16 r，θ 示意图

解 该厂幅员较小，可视为点目标处理，查得其毁伤半径为 $R=5.47$ km。

方法一：利用式(7.78) 计算，得

$$P=\hat{\Phi}\left(\frac{mR}{E_z}\right)\hat{\Phi}\left(\frac{mR}{E_x}\right)=$$

$$\hat{\Phi}\left(\frac{0.9\times5.47}{2.8}\right)\hat{\Phi}\left(\frac{0.9\times5.47}{2.0}\right)=$$

$$\hat{\Phi}(1.757\,7)\hat{\Phi}(2.4615)=0.689\,9$$

方法二：直接利用椭圆散布时的计算，得

$$P\left(\frac{R}{E_{\max}},C\right)=\frac{2\rho^2}{C}\int_0^{\frac{R}{E_{\max}}}r\exp\left(-\rho^2r^2\frac{C^2+1}{2C^2}\right)I_0\left(\rho^2r^2\frac{1-C^2}{2C^2}\right)\mathrm{d}r=0.689\,9$$

因此,对该厂被毁伤的概率为0.689 9。

第六节　常规导弹的毁伤效果指标计算

一、常规毁伤指标的选取

毁伤效果指标是指武器打击目标预测毁伤效果程度的指标。任何武器打击目标的结局都不能预先精确地预测。因为预测只是概率特性,结局具有随机性,故大多取随机变量的数字特征为毁伤效果指标。

选择毁伤效果指标的基本原则:

1)指标要与毁伤意图相一致,因为指标是评定实现毁伤意图的标准;

2)为充分反映毁伤效果,亦可以同时用多种指标;

3)指标要与目标的类型相一致,以使之科学地反映客观实际;

4)指标应与弹头的不同类型相区别。

从一般的情况出发,不同类型的弹头选取不同的效果指标。

(1)杀伤爆破子母弹。

点目标:毁伤概率 P;

面目标:毁伤面积 U 大于等于给定值 u 的概率 $P(U\geqslant u)$;

　　命中弹头数 K 大于等于给定值 k 的概率 $P(K\geqslant k)$。

(2)云爆弹。

点目标:毁伤概率 P;

面目标:毁伤面积 U 大于等于给定值 u 的概率 $P(U\geqslant u)$。

(3)侵彻爆破子母弹。

点目标:毁伤概率 P;

面目标:毁伤面积 U 大于等于给定值 u 的概率 $P(U\geqslant u)$;

　　命中弹头数 K 大于等于给定值 k 的概率 $P(K\geqslant k)$。

二、杀伤爆破弹毁伤效果指标的计算

杀伤爆破弹(以下简称杀爆弹)是常规弹头的基本类型之一。

(一)杀爆弹毁伤效果指标及特点

杀爆弹有杀伤与爆破两种毁伤作用的弹头,一般以杀伤作用为主,兼有爆破作用。由于装有几百千克的TNT,因此,爆破的能量除转换为预制破片的动能之外,尚有很大一部分形成冲击波超压。有的采用了近炸引信,从而可在超低空爆炸,使冲击波超压和破片的动态初速度都能充分利用弹头的动能,因而在最佳爆高爆炸时,毁伤半径比触地爆炸增大了若干倍。

杀爆弹弹头可毁伤的目标有以下三类:

(1)第一类目标:人员。杀伤人员一般需要的打击动能为2 kg · m。打击这类目标可充分发挥弹头的毁伤性能，其最大半径一般在数百米。

(2)第二类目标：集结的装甲车辆及汽车群、机械化部队、机场设施及停放的飞机、导弹发射场及雷达设施。破坏此种目标时，需要较大的打击能力，即动能值高，一般在 209～468 kg·m，最大毁伤半径可达数百米以上。

(3)第三类目标：政治中心、军事中心、经济中心、工业基地、大型建筑物、油库以及弹药库等。当冲击波超压达到 0.3～0.5 kg/cm^2 时，可使此类目标受到严重破坏，破坏半径通常不超过 100 m。

杀爆弹毁伤区域的特点与毁伤因素有关。冲击破片作为毁伤因素时，为不规则的扇形。这时，毁伤区域的具体形状取决于有效破片的数量和分布情况，与多种因素有关，主要是落角、目标性质、毁伤等级、爆高和地形状况。

1. 落角

落角是弹头爆炸的瞬间通过爆点的弹道切线与当地水平面的夹角(锐角)。落角越大，毁伤区域越接近圆形。落角小时，毁伤区域为不规则的扇形。落角的大小与射程有关，一般在 30°～50°。图 7.17 和图 7.18 分别画出了落角较小和较大时，杀爆弹毁伤区域的形状(以有效破片为毁伤因素)。

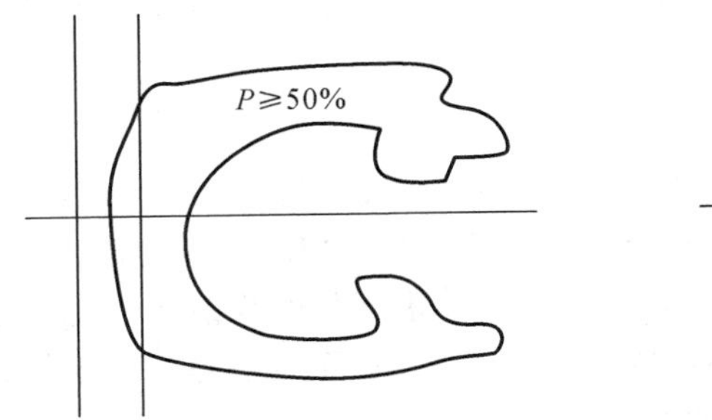

图 7.17　落角较小时的杀爆毁伤区域形状

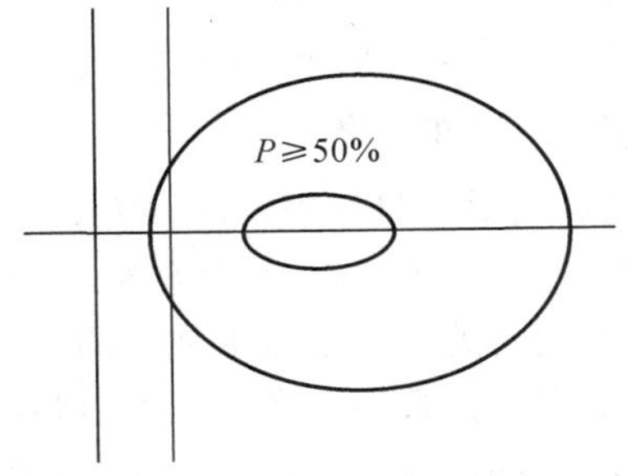

图 7.18　落角较大时的杀爆毁伤区域形状

2. 目标的性质

当目标强度大时，达到同样毁伤等级所需要的打击动能增大，符合要求的破片数量减少，从而减少毁伤区域。当目标强度减小时，情况相反。

3. 毁伤等级

当要求的毁伤等级高时，毁伤区域较小；反之，毁伤区域较大。

4. 爆高

当杀爆弹在设计的最佳爆高爆炸时，毁伤区域最大；当实际爆高偏离最佳爆高时，毁伤区域变小。

5. 地形状况

地形状况对毁伤区域的影响视目标区的情况而定。一般讨论问题时都假定目标在平坦的地面上。

以上是影响毁伤区域的主要因素。如果在每次计划火力时都要把上述因素考虑一番，再计算毁伤面积的大小，既烦琐，又不必要。因此，一般直接给出对各类目标的毁伤面积及相应的毁伤半径，以便于计算。我们以某种情况为例，给出表 7.1。

表 7.1　毁伤面积及相应的毁伤半径

毁伤参数	第一类目标	第二类目标	第三类目标
A_i/m^2	50 225	7 039	6 362
R_i/m	126.4	48.2	45.0

表7.1中的A_i表示各类目标的毁伤面积,R_i表示毁伤半径。应该强调指出,A_i和R_i均为最大射程和最小射程的平均数值。一般情况下,用这些数据进行毁伤效果计算就可以了。考虑到杀爆弹对人员的杀伤面积较大,当知道射程L而又需要较精确的计算结果时,可以利用下面的公式计算A_i和R_i,并对毁伤区对应的射程进行修改。例如,做如下计算:

$$\left.\begin{aligned} a_i &= 51\ 118 - 0.511L \\ r_i &= \sqrt{a_i/\pi} \\ \Delta L &= 0.015\ 8L - 182.632 \end{aligned}\right\} \tag{7.79}$$

式中:A_i,R_i—— 对人员的杀伤面积和半径;

　　L—— 射程,ΔL的单位为米。

以上讨论了杀爆弹的性能,给出了毁伤面积A_i和毁伤半径R_i。下面我们讨论$P(K \geqslant k)$,即命中数K大于等于k的概率曲线。

(二)$P(K \geqslant k)$的计算

我们知道,当对面目标射击时,$P(K \geqslant k)$是重要的毁伤效果指标之一,因为它包括了全部的信息,给出了$(K \geqslant k)$这一事件的概率或可靠性,反映了事件$(K \geqslant k)$的把握程度。平均命中数表明在大量同类射击中命中弹数的数学期望,是一个重要的毁伤效果指标。但其缺点是反映不出命中不同弹数的概率。在发射弹数较少的情况下,实际命中弹数同平均命中弹数可能相差很大,且不能反映出命中不同弹数的概率,不能不说是很大的不足。为此,我们重点讨论$P(K \geqslant k)$的计算。

下面讨论中,要用到每枚武器对目标的命中概率P_i,在此处作为已知数据给出。

设向目标发射N枚导弹,由于瞄准点的不同(不排除相同的情况)、射程L的不同,导致精度不同,因此,每枚导弹的命中概率也不同。

令第i枚的命中概率为P_i,则第i枚的不命中概率为$Q_i = 1 - P_i$。现求出$(K \geqslant k)$的概率$P(K \geqslant k)$。

解决这一问题分两步进行:

第一步,求出恰命中i发的概率G_i,即算出表7.2所列的数据。

表 7.2　命中 i 发的概率 G_i

命中弹数	0	1	2	i	…	N
命中概率	G_0	G_1	G_2	G_i	…	G_N

第二步,计算$P(K \geqslant k)$,即

$$P(K \geqslant k) = \sum_{j=k}^{N} G_j \tag{7.80}$$

或

$$P(K \geqslant k)=1-\sum_{j=0}^{k-1} G_j$$

式中：$P(K \geqslant k)$——$(K \geqslant k)$ 这一事件的概率。

由此可见，只要求出 G_j，再计算 $P(K \geqslant k)$ 就容易了。

一般来说，G_j 有如下形式：

$$G_j=\sum^{C_N^j} P^{(j)} Q^{(N-j)} \tag{7.81}$$

式中：C_N^j—— 由 N 个元素中取 j 个元素的组合数，即

$$C_N^j=\frac{N!}{j!\ (N-j)!} \tag{7.82}$$

而 $P^{(j)} Q^{(N-j)}$ 表示 j 个不同的 P_j 与 $(N-j)$ 个不同的 Q_j 的积。

求 $P(K \geqslant k)$ 的关键就是计算 $P^{(j)} Q^{(N-j)}$，一般情况下比较烦琐。比如，发射 5 发弹，欲求恰好命中两发的概率，这时相应的组合数为

$$C_5^2=\frac{5!}{2!\ (5-2)!}=10$$

即需要先分别求出 10 个 P_j 和 Q_j 的不同的积，然后对这些积求和，即得 G_2。

随着 N 的增大，C_N^j 急剧上升，若 $N=10$ 时，C_{10}^5 将等于 252，即有 252 个积。

我们知道，K，k 是正整数，而且是离散值。因此，$P(K \geqslant k)$ 亦是离散值，不能画出连续的曲线，具体情况如图 7.19 所示。

图 7.19 就是表示当 k 只能是正整数时，$P(K \geqslant k)$ 的量值关系。由于 $P(K \geqslant k)$ 不是连续的曲线，因此，不能给出 P 值查取 K，而是从 k 看 P 的水平。

(三)$P(U \geqslant u)$ 的计算

同样道理，毁伤指标 $P(U \geqslant u)$ 比平均毁伤面积更具优越性，包含更多的信息。因此，对面目标的打击，以 $P(U \geqslant u)$ 作为毁伤指标为好。

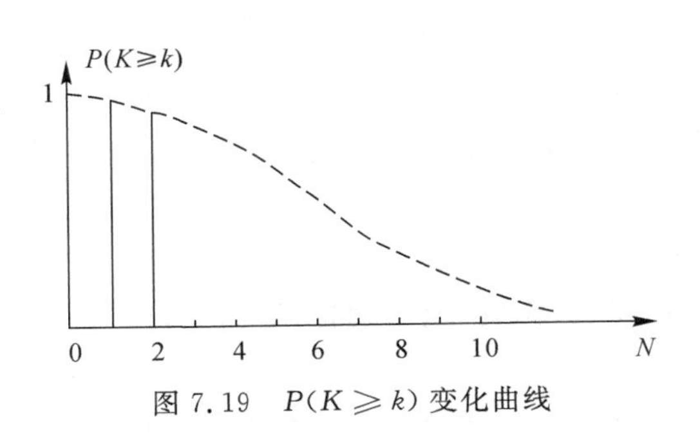

图 7.19　$P(K \geqslant k)$ 变化曲线

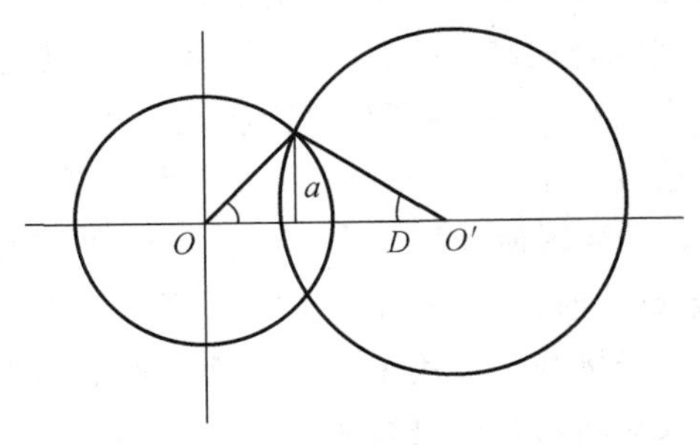

图 7.20　圆形目标毁伤示意图

(1) 圆目标，$N=1$ 的计算。设圆目标的半径为 R_m，导弹的毁伤半径为 R，参数关系如图 7.20 所示。这里的原点 O 为导弹的散布中心，O' 为圆目标中心，其他关系为

$$B=\sqrt{P(P-R_m)(P-R)(P-l)}$$

$$P=\frac{R_m+R+l}{2}$$

$$a=\frac{2B}{l}$$

$$\theta_1=\arcsin\left(\frac{2B}{lR_{\mathrm{m}}}\right)$$

$$\theta_1=\arcsin\left(\frac{2B}{lR}\right)$$

$$S_1=\frac{\pi R_m^2}{180}\left[\arcsin\frac{2B}{lR_{\mathrm{m}}}+\frac{R^2}{R_m^2}\arcsin\frac{2B}{lR}\right]-2B$$

从而有

$$\left.\begin{aligned}u&=\frac{S_1}{\pi R_m^2}\\P&=1-\exp\left(-\rho^2\frac{l^2}{E^2}\right)\end{aligned}\right\}\tag{7.83}$$

在上述计算中,l 的取值范围如下:

当 $R_m>R$ 时,$R_m-R\leqslant l\leqslant R_m+R$;

当 $R_m\leqslant R$ 时,$R-R_m\leqslant l\leqslant R_m+R$。

(2) 任意形状的面目标,以及 $N=1$ 时,采用蒙特卡罗方法计算。

(3) 任意形状的面目标,$N>1$,多瞄准点的情况下,采用蒙特卡罗方法计算。

三、燃烧空气弹(云爆弹)毁伤效果指标计算

云爆弹是常规弹头的基本类型之一,下面我们介绍这种弹头的基本性能及毁伤效果指标计算。

(一) 云爆弹的毁伤性能及特点

云爆弹是利用环氧乙烷类的液体燃料制成的一种常规爆炸武器,常以子母弹的形式将数个云爆弹集装在一起投掷到目标上空散开。一定质量的子弹头触及目标时,喷出液体燃料与空气混合成高 2 ~ 3 m、直径为 10 m 以上的扁圆柱状云雾。起爆后,中心区内产生 20 kg/cm^2 左右的超压,其冲压作用面积比等质量的 TNT 炸药大 40%,威力大 2.7 ~ 5 倍。弹头总质量可达数百千克,可集装 6 ~ 9 个云爆子弹头,每个子弹头质量为 40 kg ,抛洒半径为 150 ~ 200 m。云雾区最大超压为 35 kg/cm^2,平均超压为 20 kg/cm^2。冲击波作用范围:当超压为 0.5 kg/cm^2 时,半径不小于 35 m;当超压为 0.2 kg/cm^2 时,半径为 60 ~ 65 m。

云爆弹可以用来摧毁地面和地下油库、弹药库、飞机、舰艇、通信设备、地面建筑物、人员,以及对城市目标进行袭扰。

对人员的杀伤除冲击波杀伤之外,还因缺氧窒息或一氧化碳中毒而造成人员伤亡。

(二) 云爆弹毁伤效果指标计算

云爆弹以子母弹的形式集装在一起,每个子母弹爆炸后,形成的毁伤区域是一个圆的面积。每一个子圆面积之间通常有两种情况:一种是子圆之间的空隙较小;另一种是子圆之间的空隙较大。进行毁伤区域等效时,前者等效为圆面积,后者等效为圆环面积。

限制条件如下:

(1)$R < R_m$，其中 R 为核爆半径，R_m 为目标半径；

(2) 毁伤函数为指数毁伤函数。

1. 母弹中各子弹毁伤区之间空隙小——等效圆面积法

一束圆由 n 个子圆面积组成，每个子圆的半径为 R_j，各子圆之间的间隙小(即带 n 个子弹头的云爆弹)。若这束圆的中心为点 C，以点 C 为圆心作与 n 个圆面积等效的圆，则有

$$\pi R^2 = \sum_{j=1}^{n} \pi R_j^2, \quad R = \sqrt{\sum R_j^2}$$

关于以等效半径 R 进行效果计算，这里不做赘述。下面以毁伤函数作为计算的条件。

(1) 点目标毁伤概率的计算。设 $A(\xi,\eta)$ 为目标点中心，$D(x,z)$ 为弹的随机落点，(a,b) 为导弹散布中心，σ 为导弹散布均方差，则分布密度函数为

$$\varphi(x,z) = \frac{1}{2\pi\sigma^2}\exp\left[-\frac{(x-a)^2+(z-b)^2}{2\sigma^2}\right] \tag{7.84}$$

毁伤函数为

$$\varphi(x',z') = \exp\left[-\frac{x'^2+z'^2}{2B^2}\right] \tag{7.85}$$

1) 散布中心在原点，$a=b=0$，点目标 $A(\xi,\eta)$ 的毁伤概率 r 计算。

已知

$$\varphi(x,z) = \frac{1}{2\pi\sigma^2}\exp\left(-\frac{x^2+z^2}{2\sigma^2}\right)$$

$$\varphi(x',z') = \exp\left(-\frac{x'^2+z'^2}{2B^2}\right)$$

令 $\varphi(x',z') = 2\pi B^2\varphi'(x',z')$。将 $\varphi(x,z)$ 和 $\varphi'(x',z')$ 合成后，相差一个常数 $2\pi B^2$。由概率论的理论可知，两个正态分布的合成仍为正态分布，其标准差(均方差) 为 $\sqrt{\sigma^2+B^2}$，则

$$P(x,z) = \frac{1}{2\pi(\sigma^2+B^2)}\exp\left[-\frac{x^2+z^2}{2(\sigma^2+B^2)}\right] \tag{7.86}$$

进而得出

$$P(x,z) = 2\pi B^2 P'(x,z) = \frac{B^2}{\sigma^2+B^2}\exp\left[-\frac{x^2+z^2}{2(B^2+\sigma^2)}\right] \tag{7.87}$$

这里强调指出，合成后 $P(x,z)$ 表示点(x,z) 的毁伤概率。例如，对点目标 $A(\xi,\eta)$，有

$$P(\xi,\eta) = \frac{B^2}{\sigma^2+B^2}\exp\left[-\frac{\xi^2+\eta^2}{2(B^2+\sigma^2)}\right] \tag{7.88}$$

2) 散布中心在(a,b) 时，点目标毁伤概率的计算。

用同样的方法，依据概率论原理，得出

$$P(\xi,\eta) = \frac{B^2}{\sigma^2+B^2}\exp\left[-\frac{(\xi-a)^2+(\eta-b)^2}{2(B^2+\sigma^2)}\right] \tag{7.89}$$

(2) 均匀圆目标毁伤效果的计算。

1) 均匀圆目标无系统偏差时的平均毁伤计算公式为

$$M = \frac{1}{\pi R_m^2}\iint_{\xi^2+\eta^2\leqslant R_m^2} P(\xi,\eta)\,\mathrm{d}\xi\mathrm{d}\eta = 2\,\frac{B^2}{R_m^2}\iint_{\xi^2+\eta^2\leqslant R_m^2}\frac{1}{2\pi(\sigma^2+B^2)}\exp\left[-\frac{\xi^2+\eta^2}{2(\sigma^2+B^2)}\right]\mathrm{d}\xi\mathrm{d}\eta =$$

$$2\,\frac{B^2}{R_m^2}\left\{1-\exp\left[-\frac{1}{2}\,\frac{R_m^2}{(\sigma^2+B^2)}\right]\right\} \tag{7.90}$$

2）均匀圆目标有系统偏差时的平均毁伤计算公式为

$$M=\frac{1}{\pi R_{\mathrm{m}}^{2}}\iint\limits_{\xi^{2}+\eta^{2}\leqslant R_{\mathrm{m}}^{2}}\frac{1}{(\sigma^{2}+B^{2})}\exp\left[-\frac{(\xi-a)^{2}+(\eta-b)^{2}}{2(\sigma^{2}+B^{2})}\right]\mathrm{d}\xi\mathrm{d}\eta=$$

$$2\frac{B^{2}}{R_{\mathrm{m}}^{2}}\iint\limits_{\xi^{2}+\eta^{2}\leqslant R_{\mathrm{m}}^{2}}\frac{1}{2\pi(\sigma^{2}+B^{2})}\exp\left[-\frac{(\xi-a)^{2}+(\eta-b)^{2}}{2(\sigma^{2}+B^{2})}\right]\mathrm{d}\xi\mathrm{d}\eta$$

由于是圆散布，因此，坐标轴转动 α 角，使 $b=0, a'=d=\sqrt{a^{2}+b^{2}}$，则有

$$M=2\frac{B^{2}}{R_{\mathrm{m}}^{2}}\iint\limits_{\xi^{2}+\eta^{2}\leqslant R_{\mathrm{m}}^{2}}\frac{1}{2\pi(\sigma^{2}+B^{2})}\exp\left[-\frac{(\xi-d)^{2}+\eta^{2}}{2(\sigma^{2}+B^{2})}\right]\mathrm{d}\xi\mathrm{d}\eta$$

经极坐标变换，得

$$M=2\frac{B^{2}}{R_{\mathrm{m}}^{2}}\cdot\frac{1}{2\pi(\sigma^{2}+B^{2})}\exp\left[-\frac{d^{2}}{2(\sigma^{2}+B^{2})}\right]\cdot\int_{0}^{R_{\mathrm{m}}}r\cdot$$

$$\exp\left[-\frac{r^{2}}{2(\sigma^{2}+B^{2})}\right]\int_{0}^{2\pi}\exp\left(\frac{rd\sin\theta}{\sigma^{2}+B^{2}}\right)\mathrm{d}\theta\mathrm{d}r=2\frac{B^{2}}{R_{\mathrm{m}}^{2}}\cdot P\left(\frac{R_{\mathrm{m}}}{\sqrt{\sigma^{2}+B^{2}}},\frac{d}{\sqrt{\sigma^{2}+B^{2}}}\right)\quad(7.91)$$

这里，P 为圆覆盖函数，与我们熟悉的 $P(R,r)$ 是完全对应的。

2. 母弹中各子弹毁伤区之间有空隙 —— 等效环法

一束圆是由 n 个子圆面积组成，子圆之间有空隙（即 n 个子弹头的云爆弹）。若这束圆的中心为点 C，点 C 到各圆的圆心距 $CA_1, CA_2, \cdots, CA_n$ 为 λ，则我们确定这样一个圆环，使这个圆环的面积与这几个圆的面积相等。

如图 7.21 所示，圆环宽度为 $2A$，各圆的半径为 R，则有

$$n\pi R^{2}=\pi[(\lambda+A)^{2}-(\lambda-A)^{2}]$$

$$A=\frac{nR^{2}}{4\lambda}$$

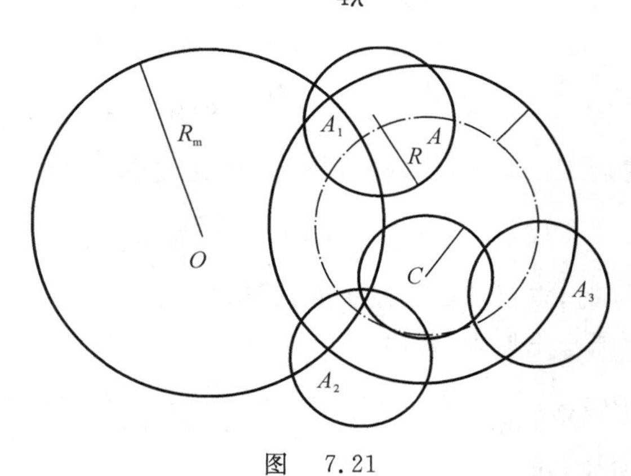

图 7.21

这样的圆环存在，而且是唯一地存在这个圆环，求对圆目标的平均毁伤就变得很容易了。它就等于外环 $C_{\lambda+A}$ 对圆目标的平均毁伤减去内环 $C_{\lambda-A}$ 对圆目标的平均毁伤。

（1）无系统偏差时的平均毁伤计算公式为

$$M = M(C_{\lambda+A}) - M(C_{\lambda-A})$$

$$M(C_{\lambda+A}) = \frac{1}{\pi R_m^2} \iint_C P_1(\xi,\eta) \mathrm{d}\xi \mathrm{d}\eta \tag{7.92}$$

式中

$$P_1(\xi,\eta) = \iint_{C_{\lambda+A}} \frac{1}{2\pi\sigma^2} \exp\left(-\frac{1}{2}\frac{x^2+z^2}{\sigma^2}\right) \mathrm{d}x\mathrm{d}z$$

$$C_{\lambda+A}:(x-\xi)^2 + (z-\eta)^2 \leqslant (\lambda + A^2)$$

$$C:\xi^2 + \eta^2 \leqslant R_m^2$$

同理

$$M(C_{\lambda-A}) = \frac{1}{\pi R_m^2} \iint_C P_2(\xi,\eta) \mathrm{d}\xi \mathrm{d}\eta$$

式中

$$P_2(\xi,\eta) = \iint_{C_{\lambda-A}} \frac{1}{2\pi\sigma^2} \exp\left(-\frac{1}{2}\frac{x^2+z^2}{\sigma^2}\right) \mathrm{d}x\mathrm{d}z$$

$$C_{\lambda+A}:(x-\xi)^2 + (z-\eta)^2 \leqslant (\lambda - A^2)$$

$$C:\xi^2 + \eta^2 \leqslant R_m^2$$

(2) 有系统偏差时的平均毁伤计算公式同式(7.92),只是有

$$P_1(\xi,\eta) = \iint_{C_{\lambda+A}} \frac{1}{2\pi\sigma^2} \exp\left[-\frac{1}{2}\frac{(x-a)^2+(z-b)^2}{\sigma^2}\right] \mathrm{d}x\mathrm{d}z$$

$$P_2(\xi,\eta) = \iint_{C_{\lambda-A}} \frac{1}{2\pi\sigma^2} \exp\left[-\frac{1}{2}\frac{(x-a)^2+(z-b)^2}{\sigma^2}\right] \mathrm{d}x\mathrm{d}z$$

关于以上的积分运算,处理的方法很多,而且都十分有效,具体可采用展开级数法、Gauss - Legender 数值积分法。

3. 随机圆法求圆目标的平均毁伤计算公式

假定一束圆(n 个)弹着点的中心为随机点 $C(x,z)$,点 C 到各弹着圆的圆心的距离 CA_i 等于 λ。设这 N 个子弹圆中任一个圆 C_i 中 CA_i 与 x 轴的夹角为 θ,因为点 C 和点 C_i 都是随机的,所以角 θ 是一个随机变量。

由以上假设,得点 A_i 的坐标为$(x+\lambda\sin\theta, z+\lambda\cos\theta)$。

对以点 A_i 为弹着点的圆 C_i 来说,对目标圆 C_m 中任一点(ξ,η)的条件毁伤概率,由指数毁伤规律 —— 毁伤函数可知

$$P(\xi,\eta) = \exp\left[-\frac{(\xi - x - \lambda\sin\theta)^2 + (\eta - z - \lambda\cos\theta)^2}{2B^2}\right]$$

由于集束圆无系统偏差,因此,总的弹着中心(x,z)服从$(0,0)$、均方差为 σ 的正态分布:

$$\varphi(x,z) = \frac{1}{2\pi\sigma^2} \exp\left(-\frac{x^2+z^2}{2\sigma^2}\right)$$

由全概率公式,得圆 C_i 对点(ξ,η)的破坏概率 $P(\xi,\eta;\lambda,\theta)$ 为

$$P(\xi,\eta;\lambda,\theta) = \frac{1}{2\pi\sigma^2} \iint \exp\left[-\frac{(\xi - x - \lambda\sin\theta)^2 + (\eta - z - \lambda\cos\theta)^2}{2B^2}\right] \cdot \exp\left(-\frac{x^2+z^2}{2\sigma^2}\right) \mathrm{d}x\mathrm{d}z$$

若把 $\xi - \lambda\cos\theta, \eta - \lambda\sin\theta$ 都作为一个变量来处理,易知

$$P(\xi,\eta;\lambda,\theta)=\frac{B^2}{\sigma^2+B^2}\exp\left[-\frac{(\xi-\lambda\sin\theta)^2+(\eta-\lambda\cos\theta)^2}{2(\sigma^2+B^2)}\right] \tag{7.93}$$

这里θ是一个 随机变量,假定$\theta(0\leqslant\theta\leqslant 2\pi)$是均匀分布的。把$P(\xi,\eta;\lambda,\theta)$作为$\theta$的函数,求得$P(\xi,\eta;\lambda,\theta)$的数学期望如下:

$$P(\xi,\eta,\lambda)=\int_0^{2\pi}\frac{1}{2\pi}P(\xi,\eta;\lambda,\theta)\mathrm{d}\theta \tag{7.94}$$

设这n个圆是互不重叠的,因此,对点(ξ,η)的毁伤可以化为交互影响较小,即认为是互不相容的,则有

$$g(\xi,\eta,\lambda)=nP(\xi,\eta,\lambda)$$

将$g(\xi,\eta,\lambda)$在半径为R_{m}的目标圆上积分,并除以πR_{m}^2,即得这束圆对圆面目标的平均毁伤:

$$M=\frac{1}{\pi R_{\mathrm{m}}^2}\iint_{C_{\mathrm{m}}}g(\xi,\eta,\lambda)\mathrm{d}\xi\mathrm{d}\eta \tag{7.95}$$

式中

$$C_m:\xi^2+\eta^2\leqslant R_{\mathrm{m}}^2$$

注意,这里的说明是按子弹头的威力圆说明的,但计算是按毁伤函数推导的。因此,计算仍是在毁伤函数意义下的结果。关于积分的计算,同样可以采取不同的方法求得数值解,这里不做赘述。

4. 一枚云爆弹对均匀圆目标的$P(U\geqslant u)$的计算公式

这个方法是基于等效环法和对单个毁伤圆的可靠毁伤基础上的。

设目标半径为R_{m}的均匀圆目标C_{m},带有n个子弹头的导弹落点构成毁伤环,外环半径为$(\lambda+A)$,内环半径为$(\lambda-A)$,具体情况如图7.22所示。

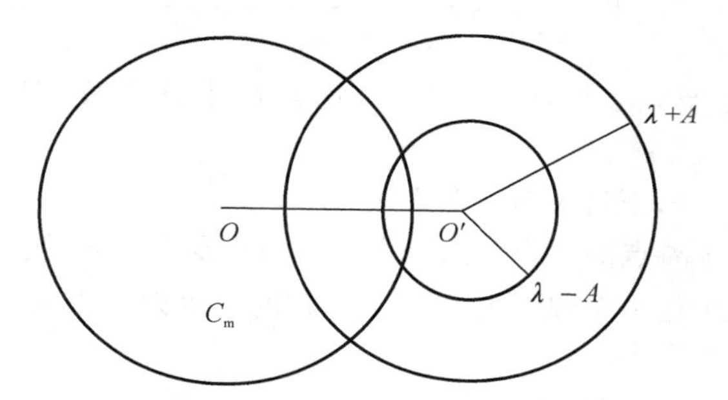

图7.22　云爆弹对均匀圆目标毁伤示意图

毁伤环对C_{m}的覆盖面积应等于外环条件下的毁伤面积减去内环条件下的覆盖面积。

假定对指定的概率P,外环$C_{\lambda+A}$覆盖C_{m}的相对面积$u_1\%$。只要给定P,$u_1\%$是可以求出的。同理可以求出$C_{\lambda-A}$覆盖C_{m}的相对面积$u_2\%$,那么圆环覆盖C_{m}的相对面积为$u_1\%-u_2\%$。

在同一l下,计算u_1,u_2和P值,即有

$$\left.\begin{aligned}u&=u_1-u_2\\P&=1-\exp\left(-\rho^2\frac{l^2}{E^2}\right)\end{aligned}\right\} \tag{7.96}$$

5. 多枚云爆弹对均匀圆目标的平均毁伤计算公式

当n枚云爆弹分别瞄向均匀圆目标C_{m}的n个瞄准点$(a_i,b_i)(i=1,2,\cdots,n)$时,求这$n$枚

云爆弹对目标 C_m 的平均毁伤。具体情况如图 7.23 所示。我们引入毁伤函数为指数毁伤律，对瞄准点 $(a_i, b_i)(i=1,2,\cdots,n)$ 的云爆弹，对平面上任意点 (ξ,η) 的毁伤概率为

$$P(\xi,\eta;a_i,b_i)=\frac{B^2}{\sigma^2+B^2}\exp\left[-\frac{(\xi-a_i)^2+(\eta-b_i)^2}{2(\sigma^2+B^2)}\right]$$

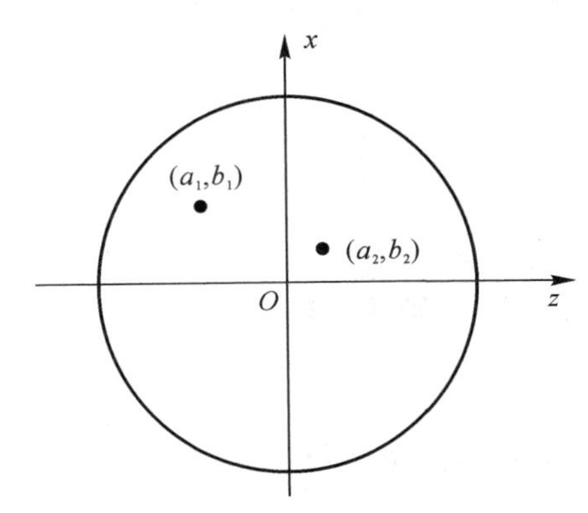

图 7.23　多枚云爆弹对均匀圆目标的平均毁伤示意图

在 n 枚条件下，至少有一枚毁伤点 (ξ,η) 的概率为

$$P(\xi,\eta)=1-\prod_{i=1}^{n}[1-P(\xi,\eta;a_i,b_i)]$$

将 $P(\xi,\eta)$ 在半径为 R_m 的圆域上积分，再除以 πR_m^2，得

$$M=\frac{1}{\pi R_m^2}\iint_{C_m}P(\xi,\eta)\mathrm{d}\xi\mathrm{d}\eta \tag{7.97}$$

式中
$$C_m:\xi^2+\eta^2\leqslant R_m^2$$

对上述的运算我们均很熟悉，这里不再详细讨论。

6. 多枚云爆弹对面目标的 $P(U\geqslant u)$ 的计算

由于一批云爆弹可以等效为毁伤环或毁伤圆，因此，对于均匀面目标的 $P(U\geqslant u)$ 曲线的计算，还是易于用蒙特卡罗方法实现的。只是毁伤环的计算比毁伤圆的计算复杂一些，计算时间长一些。关于非均匀的任意形状面目标，亦可采用蒙特卡罗方法计算。

四、侵彻爆破弹毁伤效果指标计算

侵彻爆破弹为常规弹的一种，具有侵彻、穿甲和爆破功能。具有一定质量的子弹头对混凝土侵彻一定深度后，爆破形成一定深度的倒圆台形弹坑。子弹头的数量很多，抛散半径可达数百米。

侵彻爆破弹可用于攻击机场跑道、飞机掩蔽库、地面或半地下油库、弹药库等。为讨论问题的方便，先给出点、线、面目标的新定义。

点目标是指这样的一个域，每枚侵彻爆破弹只可能有一个子弹头命中该区域内。

线目标是指这样的一个矩形区域，其宽度与点目标的线性长度相等。

面目标是除以上定义的点目标、线目标之外的目标。

根据侵彻爆破弹的特点及上面对目标的定义，选取落入目标上刚好有 K 个子弹头的概率

作为毁伤效果指标是适宜的。

下面分别就点目标、线目标、面目标的毁伤效果指标计算进行讨论。

(一) 点目标大小的确定

按点目标的定义，在点目标内最多只能落入一个子弹头。因此，该点目标的面积可由下式来确定：

$$S=\frac{\pi R^2}{m} \tag{7.98}$$

式中：m—— 子弹头的总数；

R—— 子弹头的抛散半径。

若把此面积处理成一个圆的面积，则其半径为

$$r=\sqrt{\frac{1}{m}}\cdot R \tag{7.99}$$

若把此面积处理成一个正方形的面积，则其边长为

$$a=\sqrt{\frac{\pi}{m}}\cdot R \tag{7.100}$$

2. 单弹对点目标的毁伤效果指标计算

由于单弹只可能有一个子弹头落到目标上，因此，把该点目标处理成一个圆。

(1) 当瞄准点与目标中心重合时，落入一个子弹头的概率，就是抛散圆将该点目标面积圆完全覆盖的概率。

如图 7.24 所示，此时的有利抛散中心区就是一个以目标中心为圆心、$R-r$ 为半径的圆环

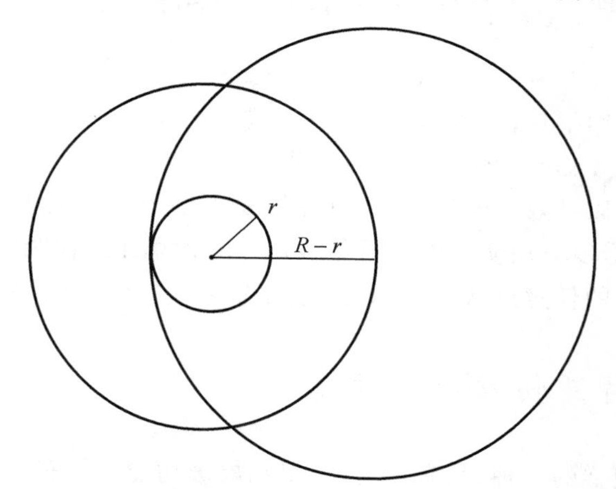

图 7.24 有利抛散中心区

因而，此时毁伤点目标的概率为

$$P=1-\exp\left[-\frac{(R-r)^2}{2\sigma^2}\right] \tag{7.101}$$

式中：σ —— 母弹散布的标准差；

R —— 子弹的抛散半径；

r —— 目标半径。

(2) 当瞄准点与目标中心不重合时，相距为 d 的毁伤概率为

$$P = P\left(\frac{R-r}{\sigma}, \frac{d}{\sigma}\right) \tag{7.102}$$

式中：　d—— 瞄准点与目标中心的距离；

$P(a,b)$—— 圆覆盖函数。

3. 多弹对点目标的毁伤效果指标计算

设每枚弹有一个子弹头命中目标的概率为 p_i，不命中的概率为 q_i，则 N 枚弹将有 k 个子弹命中目标的概率是母函数，即

$$\varphi(z) = \prod_{i=1}^{N}(p_i z + q_i) \tag{7.103}$$

式(7.103) 展开式的 z^k 项的系数为 a_i，此时 N 枚弹至少有 k 个子弹头命中目标的概率为

$$P(K \geqslant k) = \sum_{i=k}^{N} a_i \tag{7.104}$$

当每枚弹有一个子弹头命中目标的概率都相同，即 $p_i = p$ 时，N 枚导弹中恰有 k 个子弹头命中目标的概率可由下式确定：

$$P_k = \mathrm{C}_N^k p^k q^{N-k} \tag{7.105}$$

则 N 枚导弹中至少有 k 个子弹头命中目标的概率为

$$P(K \geqslant k) = \sum_{i=k}^{N} \mathrm{C}_N^i p^i q^{N-i} \tag{7.106}$$

(二) 圆形面目标毁伤效果指标计算

这里，我们设圆面目标的半径为 R_m，圆心在原点。

1. 单弹的毁伤效果指标计算之一 —— 瞄准点在目标中心

(1) $p(U \geqslant u)$ 的计算。$P(U \geqslant u)$ 曲线如图 7.25 所示。

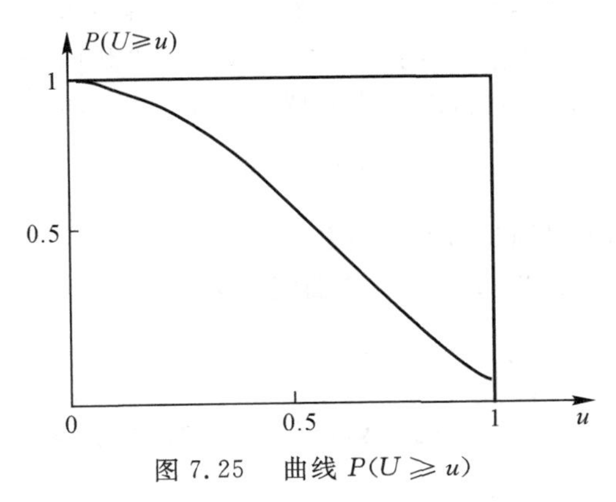

图 7.25　曲线 $P(U \geqslant u)$

(2) $P(K \geqslant k)$ 的计算。将 $P(U \geqslant u)$ 曲线的 u 值化为命中的子弹头数，而对应的 P 不变。由于

$$u = \frac{S_1}{\pi R_\mathrm{m}^2}$$

所以

$$k=\frac{S_1}{\pi R^2}m=\frac{u\pi R_m^2}{\pi R^2}m=u\left(\frac{R_m}{R}\right)^2 m$$

将 $P(U\geqslant u)$ 曲线转化为 $P(K\geqslant k)$ 曲线，如图 7.26 所示。但实际上 K 只能是正整数，曲线也不应是连续曲线，为表示方便，仍以连续的线型表示。

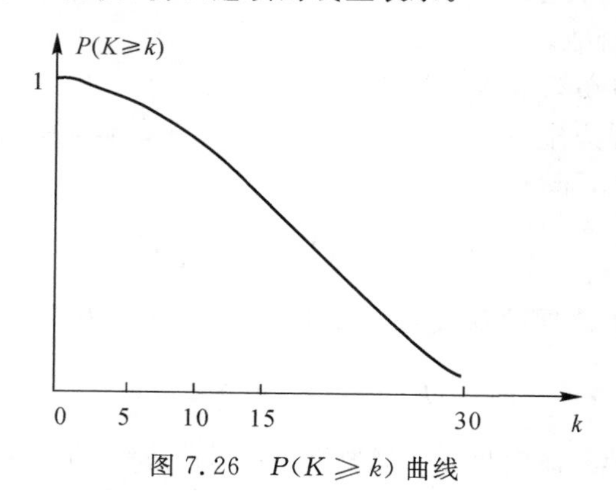

图 7.26　$P(K\geqslant k)$ 曲线

对单枚导弹而言，$P(U\geqslant u)$ 和 $P(K\geqslant k)$ 包含了以下更多的信息：

1) 最大覆盖面积及其概率；

2) 最大命中数及其概率；

3) 可靠毁伤面积；

4) 可靠命中数；

5) 平均覆盖面积；

6) 平均命中数。

因此，计算了 $P(U\geqslant u)$ 和 $P(K\geqslant k)$，毁伤指标的信息就足够了。

2. 单弹的毁伤效果指标计算之二 —— 瞄准点不在目标中心

(1) $P(U\geqslant u)$ 的计算。这里的 U 的计算与“计算之一”相同，不同的是对应 u 的概率 P 变化了。这时 P 的计算用圆覆盖函数，以 d 表示瞄准点偏离目标中心的距离。P 的计算如下：

$$P=P\left(\frac{l}{\sigma},\frac{d}{\sigma}\right)$$

对应的 $P(U\geqslant u)$ 曲线，形状与图 7.25 相似。

(2) $P(K\geqslant k)$ 的计算。这里，$P(U\geqslant u)$ 曲线转换为 $P(K\geqslant k)$ 曲线的方法与“计算之一”相同。

3. 多弹的毁伤效果指标计算

多弹的 $P(U\geqslant u)$ 和 $P(K\geqslant k)$ 的计算与单弹不同。多枚条件下的 u 值是不考虑重叠覆盖的，然而 K 的计算就完全不一样了。

(1) $P(U\geqslant u)$ 的计算。多枚导弹的 $P(U\geqslant u)$ 曲线只能用蒙特卡罗方法进行计算。

(2) $P(K\geqslant k)$ 的计算。多枚导弹的 $P(K\geqslant k)$ 曲线的计算，不能由 $P(U\geqslant u)$ 曲线转换而来，必须重新用蒙持卡罗法计算。

计算的步骤如下；

1) 模拟第 i 枚导弹的抛散中心；

2) 计算第 i 枚导弹的抛散圆的覆盖面积 S_i；

3）将第 j 次模拟的 N 枚 S_i 相加，即

$$S_j = \sum_{i=1}^{N} S_i$$

4）按抛散子弹头的密度，求第 j 次模拟的命中子弹头数 n_j，即

$$n_j = S_j \left(\frac{m}{\pi R^2} \right)$$

5）将模拟出的大量的 n_j 进行统计，给出 $P(K \geqslant k)$。

多枚导弹的 $P(K \geqslant k)$ 和 $P(U \geqslant u)$ 曲线，同样含有多方面的毁伤效果的信息。这里也不再分析和说明。

（三）任意形状均匀面目标的毁伤效果指标计算

我们知道，任意形状的面目标的毁伤效果之中 $P(U \geqslant u)$ 和 $P(K \geqslant k)$ 的计算与圆面目标的计算原理是相同的，只是要将任意形状的均匀圆目标离散化，离散化条件按本节的点目标的定义条件处理。

这里着重指出，任意形状的均匀圆目标多枚导弹的 $P(K \geqslant k)$ 的计算，同样不能由 $P(U \geqslant u)$ 转换得出，必须用蒙特卡罗方法计算。

思　考　题

1. 简述利用解析法求解命中指标的过程。
2. 简述利用解析法求解覆盖类指标的过程。
3. 简述解析法求解指标的优缺点。
4. 简述线目标覆盖长度的求解方法。

第八章　统计试验法计算毁伤效果指标

第一节　蒙特卡罗方法概述

一、蒙特卡罗方法的基本思想

我们知道,解析方法只用来解决简单情况下目标毁伤指标计算问题,如点目标、均匀圆面目标,以及其他简单目标(均匀矩形目标等)的毁伤问题。就解析方法而言,即使是对点、圆等简单目标,其计算也是较复杂的,更何况实际目标形状千变万化,被毁伤对象在目标域内的分布并非均匀,以及在很多情况下需研究不同类型的武器多发射击下的射击效率问题,因此,难以获得解析解。对实践中常遇到的上述复杂情况,最有效的方法就是蒙特卡罗方法。蒙特卡罗方法亦称为随机模拟或随机抽样技术,在很多资料上又称为统计试验法。其基本思想如下:为了求解数学、物理、工程技术,以及管理等方面的问题,先建立一个概率模型,使其参数等于问题条件,然后通过对模型的抽样试验来计算所求参数的统计特征,最后给出所求解的近似值。

假设所要求的量 x 是随机变量 ξ 的数学期望 $E(\xi)$,那么近似确定 x 的方法是对 ξ 进行 N 次重复抽样,产生互相独立的 ξ 值的序列 ξ_1, ξ_2, …, ξ_n,并计算其算术平均值:

$$\bar{\xi}_N=\frac{1}{N}\sum_{n=1}^{N}\xi_n \tag{8.1}$$

根据柯尔莫哥洛夫加法大数定理,有

$$P(\lim_{N\to\infty}\bar{\xi}_N=x)=1 \tag{8.2}$$

因此,当 N 充分大时

$$\bar{\xi}_N\approx E(\xi)=x \tag{8.3}$$

成立的概率为 1 ,即可用 $\bar{\xi}_N$ 值作为所求量 x 的估计值。

下面举一个简单的例子,用以说明蒙特卡罗方法的应用。

现假定要计算导弹命中目标(一个半径为 R 的圆)的概率 P,已知导弹散布的均方差为 $\sigma_x=\sigma_y=\sigma$,系统误差 $m_x=m_y=0$,采用解析法计算时的概率 P 为

$$P=\int_0^{R_1}\mathrm{e}^{-\frac{r^2}{2}}r\mathrm{d}r=1-\mathrm{e}^{-\frac{R_1^2}{2}} \tag{8.4}$$

式中

$$R_1=R/\sigma$$

对式(8.4)可用解析方法计算出准确值,现采用蒙特卡罗方法计算,以便与解析解进行比较。

采用蒙特卡罗方法计算 P，必须进行一系列（N 次）试验，在每次试验中，完成以下过程：

（1）根据已知导弹落点分布，抽样确定第 n 次弹落点的坐标（x_n，y_n）：

$$x_n = \sigma \cdot \delta_{1n}$$

$$y_n = \sigma \cdot \delta_{2n}$$

式中：δ_{1n}，δ_{2n}—— 均方差为1、数学期望为0的正态分布随机数（关于随机数的概念及产生方法，将在后面介绍）；

n—— 抽样的次数序号。

（2）计算弹落点至目标中心的距离，即

$$r_n = \sqrt{x_n^2 + y_n^2}$$

（3）比较 r_n 与 R 的大小。若 $r_n \leqslant R$，则表示"导弹命中目标"；若 $r_n \geqslant R$，则表示"导弹未命中目标"。其中，"导弹命中目标"这一事件的数量用 m 表示。

（4）计算导弹命中目标的概率，即

$$P = \frac{m}{n}$$

这里，n 为试验次数。

表8.1为当 $\sigma = 1$，$R_1 = 1$ 时，按上述方法所得的计算结果。此例中，概率 P 的准确值为0.393。从表中可以看出，进行20次抽样试验求出的 P 值与准确值的误差为25%，但随着试验次数的增加，其误差将会减小。

蒙特卡罗方法具有广泛的用途，不仅可用于解决上述概率问题，而且可用于解决非概率问题，如应用于积分的计算问题。

表8.1 统计结果

n	x_n	y_n	r_n	m	p
1	0.8	−0.67	1.04	0	0
2	−0.54	0.61	0.81	1	0.50
3	0.42	1.15	1.22	1	0.33
4	−0.48	−0.19	0.52	2	0.50
5	0.16	−0.90	0.92	3	0.60
6	1.95	−0.70	2.07	3	0.50
7	1.87	−0.36	1.90	3	0.43
8	0.63	0.05	0.63	4	0.50
9	−1.48	0.56	1.58	4	0.44
10	−0.49	1.28	1.37	4	0.40
11	−2.92	−1.18	3.15	4	0.36
12	1.72	−0.66	1.84	4	0.31
13	−0.90	−0.68	1.13	4	0.30
14	−0.24	1.76	1.78	4	0.29

续表

n	x_n	y_n	r_n	m	p
15	0.24	−2.47	2.48	4	0.27
16	0.34	−0.32	0.47	5	0.31
17	−0.88	2.22	2.39	5	0.29
18	−1.07	0.02	1.07	5	0.28
19	0.47	−0.55	0.72	6	0.32
20	1.46	2.26	3.00	6	0.30

设有定积分$\int_a^b f(x)\mathrm{d}x$，用蒙特卡罗方法计算该积分的原理如下：

按积分的定义，可以抽取 n 对随机数(ξ_1,η_1)，$(\xi_2.\eta_2)$，…，$(\xi_n\eta_n)$。其中，随机数 ξ_i 在区间(a,b) 内服从均匀分布规律，η_i 在区间$(0,c)$ 内服从均匀分布规律，试检验每一点(ξ_i,η_i)，是落在图 8.1 中阴影区域[即曲线下区域，如图中(ξ_1,η_1) 点及(ξ_3,η_3) 点]还是落在空白区域[即曲线上面区域，如图中(ξ_2,η_2) 点及(ξ_4,η_4) 点]，也就是说，看随机数(ξ_i,η_i)(代表平面上的一个点) 是否满足下列不等式：

$$f(\xi_i)\geqslant\eta_i$$

满足不等式 $f(\xi_i)\geqslant\eta_i$ 的点(ξ_i,η_i) 就落入阴影区域。经过 n 次抽样，获得的随机点共 n 个，如果落入阴影区域的点有 m 个，那么定积分近似值为

$$\int_a^b f(x)\mathrm{d}x\approx\frac{m}{n}c(b-a) \tag{8.5}$$

显然，如果随机点(ξ_i,η_i) 在整个矩形区域是均匀分布的，那么落在曲线 $y=f(x)$、横轴、垂线 $x=a$ 与 $x=b$ 所围区域内的点数与抽样总点数之比，应等于上述区域面积与矩形面积之比。因此，可以得出上述近似公式。

另外，也可以按下述方法计算上述积分值。假设 ξ 是在区间(a,b) 内均匀分布的随机变量，如抽出 ξ 的 n 个独立值 $\xi_1,\xi_2,\cdots,\xi_n$，计算出 $f(\xi_i)(i=1,2,\cdots,n)$，并计算出 $f(\xi_i)$ 的统计平均值：

$$E[f(\xi_i)]=\frac{1}{n}\sum_{i=1}^{n}f(\xi_i)$$

则积分式又可以表述为

$$\int_a^b f(x)\mathrm{d}x=(b-a)E[f(\xi_i)] \tag{8.6}$$

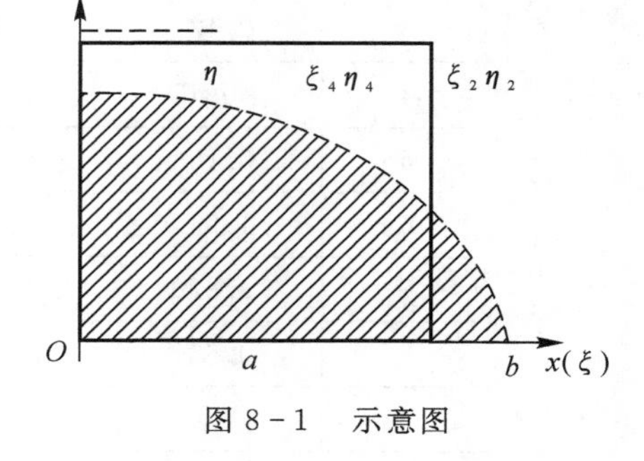

图 8-1　示意图

可以设想，将区间(a,b) 分成 n 个区间，每个子区间对应的高度 $y_i=f(x_i)$ 的平均值为

$$E[f(x)]=\frac{1}{n}\sum_{i=1}^{n}f(x_i)$$

当 $n\to\infty$ 时，有

$$E[f(x)]=\int_a^b f(x)\mathrm{d}x/(b-a)$$

现仍以式(8.4)为例，由解析法可知，当 $R_1=1$ 时，积分值 $P=0.393$。以下按第一种抽样计算该积分值。设 $(b-a)=1, c=1$，每次抽取一对数 (ξ,η) 计算出 $f(\xi)$：

$$f(\xi)=\xi\cdot \mathrm{e}^{-\frac{\xi_i^2}{2}}$$

然后与 η_i 比较，如果 $f(\xi_i)>\eta_i$，就认为事件出现(导弹命中或落入阴影区)；如果 $f(\xi_i)<\eta_i$，就认为事件不出现。最后，将事件出现次数 m 除以抽样次数 n，即得 P 值，记为 P_1，具体计算结果见表 8.2。

采用第二种抽样方法时，只需要抽取随机数 ξ 及计算 $f(\xi)$，然后计算函数积分值 P，记为 P_2，表(8.2)给出了二种方法抽样 20 次的结果比较。

表 8.2　统计结果

n	ξ	η	$f(\xi)$	m	P_1	P_2
1	0.667 7	0.491	0.534	1	1	0.534
2	0.993	0.182	0.607	2	1	0.570
3	0.242	0.192	0.235	3	1	0.459
4	0.940	0.025	0.604	4	1	0.495
5	0.610	0.557	0.506	4	0.800	0.497
6	0.131	0.530	0.130	4	0.667	0.436
7	0.352	0.865	0.331	4	0.571	0.421
8	0.646	0.105	0.525	5	0.625	0.434
9	0.646	0.564	0.525	5	0.556	0.444
10	0.680	0.136	0.540	6	0.600	0.454
11	0.398	0.579	0.368	6	0.545	0.446
12	0.339	0.541	0.320	6	0.500	0.435
13	0.806	0.238	0.583	7	0.538	0.447
14	0.699	0.432	0.547	8	0.571	0.454
15	0.984	0.033	0.606	9	0.600	0.464
16	0.327	0.462	0.310	9	0.562	0.454
17	0.129	0.284	0.128	9	0.529	0.435
18	0.146	0.161	0.145	9	0.500	0.419
19	0.669	0.990	0.535	9	0.474	0.425
20	0.430	0.547	0.392	9	0.450	0.424

从表 8.2 中可以看出：用第一种抽样方法计算，误差为 14.5%；用第二种抽样方法计算，误差则较小，仅为 7.9%。因此，用第二种抽样方法比较合适。

以上我们通过两个具体例子说明蒙特卡罗方法的性质和应用特征，同时也可看出，在蒙特卡罗方法求解过程中，产生服从各种分布规律的随机数是该方法的基本步骤。以下介绍各种随机数产生的方法。

二、0～1均匀分布随机数的产生

用蒙特卡罗方法模拟某过程时，需要产生各种概率分布的随机变量。其中最简单、最基本和最重要的随机变量是在区间上[0,1]均匀分布的随机变量。

设 X 是区间[0,1]上均匀分布的随机变量，其密度函数(见图8.2)为

$$f(x)=\begin{cases}1 & (0\leqslant x\leqslant 1)\\ 0 & (x>1\text{ 或 }x<0)\end{cases} \tag{8.7}$$

随机变量 X 的分布函数为

$$F(X)=\begin{cases}0 & (x<0)\\ x & (0\leqslant x\leqslant 1)\\ 1 & (x>1)\end{cases} \tag{8.8}$$

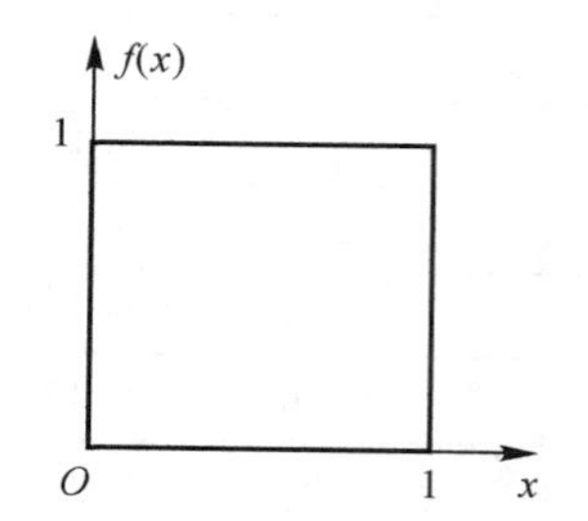

图8.2 0～1均匀分布概率密度

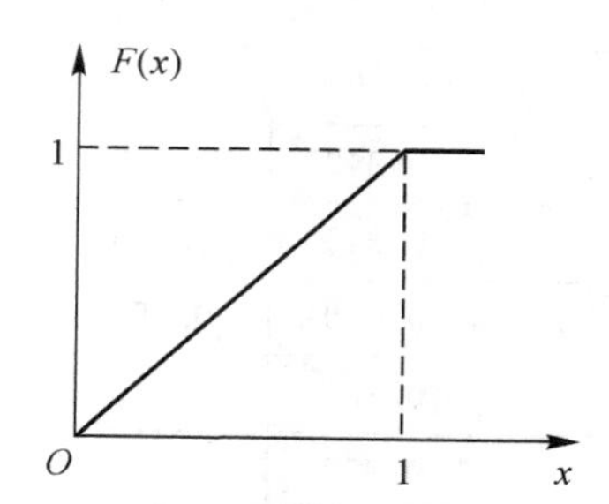

图8.3 0～1均匀分布函数

随机变量 X 的数学期望为

$$E(X)=\int_0^1 x\,\mathrm{d}x=\frac{1}{2} \tag{8.9}$$

随机变量 X 的方差为

$$\sigma^2(X)=E(X^2)-[E(X)]^2=\frac{1}{12} \tag{8.10}$$

我们通常将区间[0,1]上的均匀分布的随机变量抽样值称为区间[0,1]上均匀分布的随机数，或者说，0～1均匀分布的随机数是0～1均匀分布的随机变量模拟值，0～1均匀分布的随机数是最基本的工具，其他分布的随机数可通过0～1均匀分布随机数变换而来。产生0～1均匀随机数的方法大致有物理方法、表格方法、数学方法三类。

所谓物理方法是把具有随机性质的物理过程变换为0～1的随机数，如用具有放射性物质放出粒子数、用电子管发出的噪声、抽卡片等转变为一个随机数。用物理方法产生的随机数是真正的随机数，但是由于需要设备，随机过程一去不复返，以及无法核对结果等，因此，逐渐被有生命力的数学方法所淘汰。表格方法就是利用现成的"随机数表"直接查取所需要的随机数。数学方法是由一种数学迭代过程产生一系列随机数。由于是数学迭代过程产生出来的，严格地说，并不是真正随机的，因此，又将用数学方法产生的随机数称为伪随机数。只要这些伪随机数的统计特性(均匀性、独立性等)符合要求，就可以将它当作随机数。伪随机数往往也简称为随机数。以下为常用的数学方法。

(一) 二次方取中法

设 X_n 为 $2S$ 位数，自乘后，可获得一个 $4S$ 位数，去头截尾，仅保持中间 $2S$ 个数码，然后相应地除以10^{2S}，作为区间[0,1]上的随机数。重复这一过程，直至或者为零(退化)，或者与已出现过的某数重复(出现周期)时。用公式表达如下：

$$X_{n+1}=\left[\frac{X_n^2}{10^S}\right](\mathrm{mod}10^{2S}) \tag{8.11}$$

$$r_{n+1}=\frac{X_{n+1}}{10^{2S}} \tag{8.12}$$

式中：　$[X]$—— 对 x 取整；

$a(\mathrm{mod}M)$——a 被 M 除的余数。

例　设 $2S=4$，$S=2$，初值 $X_0=6\ 406$，根据式(8.11)得

$$X_1=\left[\frac{6\ 406^2}{10^2}\right](\mathrm{mod}10^4)=\left[\frac{41\ 036\ 836}{100}\right](\mathrm{mod}10^4)=410\ 368(\mathrm{mod}10^4)=0\ 368$$

$$r_1=0\ 368/10^4=0.036\ 8$$

如此重复，得到的数列见表 8.3。

表 8.3　计算所得数列

X_n	X_n^2	r_n
6 406	41 036 836	0.640 6
368	135 424	0.036 8
1 354	1 833 316	0.135 4
8 333	69 438 889	0.833 3
4 388	19 254 544	0.438 8
2 545	6 477 025	0.254 5
4 770	22 752 900	0.477 0
7 529	56 685 841	0.752 9
6 858	47 032 164	0.685 8
321	103 041	0.032 1
1 030	1 060 900	0.103 0
0 609	370 881	0.060 9
3 708	13 749 264	0.370 8
7 492	56 130 064	0.749 2
1 300	1 690 000	0.130 0
6 900	47 610 000	0.690 0
6 100	37 210 000	0.610 0
2 100	04 410 000	0.210 0
4 100	16 810 000	0.410 0
8 100	65 610 000	0.810 0

上述数列自 X_{20} 起出现周期，数列长度(从初值发生周期或退化前数列中随机数的个数)为 20。取不同的初值，将会有不同的数列长度。二次方取中法在计算机上易于实现，占用存储空间少，但数列长度对初值的依赖性很大，有退化和出现周期性循环的危险，目前已很少使用。

(二) 移位法

利用移位法产生 0 ～ 1 均匀分布随机数的原理：任选 0 ～ 1 的一个小数作为初值 X_1，然后将 X_1 左移若干位，并取其小数部分得 X_{11}，右移若干位得 X_{12}，将 X_{11} 和 X_{12} 相加得 X_2。重复上述运算，得 X_3。以此类推，得出一系列随机数。

例如，给出初值 $X_1 = 0.577\ 051\ 309\ 4$，按以下顺序运算：

初值	$X_1 = 0.577\ 051\ 309\ 4$
左移 3 位	577.051 309 4
取小数部分得 X_{11}	$X_{11} = 0.051\ 309\ 4$
右移 3 位得 X_{12}	$X_{12} = 0.000\ 577\ 051\ 3$
$X_{11} + X_{12} = X_2$	$X_2 = 0.051\ 886\ 451\ 3$
左移 3 位	51.886 451 300 0
取小数部分得 X_{21}	$X_{21} = 0.886\ 451\ 300\ 0$
右移 3 位得 X_{22}	$X_{22} = 0.000\ 051\ 886\ 4$
$X_{21} + X_{22} = X_3$	$X_3 = 0.886\ 503\ 186\ 4$

移位法运算速度快，但对初值的依赖性很大，周期不定，并且一般是短的，左、右各移多少位合适仅凭经验，缺乏理论根据。因此，移位法在方法上有待进一步研究。

(三) 余数法

余数法是利用两整数相除时的余数产生 0 ～ 1 均匀分布随机数，有比较好的均匀性和独立性，是目前常使用的方法。余数法(有的资料称同余法)有很多种计算公式。现介绍两种公式。

1. 乘法公式

利用乘法公式递推 0 ～ 1 均匀随机数时，需先给出 3 个整数，即乘子 λ、模 M 和任一小于模的初值 η_1，然后按下式求出一系列 η 值：

$$\left.\begin{aligned}\eta_2 &= \lambda\eta_1 - \left[\frac{\lambda\eta_1}{M}\right]M \\ \eta_3 &= \lambda\eta_2 - \left[\frac{\lambda\eta_2}{M}\right]M \\ &\vdots \\ \eta_{N+1} &= \lambda\eta_N - \left[\frac{\lambda\eta_N}{M}\right]M\end{aligned}\right\} \tag{8.13}$$

其中方括号为取整符号。按式(8.13)求出的一系列 η 值，均为介于 0 ～ M 的整数。因此，将上述值分别除以模 M，即可得到一系列 0 ～ 1 的数值。

$$\left.\begin{aligned}X_1 &= \eta_1/M \\ X_2 &= \eta_2/M \\ &\vdots \\ X_N &= \eta_N/M\end{aligned}\right\} \tag{8.14}$$

式(8.13)和式(8.14)可简写为

$$X_{N+1}=\bmod(\lambda\eta_N,M)/M$$

例如，设 $N=5$，$M=1\ 024$，$\eta_1=877$，按式(8.13)和式(8.14)得出的伪随机数为

$$X_1=\frac{877}{1\ 024}=0.856\ 4$$

$$\eta_2=5\times877-\left[\frac{5\times877}{1\ 024}\right]\times1\ 024=289$$

$$X_2=\frac{289}{1\ 024}=0.282\ 2$$

$$\eta_3=5\times289-\left[\frac{5\times289}{1\ 024}\right]\times1\ 024=421$$

$$X_3=\frac{421}{1\ 024}=0.411$$

利用乘法公式，只要选择适当的 M、λ 和 η_1，就可以获得有足够长度的伪随机数列。当取 $M=2^k$ 时，$\lambda=8t\pm3$（t 为正整数），η_1 为奇数，其伪随机数列长度可达 2^{k-2}。

2. 线性公式

利用线性公式递推伪随机数，需给出 4 个整数，即乘子 λ、增量 C、模 M 和任一小于模的初值 η_1，然后按下列公式求出一系列 η 值：

$$\left.\begin{aligned}\eta_2&=\lambda\eta_1+C-\left[\frac{\lambda\eta_1+C}{M}\right]M\\\eta_3&=\lambda\eta_2+C-\left[\frac{\lambda\eta_2+C}{M}\right]M\\&\vdots\\\eta_{N+1}&=\lambda\eta_N+C-\left[\frac{\lambda\eta_N+C}{M}\right]M\end{aligned}\right\}\tag{8.15}$$

最后求出一系列 0～1 的 X 值：

$$\left.\begin{aligned}X_1&=\eta_1/M\\X_2&=\eta_2/M\\&\vdots\\X_N&=\eta_N/M\end{aligned}\right\}\tag{8.16}$$

式(8.15)和式(8.16)可简写为

$$X_{N+1}=\bmod(\lambda\eta_N+C,M)/M$$

例如，设 $\lambda=9$，$C=137$，$M=1\ 024$，$\eta_1=279$，按式(8.15)和式(8.16)可以求出

$$X_1=279/1\ 024=0.272\ 5$$

$$\eta_2=9\times279+137-\left[\frac{9\times279+137}{1\ 024}\right]\times1\ 024=600$$

$$X_2=600/1\ 024=0.585\ 9$$

$$\eta_3=9\times600+137-\left[\frac{9\times600+137}{1\ 024}\right]\times1\ 024=417$$

$$X_3=417/1\ 024=0.407\ 2$$

…

按线性公式产生 0～1 均匀分布的随机数，只要选择适当的 M、λ、C 和 η_1，就可以获得有足够长度的伪随机数列。当取 $M=2^k$ 时，$\lambda=4t+1$（t 为正整数），C 为奇数，η 为任意非负整数时，其伪随机数列长度可达 2^k。

三、服从任一分布规律的随机数的产生

服从任一分布规律的随机数都可以适当由 0～1 均匀分布的随机数加以适当变换得出。只要给出一定的分布规律（如分布列、分布函数或密度函数），便可实现这一变换。以下介绍三种变换方法。

1. 直接变换法 —— 根据离散型随机变量的分布列进行变换

如果已知某一离散型随机变量的分布列，就可以直接将 0－1 均匀分布的随机数变换成服从给定分布列的随机数。

例如，对某目标一次单发射击中，命中目标的概率 $p=0.7$，脱靶概率 $q=1-p=0.7$，则命中目标弹数这一随机变量的分布列见表 8.4。

表 8.4　随机变量的分布列

命中弹数可能值 N	0	1	…
概　率	0.7	0.3	…

根据分布列可知，为了模拟出命中目标的弹数 N，产生出的随机数 N 应当是 0，1 之中的一个，而出现 0 的概率为 0.7，出现 1 的概率为 0.3。对此问题，可利用 0～1 均匀随机数 X 来变换，即当 X 的抽样值在 0～0.7 时，N 取 0；当 X 的抽样值在 0.7～1.0 时，N 取 1。由于 X 是在 0～1 均匀分布的，因此，模拟结果值 N 出现 0，1 的概率也是符合该分布列的。

一般情况而言，如果某一离散型随机变量 Y 的分布列如表 8.5 所列，那么将 0～1 均匀分布的伪随机数 X 变为符合以上分布的随机数 Y 的公式为

$$Y=\begin{cases} y_1 & (0\leqslant x<p_1) \\ y_2 & (p_1\leqslant x<p_1+p_2) \\ y_3 & (p_1+p_2\leqslant x<p_1+p_2+p_3) \\ \cdots\cdots & \\ y_4 & (p_1+\cdots+p_{n-1}\leqslant x<p_1+\cdots+p_n) \end{cases} \tag{8.17}$$

表 8.5　随机变量 Y 的分布列

可能值	y_1	y_2	y_3	…	y_n
概　率	p_1	p_2	p_3	…	p_n

2. 反函数法 —— 根据分布函数进行变换

如果已知随机变量的分布函数，且可求出其反函数，那么可利用反函数法将 0～1 均匀分布随机数变换成服从该分布函数的随机数。

设某随机变量 X 的分布函数为 $F(y)$，如图 8.4 所示。根据分布函数的意义，可知如果将

某一数值 a 代入该函数解析式中，即可求出随机变量 $Y \leqslant a$ 的概率 $P(Y \leqslant a)$。换言之，只要给出一个边界值 a，可从曲线上查出 $Y \leqslant a$ 的概率 $F(a)$，在图 8.4 中，任取两点 a, c，在该两点处右移等距离 Δ，得

$$b = a + \Delta$$
$$d = c + \Delta$$

此时有

$$(b - a) = (d - c)$$
$$F(b) - F(a) \neq F(d) - F(c)$$

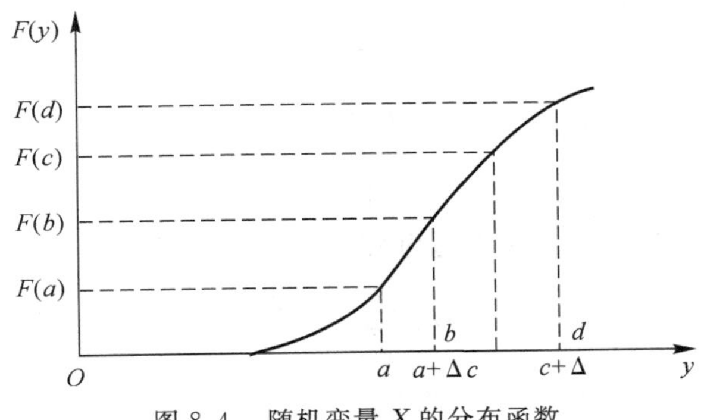

图 8.4　随机变量 X 的分布函数

这说明，横坐标在某点的改变量 Δ 引起该点纵坐标的改变量的大小与曲线在该点处的斜率成正比，或从概率的角度解释为随机变量在横轴上各处的概率密度的大小与该处对应的分布曲线的斜率成正比，如图 8.5 所示。

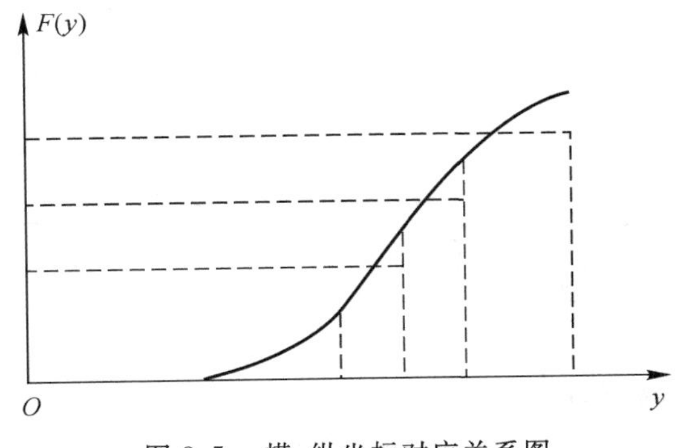

图 8.5　横、纵坐标对应关系图

从图 8.5 可以看出，在纵坐标轴上均匀分布的各点经过转换后，在横坐标上的分布密度与曲线在各点处的斜率成正比。从上述直观的几何解释可知，用反函数法进行变换时的步骤如下：

(1) 写出所要模拟的随机变量的分布函数 $F(y)$；

(2) 写出反函数 $y = F^{-1}(x)$；

(3) 产生 0～1 均匀分布的随机数 x，代入反函数的解析式中求出 y 值，该 y 值即为随机变量 Y 的随机数或模拟值。

例如，已知武器射击时弹着点的方位角在 $0 \sim 2\pi$ 均匀分布，将 $0 \sim 1$ 均匀分布的随机数转换成可以模拟弹着点方位角的随机数 θ。根据分布函数方程式得

$$F(\theta) = \theta / 2\pi \quad (0 \leqslant \theta \leqslant 2\pi)$$

或写成

$$x = \theta / 2\pi$$

分布函数如图 8.6 所示，其反函数为

$$\theta = 2\pi x = F^{-1}(x) \quad (0 \leqslant x \leqslant 1)$$

于是，根据 $0 \sim 1$ 均匀分布的伪随机数 x，即可获得弹着点方位角 θ_i 的随机数：

$$\theta_1 = 2\pi x_1$$

$$\theta_2 = 2\pi x_2$$

$$\vdots$$

$$\theta_i = 2\pi x_i$$

$$\vdots$$

又如，已知某随机变量 Y 在 $a \sim b$ 为均匀分布，分布函数为

$$F(y) = \frac{y-a}{b-a} \quad (a \leqslant y \leqslant b)$$

或写作

$$x = \frac{y-a}{b-a} \quad (a \leqslant y \leqslant b)$$

分布函数如图 8.7 所示。

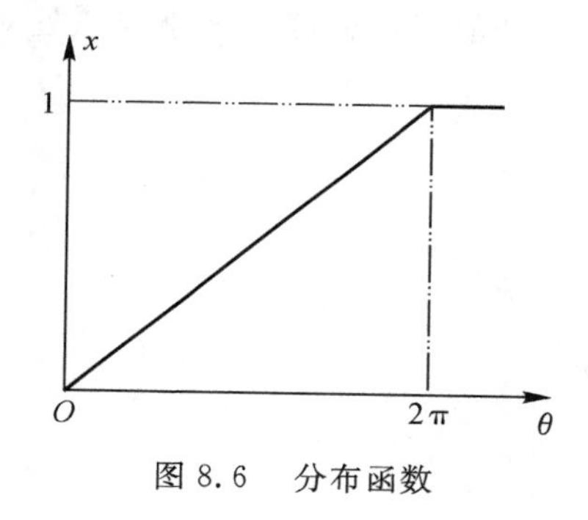

图 8.6　分布函数

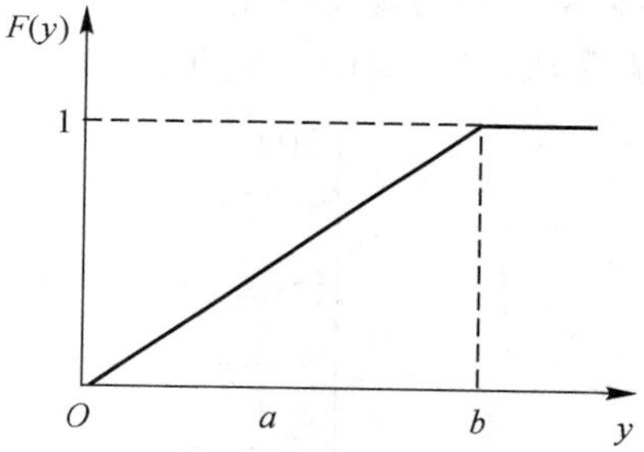

图 8.7　分布函数

分布函数 $F(y)$ 的反函数为

$$y = a + (b-a)x$$

根据 $0 \sim 1$ 均匀分布的随机数 x_i，可获得在 $a \sim b$ 上为均匀分布的随机数 y_i：

$$y_1 = a + (b-a)x_1$$

$$\vdots$$

$$y_i = a + (b-a)x_i$$

$$\vdots$$

3. 舍选法——根据密度函数进行变换

舍选法是从已知随机变量密度函数的情况下进行变换的一种方法。其原理与前述求积分问题的原理类似。如图 8.8 所示，产生在图示矩形区域均匀分布的随机点 (ξ_i, η_i)。当 $\eta_i <$

$f(y)$时，将ξ_i作为随机数y_i；当$\eta_i > f(y)$时，将ξ_i舍去。从图中可直观地看出，横坐标被选中的次数与密度函数曲线在该处的高度成正比，因而随机数在$a \sim b$上的分布密度符合$X = f(y)$。当密度函数曲线延伸至无限远(无端点)时，可根据曲线形状和精度要求对其截尾，做近似处理。

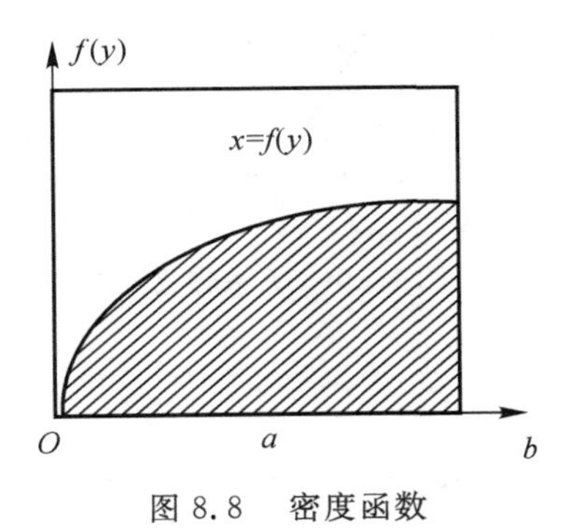

图 8.8　密度函数

4. 离散逼近法——根据连续型随机变量的"分布列"进行变换

如果某一连续型随机变量的分布情况由表 8.6 所示分布列的形式给出，则表示随机变量取值区间与相应概率之间关系的图形如图 8.9 所示。

表 8.6　随机变量分布列

区　间	$a_1 \sim a_2$	$a_2 \sim a_3$	$a_3 \sim a_4$	…	$a_n \sim a_{n+1}$
概　率	p_1	p_2	p_3	…	p_n

图 8.9　随机变量取值区间与相应概率之间的关系

在$0 \sim 1$取相应端点，并使

$$c_1 = 0$$

$$c_2 = p_1$$

$$c_3 = \sum_{i=1}^{2} p_i$$

$$\vdots$$

$$c_{n+1} = \sum_{i=1}^{n} p_i = 1$$

也即c_1, c_2的长度为p_1；c_2, c_3的长度为p_2；…；c_n, c_{n+1}的长度为p_n。对于任一个$0 \sim 1$均匀分布的随机数，均可在$c_1 \sim c_{n+1}$中找到相应的一个点，然后可按比例转换到A上，如图 8.10 所示。

若x_1在$c_1 \sim c_2$，则有

$$\frac{x_1 - c_1}{c_2 - c_1} = \frac{y_1 - a_1}{a_2 - a_1}$$

得到

$$y_1 = a_1 + \frac{x_1 - c_1}{c_2 - c_1}(a_2 - a_1)$$

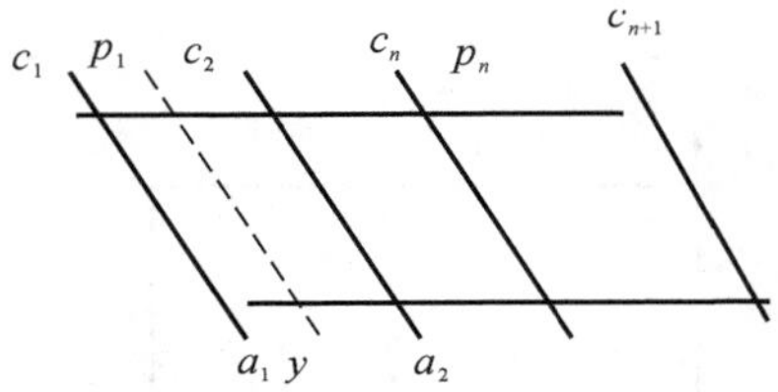

图 8.10　关系转化图

若 x_i 在 $c_i \sim c_{i+1}$，则有

$$y_i = a_i + \frac{x_i - c_i}{c_{i+1} - c_i}(a_{i+1} - a_i)$$

于是，根据一系列的 $0 \sim 1$ 均匀分布随机数 $x_1, x_2, \cdots$ 便可获得一系列满足要求的随机数 $y_1, y_2, \cdots$。

四、正态分布随机数的产生

利用正态分布的一个主要特征，即服从任意分布的数量足够多的随机数之和服从正态分布，即可获得符合正态分布的随机数。

设 x_i 为 $0 \sim 1$ 均匀分布的随机数之和：

$$x_i = \sum_{i=1}^{n} \lambda_i \tag{8.18}$$

式中：λ_i——$0 \sim 1$ 均匀分布的随机数。

根据中心极限定理（李雅普诺夫定理），当 $\lambda_1, \lambda_2, \cdots, \lambda_n$ 相互独立，它们具有有限的期望和方差：

$$E(\lambda_j) = \mu_j = \frac{1}{2}$$

$$D(\lambda_j) = \sigma_j^2 = \frac{1}{12} \quad (j = 1, 2, \cdots)$$

记

$$B_n^2 = \sum_{j=1}^{n} \sigma_j^2 = \frac{n}{12} \tag{8.19}$$

若存在正数 δ，使得 $n \to \infty$ 时，$\frac{1}{B_n^{2+\delta}} \sum_{j=1}^{n} E\left|\lambda_j - \mu_j\right|^{2+\delta} \to 0$，则随机变量

$$Z_n = \frac{\sum_{j=1}^{n} \lambda_j - \sum_{j=1}^{n} \mu_j}{B_n} \tag{8.20}$$

的分布函数 $F_n(x)$ 对任意的 x，满足

$$\lim_{n\to\infty}F_n(x)=\lim_{n\to\infty}p\left\{\frac{\sum_{j=1}^{n}\lambda_j-\sum_{j=1}^{n}\mu_j}{B_n}\leqslant x\right\}=\int_{-\infty}^{x}\frac{1}{\sqrt{2\pi}}\mathrm{e}^{-t^2/2}\mathrm{d}t \tag{8.21}$$

该定理表明，当 n 很大时，随机变量

$$Z_n=\frac{\sum_{j=1}^{n}\lambda_j-\sum_{j=1}^{n}\mu_j}{B_n}$$

近似服从正态分布 $N(0,1)$。

由此可得出，当 n 很大时，$\sum_{j=1}^{n}\lambda_j=x_j$ 近似地服从正态分布 $N\left(\sum_{j=1}^{n}\mu_j,B_n\right)$。也就是说，无论各随机变量 $\lambda_j(j=1,2,3,\cdots)$ 具有怎样的分布，当 n 很大时，X_i 近似服从正态分布。随机变量 X_i 的期望和均方差在 λ_j 服从均匀分布时，有

$$E(x_i)=\sum_{j=1}^{n}\mu_j=\frac{n}{2} \tag{8.22}$$

$$\sigma(x_i)=\sqrt{B_n^2}=\sqrt{\frac{n}{12}}=\frac{1}{2\sqrt{3}}\sqrt{n} \tag{8.23}$$

如果要求某个正态随机数 y_i 的期望 $E(y_i)=a$ 及均方差 $\sigma(y_i)=\sigma$，就可将所获得的 x_i 做变换如下：

$$y_i=\frac{\left(x_i-\frac{n}{2}\right)\sigma}{\frac{\sqrt{n}}{2\sqrt{3}}}+a \tag{8.24}$$

为使分布更接近于正态分布，式(8.24) 中随机数的个数应当足够多。为减少和式中随机数的个数，可按下列变换式构成 y_i：

$$y_i=\frac{x_i}{\sqrt{n}}-\frac{1}{20n}\left(\frac{3x_i}{\sqrt{n}}-\frac{x_i^3}{n\sqrt{n}}\right) \tag{8.25}$$

按式(8.25)，当 $n=5$ 时，y_i 的分布已很接近于正态分布。

若取下列变换式：

$$y_i=\frac{x_i}{\sqrt{n}}\left[1-\frac{41}{13\,440n^2}\left(\frac{x_i^4}{n^2}-10\frac{x_i^2}{n}+15\right)\right] \tag{8.26}$$

则当 $n=2$ 时，y_i 的分布就很接近于正态分布。

关于正态分布的变换还有其他一些方法，可参阅有关文献，此处不再详举。

五、蒙特卡罗方法的抽样精度

蒙特卡罗方法一般是用某个随机变量 X 的简单子样 $x_1,x_2,x_3,\cdots,x_n$ 的平均值作为所求解 I 的近似值，由大数定理

$$\overline{X}_N=\frac{1}{N}\sum_{n=1}^{N}x_n \tag{8.27}$$

可知，当 $E(x)=I$ 时，平均值 $\overline{X}_N$ 以概率 1 收敛到 I，即

$$p(\lim_{N\to\infty}\overline{X}_N = I) = 1 \tag{8.28}$$

按中心极限定理，对任何 $\lambda_\alpha > 0$，有

$$P\left(|\overline{X}_N - I| < \frac{\lambda_\alpha\sigma}{\sqrt{N}}\right) \approx \frac{2}{2\pi}\int_0^{\lambda_\alpha} e^{-t^2/2}\,dt = 1-\alpha \tag{8.29}$$

这表明，不等式

$$|\overline{X}_N - I| < \frac{\lambda_\alpha\sigma}{\sqrt{N}} \tag{8.30}$$

近似以概率 $1-\alpha$ 成立。在此，α 称为显著水平，$1-\alpha$ 称为置信水平，σ 为随机变量 X 的均方差，式(8.30)表明，$\overline{X}_N$ 收敛到 I 的速度与 $N^{-\frac{1}{2}}$ 成正比。如果 $\sigma \neq 0$，那么蒙特卡罗方法的误差 ε 为

$$\varepsilon = \frac{\lambda_\alpha\sigma}{\sqrt{N}} \tag{8.31}$$

式(8.31)中的正态差——置信系数 λ_α 与显著水平 α 是一一对应的，对应关系可用 $N(0,1)$ 积分表及如下公式算出：

$$\frac{1}{\sqrt{2\pi}}\int_{-\infty}^{\lambda_\alpha} e^{-t^2/2}\,dt = 1-\frac{\alpha}{2} \tag{8.32}$$

表 8.7 为常用的 α 与 λ_α 的数值。

表 8.7　常用的 α 与 λ_α 的数值

α	λ_α	α	λ_α
0.000 063	4	0.5	0.674 5
0.002 7	3	0.05	1.960 0
0.045 5	2	0.02	2.326 3
0.317 3	1	0.01	2.575 8

在表 8.7 中，当 $\alpha = 0.5$ 时，误差 ε 为

$$\varepsilon = \frac{\lambda_\alpha\sigma}{\sqrt{N}} = 0.674\,5\sigma/\sqrt{N} \tag{8.33}$$

此误差称为概然误差，此时，误差超过 ε 的概率 α 与小于 ε 的概率 $1-\alpha$ 相等，都等于 0.5。

从式(8.33)中可以看出，蒙特卡罗方法的误差 ε 是由 σ 和 $\sqrt{N}$ 决定的。在固定 σ 的情况下，要想提高精度一位数字，就要增加 100 倍的工作量；从另一角度说，在固定误差 ε 和抽样产生一个 X 的平均费用 C（此处费用可理解为机时等）不变的情况下，如果 σ 减少到之前的 1/10，那么可减少工作量到之前的 1/100。如果费用 C 不固定（随着方法的改变而改变），由于

$$N = \left(\frac{\lambda_\alpha\alpha}{\varepsilon}\right)^2$$

$$NC = \left(\frac{\lambda_\alpha\alpha}{\varepsilon}\right)^2\sigma^2 C$$

因此，蒙特卡罗方法的效率与 σ^2 成正比。作为提高蒙特卡罗方法效率的重要方向，既不是增加抽样数 N，也不是简单地减少标准差 σ，而应该是在减小标准差的同时兼顾费用的大小，使

方差 σ^2 与费用 C 的乘积尽量小。

六. 产生几种分布的随机数程序段

1. 在区间 (a,b) 上的均匀分布

伪随机变量生成程序给出在区间 $(0,1)$ 上的均匀分布的随机变量，但是在其他区间要求的均匀分布随机变量，比方说 (a,b)，均匀分布的密度函数如下：

$$f(x)=\begin{cases}\dfrac{1}{b-a} & (a<x<b)\\ 0 & (x\leqslant a, x\geqslant b)\end{cases}$$

分布函数如下：

$$F(x)=\int_a^x \frac{1}{b-a}\mathrm{d}t=\frac{x-a}{b-a}$$

令 $F(x)=r$，于是

$$\frac{x-a}{b-a}=r$$

且

$$x=a+(b-a)r$$

这里，r 是在区间 $(0,1)$ 上均匀分布的随机变量。

2. 正态分布

因为正态分布用得很多，所以发展了某些技巧来产生正态分布的随机变量。产生正态分布随机数的方法很多，常用的有以下几种。

(1) 表格查阅。例如，用于待定的正态分布的分布函数被规定为一表格，可按表格查找来确定随机变量。

(2) 直接计算法。产生同一正态分布的一对随机变量，令 r_1, r_2 为在区间 $(0,1)$ 上的均匀分布的独立随机变量，则

$$x_1=(-2\ln r_1)^{\frac{1}{2}}\cos 2\pi r_1$$

$$x_2=(-2\ln r_2)^{\frac{1}{2}}\sin 2\pi r_2$$

式中，(x_1, x_2) 是成对的独立随机变量，它们的联合密度函数为标准的正态分布。

最后一种以中心极限理论为依据，这种方法认为相同的均匀独立随机变量的均值是渐近于正态分布。若独立 k 个在区间 $(0,1)$ 上均匀分布的变量 σ_i，则

$$X=\frac{\sum_{i=1}^{k} r_i-\frac{k}{2}}{\sqrt{k/12}}$$

是均值为 0、方差为 1 的正态分布，这样就产生了一个均值为 μ、标准差为 σ 的正态分布的变量，且有如下关系：

$$X'=\sigma\left(\frac{12}{k}\right)^{\frac{1}{2}}\left(\sum_{i=1}^{k} r_i-\frac{k}{2}\right)+\mu$$

随机变量 X' 在 3 倍的标准差内是可靠的，一般应用时 K 值不低于 10 和 12。

3. 指数分布

具有平均值的指数分布的概率密度函数如下：

$$f(x)=\begin{cases}\dfrac{1}{\theta}\mathrm{e}^{-\frac{x}{\theta}} & (x>0,\theta>0)\\ 0 & 其他\end{cases}$$

则

$$F(Z)=\int_0^z f(x)\mathrm{d}x=\int_0^z \frac{1}{\theta}\mathrm{e}^{-\frac{x}{\theta}}\mathrm{d}x$$

$$F(Z)=1-\mathrm{e}^{-\frac{z}{\theta}}$$

$$-Z/\theta=\ln[1-F(Z)]$$

$$Z=-\theta\ln(1-r)$$

令 $r=F(Z)$ 或应用对称性，得

$$Z=-\theta\ln r$$

这里，r 是均匀分布的随机数。

4. 几何分布

几何分布的密度函数为

$$F(x)=pq^{x+1}\quad(x=1,2,\cdots)$$

这里，$p=1-q$，则

$$F(x)=\sum_{y=1}^{x}pq^{y-1}$$

$$1-F(x)=\sum_{y=x+1}^{\infty}pq^{y-1}=\sum_{y=x+1}^{\infty}(1-q)q^{y-1}=q^{x}$$

$$\frac{1-F(x)}{q}=q^{x-1},\quad r=q^{x-1}$$

$$x-1=\ln r/\ln q$$

$$x=\ln r/\ln q+1$$

式中：r—— 均匀分布的随机数；

q—— 个别试验的失败概率。

5. 泊松分布

泊松分布随机变量的生成决定于指数分布与泊松分布之间的已知关系。泊松分布的密度函数为

$$f(x)=\frac{\mathrm{e}^{-\lambda}\lambda^{x}}{x}\quad(x=0,1,2,\cdots,\quad\lambda>0)$$

若事件之间的时间间隔是均值为 $1/\lambda$ 的指数分布，则在单位时间间隔内出现事件 X 的次数是均值为 λ 的泊松分布。因此，该方法是生成指数分布的随机量 $t_1,t_2,\cdots$，且有

$$t_i=-\ln r_i$$

将它们累加起来直到

$$\sum_{i=1}^{k}t_i\leqslant\lambda<\sum_{i=1}^{x+1}t_i$$

且总和大于 λ，则指数分布的变量的数值 X 是期望的泊松分布的随机变量。

6. 二项式分布

二项式分布可以描述为 n 次独立试验的 X 次成功，其成功概率为 p，且

$$f(x)=\begin{bmatrix}n\\x\end{bmatrix}p^{x}q^{n-x}\quad(x=0,1,\cdots,n)$$

第二节 核武器对点目标群的毁伤效果指标计算

由若干个点(单个)目标所构成的集合称为点目标群,一般称为点目标群或点目标系。例如,分散在有限地域内的各种军事目标、分散在城市内的各人防工事组成的工事群等皆属此例。

目标群中,如果每个目标的功能均相同,就属于同类目标群;如果目标群中各目标具有不同的使用功能,就属于混合目标群。目标群中每个目标间的距离较近,以致一枚弹可以同时摧毁目标群内两个以上的目标,则称相依目标群;反之,为不相依目标群(此时变为对点目标的毁伤计算)。目标群内各目标的硬度及重要性有时是相同的,但在很多情况下是不同的。

城市中各重要目标的毁伤时,这些重要目标均属混合相依的不均匀目标群。例如,目标群可能是以下目标的集合:

$$\Omega=\{b_{11},b_{12},b_{13},\cdots,b_{21},b_{22},\cdots\}=$$

{铁路东站,铁路西站,编组站,……,冶金厂,汽车厂,……}

上述目标有着不同的重要性指标 V_{ij} 及不同的硬度指标 R_{ij},可以用图 8.11 表示。

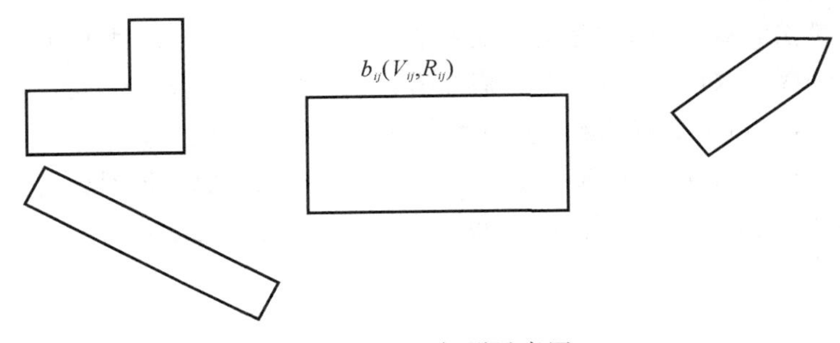

图 8.11 目标群示意图

对目标群射击的目的是造成目标群整体的破坏,击毁群内尽可能多的目标,或造成群的整体战斗力(价值)的丧失,以及造成群的整体功能下降等。一般情况下,可选取"平均毁伤群内目标数"作为毁伤指标:

$$M_x=M(x)\tag{8.34}$$

下面我们推导出 M_x 的一般公式,该公式适用于对目标群射击的所有情况。设有 N 个目标 $n_1,n_2,\cdots,n_N$ 所组成的目标群,对该目标进行射击。射击次数是任意的;各次射击可以是相关的,也可以是独立的;射击条件可以相同,也可以不相同;可以对半个目标瞄准,也可以将目标作为一个整体瞄准。

将被毁伤目标数 X 表示为 N 个随机变量之和:

$$X=X_1+X_2+\cdots+X_N=\sum_{i=1}^{N}X_i\tag{8.35}$$

式中:X_i—— 第 i 个目标的随机变量,取值为

$$X_i=\begin{cases}1\\0\end{cases}$$

根据数学期望的加法定理，可知

$$M(X)=\sum_{i=1}^{N}M(X_i) \tag{8.36}$$

如果以 p_i 表示整个射击过程中第 i 个目标的毁伤概率，就可得出

$$M(X_i)=1\cdot p_i+0\cdot(1-p_i)=p_i$$

代入式(8.36)，得

$$M(X)=\sum_{i=1}^{N}p_i$$

从而得出

$$M_x=\sum_{i=1}^{N}p_i \tag{8.37}$$

式(8.37)表明，目标群中平均毁伤目标数等于目标群中各单个目标的被毁伤概率之和。

群内目标的平均毁伤目标百分数为

$$M=\frac{M_x}{N}\times 100\%=\sum_{i=1}^{N}(p_i/N)\times 100\% \tag{8.38}$$

从式(8.37)及式(8.38)中可以看出，欲求对目标群的毁伤指标，关键是求出对群内各单个目标被毁伤的概率。

每个目标被毁伤的概率 p_i，实际上就是有偏移情况下的点目标被毁伤的概率。因此，可采用数值积分方法逐一求出 p_i。然而，我们知道，用数值积分方法计算 p_i，在武器和目标参数经常变化的情况下，也不是很简单的。现在我们用蒙特卡罗方法计算 p_i。

当射击目标群整体的瞄准点(X_a,Y_a)—— 散布中心确定之后，即对弹着点进行抽样，弹着点坐标应分别为 $N(X_a,\sigma)$ 和 $N(Y_a,\sigma)$ 分布。因此，弹着点的坐标由式(8.24)所决定，具体情况为

$$\left.\begin{aligned}X_z&=\frac{X_i-\frac{24}{2}}{\frac{1}{2\sqrt{3}}\times\sqrt{24}}\sigma+X_a\\Y_z&=\frac{X'_i-\frac{24}{2}}{\frac{1}{2\sqrt{3}}\times\sqrt{24}}\sigma+Y_a\end{aligned}\right\} \tag{8.39}$$

简化表示如下：

$$\left.\begin{aligned}X_z&=X'_i\sigma+X_a\\Y_z&=Y'_i\sigma+Y_a\end{aligned}\right\} \tag{8.40}$$

弹着点(实际爆心投影点)(X_z,Y_z)距第 i 个目标的距离 R_i 为

$$R_i=\sqrt{(X_z-X_{pi})^2+(Y_z-Y_{pi})^2} \tag{8.41}$$

式中：(X_{pi},Y_{pi})—— 第 i 个目标的坐标。

计算出每次抽样的弹着点与目标间的距离 R_i 以后，第 i 个目标的毁伤可用下式判断：

$$d_i^0=\begin{cases}1 & (R_i \leqslant R_{bi})\\ 0 & (R_i > R_{bi})\end{cases} \tag{8.42}$$

式中：R_{bi}—— 第 i 个目标对应该弹头毁伤半径。

抽样 N 次，可得第 i 个目标的毁伤概率的近似值为

$$P_i=\frac{m_i}{N}\quad (d_i^0=1) \tag{8.43}$$

式中：m_i——d_i^0 取值为 1 的次数。

如果不需要知道每一个点目标的毁伤概率，那么可以计算出每次模拟毁伤圆覆盖的目标数 m_i，从而得出平均毁伤目标数 M_x 为

$$M_x=\sum_{j=1}^{N} m_j/N \tag{8.44}$$

在本节中，我们从几何上对目标群中的各个点目标进行抽象化。事实上，即使在同类型的目标群中，每个目标的重要性及易损性都会有所不同。如果用每个目标的相对价值或面积等量值对目标的重要性进行标定，式(8.37) 仍适用，仅仅用某个目标的毁伤概率乘反映该目标数变动的映射量即可，这时，平均毁伤目标数变成平均毁伤目标价值(或面积等)：

$$M_x=\sum_{i=1}^{N} V_i p_i \tag{8.45}$$

或

$$M_x=\sum_{i=1}^{N} A_i p_i \tag{8.46}$$

上述两式中，V_i，A_i 分别为第 i 个目标的价值(重要性表征)及面积数。也可以代入计算者所关心的反映目标特点和其他指标。对以上用蒙特卡罗方法的计算，应做实际练习，以便更好地掌握。

第三节　对任意形状非均匀线目标的毁伤效果指标计算

我们知道，实际中的绝大多数线目标表现出任意形状或硬度(有时包括重要性等)，沿整个线目标的分布并不均匀，甚至两者兼而有之，如人防工程中的坑、地道工程、沿江大堤、地下铁道以及重要的铁路干线等。 对于这些目标，有必要用蒙特卡罗方法计算其毁伤指标。 用蒙特卡罗方法计算任意非均匀线目标毁伤指标，仍采用线目标的平均相对毁伤长度为毁伤指标：

$$M=M(u)$$

用蒙特卡罗方法计算线目标的平均相对毁伤长度，是在对线目标离散化的基础上进行的。长度为 L，宽度为 B，且 $L\gg B$，全长 L 离散为一系列微段 $\mathrm{d}L$，微段长度及数量可根据计算条件及计算精度要求确定。第 L_i 个微段中点的坐标为(X_i,Y_i)，第 L_i 微段的毁伤半径为 R_{bi} 用蒙特卡罗方法抽样，得到某次抽样的弹着点坐标为(X_z,Y_z)，然后对各微段循环求出(X_i,Y_i) 距(X_z,Y_z) 的距离 R_i：

$$R_i=\sqrt{(X_z-X_i)^2+(Y_z-Y_i)^2}$$

判断第 L_i 微段是否毁伤：

$$L_i = \begin{cases} 1 & (R_i \leqslant R_{bi}) \\ 0 & (R_i > R_{bi}) \end{cases}$$

统计毁伤数 m_j：

$$m_j = \sum_{i=1} L_i$$

从而求出第 j 次抽样的累计毁伤长度：

$$L_j = m_j \mathrm{d}L \tag{8.47}$$

第 j 次模拟中，线目标的相对毁伤长度为

$$U_j = \frac{L_j}{L}$$

经过 N 次模拟，最后得出平均相对毁伤长度：

$$M = M(U) = \sum_{j=1}^{N} \frac{U_j}{N} \tag{8.48}$$

第四节　对任意形状非均匀面目标的毁伤效果指标计算

一、城市目标的一般特点

城市目标的特点表现在以下几方面。

（一）具有任意的平面形状

图 8.12 为三种不同的典型形式。：(a) 为一般不规则的边界形状；(b) 为具有多边界（外边界及内边界）的形状；(c) 为由多个子区域构成的平面形状。

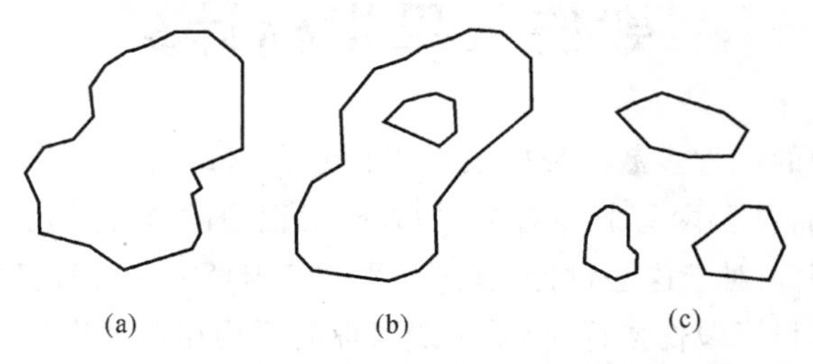

图 8.12　三种不同城市目标样式

（二）目标域内包含的对象多且分布不均匀。

在通常情况下，由于毁伤分析及人防规划等需要，城市建筑物、人口、各类重要目标、人防工程等应作为主要考虑对象。这些对象在市区内的分布是非均匀的，达到预定毁伤程度的标准（硬度，如结构抗超压的标准、建筑物的燃点，以及对辐射剂量的削弱作用等可理解为硬度）也是非均匀的。

综上所述，城市目标是具有任意形状的非均匀面目标。在对城市目标的毁伤分析中，蒙特卡罗方法是一种可行的方法。

二、毁伤指标的选取

由于城市目标由不同的对象所组成，因此，在研究城市目标毁伤效率时，可根据不同的课题选取不同的指标，一般可选取以下指标。

（1）平均相对毁伤面积 M_{A}。

平均相对毁伤面积是指某种效应因素对应某等级毁伤程度的平均相对杀伤面积（通常是指分布在面积上的物质实体）。于是，就约定用所受破坏不低于规定类型——某等级毁伤程度的面积 A 来衡量目标的受损程度。一般用平均毁伤面积 $M[A_{\mathrm{d}}]$ 来表示，即毁伤面积的期望值。目标的平均相对毁伤面积为

$$M_{\mathrm{A}}=\frac{1}{A_0}M[A_{\mathrm{d}}]$$

（2）平均相对毁伤人口 M_{p}。

类似地，平均相对毁伤人口是指人口毁伤的期望值除以总人口值：

$$M_{\mathrm{p}}=\frac{1}{P_0}M[P_{\mathrm{d}}]$$

（3）平均相对毁伤第 k 类目标数 $M_{\mathrm{s}k}$。

$$M_{\mathrm{s}k}=\frac{1}{S_{0k}}M[S_{\mathrm{d}k}]$$

（4）平均相对毁伤第 k 类建筑物面积 $M_{\mathrm{b}k}$。

$$M_{\mathrm{b}k}=\frac{1}{b_{0k}}M[b_{\mathrm{d}k}]$$

除此之外，根据需要还可以选择其他指标。

三、毁伤指标的计算过程

用蒙特卡罗方法对任意非均匀面目标进行计算，原理与分析群目标、线目标类似，过程如下。

（一）目标假定及离散化

设任意形状的面目标域 Ω，根据计算条件（如计算机容量及速度等）、目标大小及问题的精度要求，将目标域做离散化处理，即建立相对坐标系（大地坐标系亦可），沿 x 轴、y 轴方向取相同等分，将目标分为一系列相同的正方形单元 $\mathrm{d}\omega$，并作以下假定。

（1）用每一个面积单元的中点 $(X_{\mathrm{e}},Y_{\mathrm{e}})$ 作为该单元的标志点，对标志点落入城市市区界线以内的那些单元进行编号，对标志点落入边界线以外的那些单元不再编号。整个目标域面积即视为一系列单元 $(i=1,2,\cdots,m)$ 所组成，如图 8.13 所示。

具体表示如下：

$$A_0=\sum_{i=1}^{m}A_{\mathrm{e}i}=mA_{\mathrm{e}}$$

式中：$A_{\mathrm{e}i}$——第 i 个单元面积；

m—— 单元数。

目标离散化中，可以采用局部加密网格、在边界处采用非矩形单元等措施来减小误差，以在局部感兴趣的地区获得更好的效果。具体的网格步长的大小应根据点目标的条件而定。

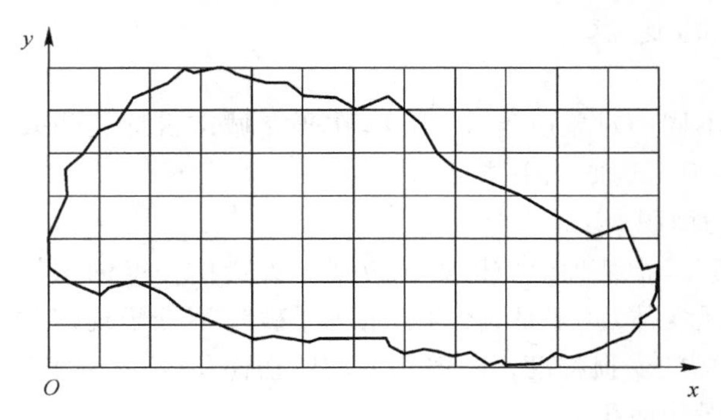

图 8.13　目标离散化

(2) 在一个单元内部，认为建筑物、人口或价值等对象近似均匀分布，其他对象，如重要点目标、人防工程等，则按其实际位置分布；在单元与单元之间则为连续或不连续分布，如

$$P_{ei}=P_{ej} \quad \text{或} \quad P_{ei}\neq P_{ej}(P_{ei},P_{ej}\geqslant 0)$$

式中：P_{ei}，P_{dj}—— 第 i 个及第 j 个单元的人口数。

目标总人口数 P_0 为各单元人口之和，即

$$P_0=\sum_{i=1}^{m}P_{ei}$$

(二) 单元信息

单元信息是一个面积元 dω 内各种统计数据，可以用类似“单元信息矩阵”的方法记录单元内的数据。其数据的种类及精度要求一般应根据研究的课题的需要来确定。一般应包括：单元坐标(X_e，Y_e)，单位为 km；单元人口数 P_e，单位为万人；单元面积 A_e，单位为 km^2；单元内主要建筑物类型及密度；单元硬度 R_e，单位为 kg/cm^3；单元内需要特别指明的重要点目标；单元内人防工程的类型、面积、抗力等。

(三) 模拟过程及指标计算

(1) 产生一对随机数，它们代表了一个实际的爆心投影点(X_z，Y_z)。该爆心投影点符合以瞄准点(X_a，Y_a) 为散布中心的平面正态分布；

(2) 对 $i=1,2,\cdots,m$ 单元循环，分别计算出每个单元标志点与爆心投影点(X_z，Y_z) 和距离 R_i：

$$R_i=\sqrt{(X_z-X_e)^2+(Y_z-Y_e)^2}$$

(3) 根据每个单元的毁伤半径 R_{bi} 判断单元是否被毁伤，若是单元面积 A_e，则有

$$A'_{ei}=\begin{cases}A_e & (R_{bi}\geqslant R_i)\\ 0 & (R_{bi}<R_i)\end{cases}$$

(4) 计算一次模拟完毕的毁伤指标及相对毁伤指标，如一次模拟后相对毁伤面积 A_d：

$$A_d=\sum_{i=1}^{m}A'_{ei}/A_0 \tag{8.49}$$

式中：A'_{ei}——$R_{bi} \geqslant R_i$ 的单元面积。

一次模拟后相对毁伤人口 P_d 为

$$P_d = \sum_{i=1}^{m} P'_{ei} / P_0 \tag{8.50}$$

式中：P'_{ei}——$R_{bi} \geqslant R_i$ 的单元人口。

(5) 重复以上过程。在模拟 N 次之后，得出平均毁伤指标及相对毁伤指标。

N 次模拟后，平均相对毁伤面积为

$$M(A_d) = \sum_{j=1}^{N} A_{dj} / N \tag{8.51}$$

N 次模拟后，平均相对毁伤人口为：

$$M(P_d) = \sum_{j=1}^{N} P_{dj} / N \tag{8.52}$$

第五节　蒙特卡罗方法计算

我们知道，线目标和面目标的离散化使毁伤效果的计算与目标群的计算没什么不同，平均相对毁伤量的计算原理是一样的。然而用平均相对毁伤量 M 刻划毁伤是不完善的，因为对一个目标使用的武器数量很少时，一次射击的实际毁伤量 u 与平均相对毁伤量 M 的差异可能比较大。这种不尽一致的情况，难以实现中等核国家确有把握地进行反击，为此，使用核武器的情况下，引入可靠概率指标 $P(U \geqslant u)$ 是必要的。

这里 $P(U \geqslant u)$ 的意义是，相对毁伤量 U 不低于某一给定要求值 u 的概率。

在给定瞄准点$(X_{aj}, Y_{aj})(j=1,2,\cdots,N)$ 条件下，$P(U \geqslant u)$ 的蒙特卡罗方法计算如下：

设有 m 个相依点 T_i，它们的坐标为$(X_i, Y_i)(i=1,2,\cdots,m)$，点目标的综合价值为 $V_i(i=1,2,\cdots,m)$。

设有 N 枚不同型号武器，第 j 枚武器对第 i 个点目标的毁伤半径为 $R_{ij}(i=1,2,\cdots,m, j=1,2,\cdots,N)$；武器的散布指标为$(\sigma_{xj}, \sigma_{yj})$；爆心投影点 C_j 坐标为(X_j, Y_j)，且有

$$\left.\begin{aligned} X_j &= X_{aj} + \sigma_{xj}\sqrt{-2\ln r_1}\cos 2\pi r_2 \\ Y_j &= Y_{aj} + \sigma_{yj}\sqrt{-2\ln r_1}\sin 2\pi r_2 \end{aligned}\right\} \tag{8.53}$$

那么第 j 枚武器毁伤第 i 个点目标应满足条件：

$$\begin{cases} \mathrm{d}(T_i, C_j) \leqslant R_{ij} \\ \mathrm{d}(T_i, C_j) = \sqrt{(X_j - X_i)^2 + (Y_j - Y_i)^2} \end{cases}$$

则“第 i 个点目标被毁伤”等价于至少有一枚武器毁伤目标，即

$$\bigcup_{j=1}^{N} \{d(T_i, C_j) \leqslant R_{ij}\}$$

令

$$\alpha_i = \begin{cases} 1 & (\bigcup_{j=1}^{N} \{d(T_i, C_j) \leqslant R_{ij}\}) \\ 0 & (\text{其他}) \end{cases}$$

所以第 t 次模拟毁伤的综合价值为

$$u_t=\sum_{i=1}^{m}\alpha_i V_i$$

现在进行 n 次模拟，进而统计得到

$$M=\sum_{t=1}^{n}u_t/n \tag{8.54}$$

将 u_t 的可能值区间[0,1]划分为 SM 个子区间[T_n，T_{n+1}]，这里

$$T_k=\frac{k-1}{\mathrm{SM}}$$

统计 u_t 属于各子区间的数目 $\mathrm{LL}(j)(j=1,2,\cdots,\mathrm{SM})$，$P(u)$ 曲线可以作如下统计：

$$P(T_1)=\sum_{j=1}^{\mathrm{SM}}\mathrm{LL}(j)/n$$

$$P(T_2)=\sum_{j=2}^{\mathrm{SM}}\mathrm{LL}(j)/n$$

$$\vdots$$

$$P(T_k)=\sum_{j=k}^{\mathrm{SM}}\mathrm{LL}(j)/n$$

$$\vdots$$

$$P(T_{\mathrm{SM}})=\mathrm{LL}(\mathrm{SM})/n$$

此外，一个特殊的点是 $u_t=1$ 的次数 a，进而求出

$$P(1)=a/n$$

按上述模拟计算模型，可以求出对相依点目标打击 N 枚不同型号武器的 $P(u)$ 曲线。

影响 $P(u)$ 曲线变化的因素：

(1)m 个点目标的综合价值 $V_i(i=1,2,\cdots,m)$；

(2)m 个点目标的毁伤半径 $R_{ij}(i=1,2,\cdots,m,j=1,2,\cdots,N)$；

(3)m 个点目标的位置$(X_i,Y_i)(i=1,2,\cdots,m)$，这里包含了点目标的分布情况；

(4) 瞄准点的位置$(X_{ai},Y_{ai})(i=1,2,\cdots,m)$；

(5) 武器的散布指标 σ_{xj}、σ_{yj}。

思　考　题

1. 简述蒙特卡罗模拟实验法的基本思想。
2. 阐述“浦丰扔针”的基本过程。
3. 简述利用蒙特卡罗模拟求解命中指标的过程。
4. 简述利用蒙特卡罗模拟求解覆盖类指标的过程。
5. 简述利用蒙特卡罗模拟求解跑道失效率的过程。
6. 简述机场目标毁伤效果计算过程。

第九章　目标毁伤效果评估

不同类型的目标具有不同的结构、功能、易损性等特性，这些特性决定了目标在遭受打击后所呈现的毁伤特征。只有在充分分析目标特性和毁伤特征的基础上，才能够确定目标的毁伤侦察方式，并制定相应的毁伤判据。目标毁伤效果评估实质上是对敌方战场目标是否被摧毁，以及目标被毁程度的判断。快速、准确的毁伤效果评估能够为战场军事行动提供辅助决策支持，如是否和如何进行重复打击，从而实现有控制的精确打击。它不仅是军事指挥员定下作战决心的重要依据，也是制定作战计划的重要基础。因此，全面分析目标特性与毁伤特征是目标毁伤效果评估研究的基础。

第一节　目标特性

从目标毁伤效果评估的角度考虑，目标特性主要包括目标的实体、功能、易损性、恢复能力和防御能力五个方面。在分析目标时，应对目标的这五个特性进行详细描述。

一、目标实体

目标实体主要包括目标的组成结构及其组成部分的材质、尺寸、位置和相互关系等。在分析目标时，应尽可能对目标实体进行详细描述。例如，火力发电厂主要由锅炉、蒸汽轮机、发电机、控制中心、母线室等部分组成。除列出这些基本组成之外，还应尽可能详细地描述火力发电厂各组成部分的材质、尺寸、位置和相互关系等物理特性。

二、目标功能

一个目标往往有多个功能。在对目标进行分析时，要对其所有功能进行详细分析，才能保证对目标的毁伤程度做出全面、准确的评估。例如，空军机场的功能主要包括：①执行一定区域的防空或攻击任务；②储备一定数量的航空力量；③保障飞机的起飞和降落；④具有一定的攻击、防护能力。在对空军机场进行评估时，可以分别评估上述功能的丧失情况。

三、目标易损性

目标易损性是指目标及其组成部分遭火力打击后发生毁伤的相对容易程度。目标的易损部位往往是火力打击的要害部位，也往往是目标毁伤效果评估的重点。例如，地下飞机洞库的口部是其防护的薄弱环节，炸塌口部或破坏防护门可以影响机库的正常使用，从而可以对地下飞机洞库实施一定程度的封锁。因此，在对飞机洞库进行目标毁伤效果评估时，飞机洞库的口部是重点部位。

四、目标恢复能力

目标恢复能力一般以毁伤目标的恢复时间、恢复工作任务量为主要表征，是目标毁伤效果评估的重要内容。

五、目标防御能力

目标防御能力包括目标防卫和目标防护两部分。目标防卫指目标以主动对抗的方式阻止我方实施火力打击的手段，如拦截、电子干扰等；目标防护指目标以被动防守的方式降低我方火力打击效果的手段，主要包括设置防护层、深入地下、伪装、机动、设置假目标等。

第二节　目标毁伤特征

目标毁伤特征主要指目标遭打击后，能够通过目视、设备侦察或识别的目标毁伤现象。

一、目标的外形变化特征

目标的外形变化特征主要是指目标毁伤前后的几何形状变化（变形、突起、破碎、坑洞等）、边缘特性变化等可用目视、光学侦察等手段发现的目标毁伤现象。通过对比毁伤前、后影像情报评估物理毁伤情况，获取手段包括航空侦察、航天侦察等。

航空侦察指的是使用航空器对敌方进行侦察与监视，是军事侦察的重要组成部分。其按手段分为成像侦察、电子侦察和目视侦察，按任务分为战略侦察、战役侦察和战术侦察。运用航空侦察，可在短时间内获取宽正面、大纵深的情报。航空侦察设备主要有可见光照相机、红外照相机，红外前视设备、侧视雷达、红外扫描相机、多光谱相机、激光扫描相机、电视摄像机，合成孔径雷达、机载预警雷达、微波辐射仪、无线电技术侦察设备等。

航天侦察指的是利用航天器上的光电遥感器和无线电接收机等侦察设备，获取侦察情报的技术。航天侦察的特点：①轨道高，发现目标快，侦察范围广；②可长期、反复地监视全球，也可定期或连续地监视某一地区；③可在短期内或实时地提供侦察情报，能满足军事情报的时效性要求；④不受国界和地理条件的限制。航天侦察按使用的航天器可分为卫星航天侦察和载人航天侦察，按其侦察功能可分为照相侦察卫星、导弹预警卫星、电子侦察卫星、海洋监视卫星、核爆炸探测卫星等。航天侦察系统分为空间和地面两部分。前者包括侦察设备和运载它们的航天器，以及向地面传输侦察信息的跟踪和数据中继卫星；后者包括地面测控站、信息接收站和侦察信息的处理和判读分析中心。

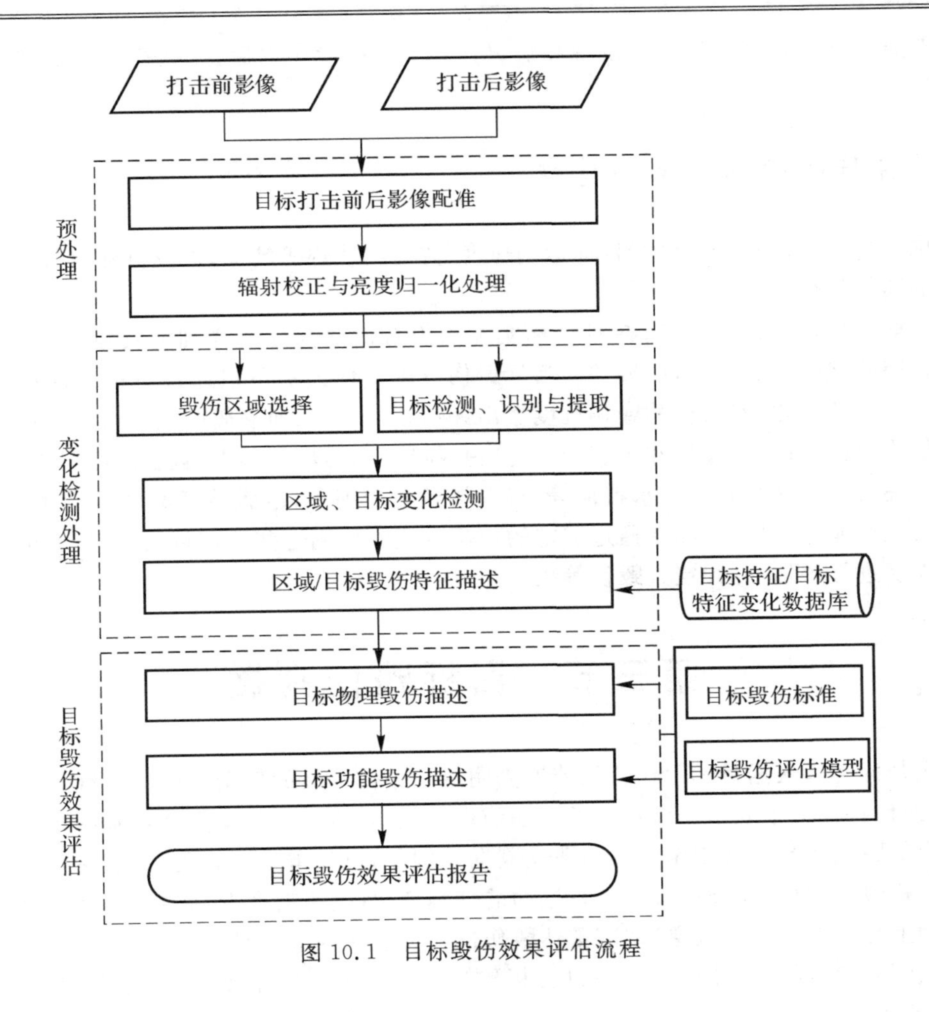

图 10.1　目标毁伤效果评估流程

二、目标的热辐射变化特征

不同外形、不同质地的物体具有不同频率的红外辐射，对红外线具有不同的吸收和反射特性，可以由主动或被动式红外探测器或红外成像设备探测目标在遭受打击前后的外形特征变化。

三、目标的电磁变化特征

有些目标处于工作状态时往往具有一定的电磁辐射和对电磁波的吸收与反射特性，还可能形成一定的磁场和静电场。此类目标毁伤以后，这些电磁特征往往会减弱或消失。

四、目标的声学变化特征

武器装备在工作时会发出频带很宽、幅值很高的噪音。这种目标的噪音特征能够很容易被人的听觉及各种声音探测器所发现和辨识。此类目标毁伤以后,这些声学特征往往会减弱或消失。

五、目标的运动及活动特征

目标的运动及活动特征包括目标运动速度、方向或轨迹等特征,以及目标内包括人员在内各要素的活动特性。

对目标毁伤效果评估而言,在对目标实施火力打击之前收集详细而具体的目标外形、热学、电磁学和声学特征是很有必要的。目标毁伤效果评估人员可以通过对比目标在遭受打击前后上述特征的变化,对目标的毁伤程度做出评估。例如,水面舰艇的毁伤特征可以表述为以下几种形式:夜晚可看到爆炸和燃烧的火光,白天可看到燃烧的烟雾,且长时间燃烧难以扑灭;目标基本失去机动能力和有进水特征等;有人员弃舰的现象;电磁特征减弱或消失,舰上电子设备失去工作能力;等等。如果通过一定的侦察方式收集到这些毁伤特征信息,就可以对目标的毁伤程度进行评估,并判定其毁伤等级。

第三节　目标毁伤判据

毁伤判据是指根据目标毁伤特征能够判明目标毁伤等级的依据,可以用目标实体变化、功能丧失、毁伤特征等来表示。对目标的毁伤侦察方式不同,毁伤判据也会有所不同,因此,应该结合相应的毁伤侦察方式制定目标的毁伤判据。例如,对于雷达站的毁伤,如果通过侦察卫星等获取目标毁伤图像,应该通过分析雷达站的外观变化(是否有变形、倾斜、起火、冒烟,雷达站四周地面上是否有碎片等现象)评判雷达毁伤情况及毁伤等级;如果通过电子侦察手段获取目标的电磁辐射信号特征,那么应该通过分析雷达辐射信号特征的变化(辐射信号强度是否降低、信号频率是否混乱等技术参数)评判雷达毁伤情况及毁伤等级。

对同一目标而言,可能有不同的毁伤侦察方式。在进行毁伤侦察时,应该尽可能采用多种侦察手段获取目标毁伤情况。通过分析多种侦察方式可以获取目标毁伤,对目标毁伤程度进行综合评判,从而提高评估的准确性,还可以避免或减少由于敌方欺骗行动而引起的误判。例如,敌方雷达站有可能主动关机,在电子侦察情报中,可能误判为摧毁,这时可以通过侦察卫星等手段获取目标毁伤图像加以辨识。

第四节　目标毁伤等级划分

为了便于描述目标毁伤情况,并对目标毁伤效果评估的结果进行判读,应将目标毁伤划分为一定的等级。目前,我军各军兵种对目标毁伤等级的命名和划分有很大不同,给诸军兵种联合作战目标毁伤效果评估带来了极大不便,因此,有必要制定通用的目标毁伤等级划分标准,规范目标毁伤等级的名称和级别划分。

第五节　目标毁伤效果评估的流程与内容

由于作战毁伤评估信息的重要性和有效性，作战毁伤评估报告被分为三个阶段。这三个阶段都用来检验指挥官的作战及战术目的是否达成。

第一阶段：物理毁伤评估报告。第一阶段作战毁伤评估报告包括基于单个信息源数据的最初关于击中目标与否的物理毁伤评估，是在对毁伤进行观察和解释的基础上，对物理毁伤（通过弹药爆炸、爆裂和火力损毁效力实现）程度量的评估。做出物理毁伤评估所必需数据的一些原始资料包括空中命令或空中打击主计划、任务报告，飞机驾驶员座舱录像、武器系统录像，地面定位员或作战部队、控制人员、观察人员视觉或口头的报告，炮兵目标监视报告，信号情报，人力情报，图像情报，测量与特征情报和公开来源情报。

第二阶段：功能毁伤评估报告。第二阶段作战毁伤评估报告建立在第一阶段最初报告的基础之上，是一份全源性的综合报告，是对使用兵力削弱和摧毁目标以完成任务的功能或作战能力的评估，详细描述了物理毁伤，评估了功能毁伤，为系统评估（第三阶段）和弹药效力评估输入信息。适当的时候，也包括重复打击建议。这种评估必须包括对目标恢复或替代其功能所需时间的评估。作战毁伤评估分析专家需要对最初打击目标与目标当前状况进行比较，来确定是否实现作战目标。

第三阶段：系统毁伤评估报告。第三阶段作战毁伤评估报告包括深入目标系统内部评估。是针对为了达成固有作战目标使用兵力对敌人目标系统造成的整体影响和效果的评估。通过融合第一、二阶段关于目标系统内目标的作战毁伤评估报告，由作战司令部或国家级机构做出这些评估。适当的时候，还包括重复打击建议和目标选择与打击提名。

以上三个阶段的作战毁伤评估报告提供了作战毁伤评估的结果。作战毁伤评估的分析和报告是一个递进的过程。第一阶段完成初始评估，第二阶段完成细节和功能评估，并对第一阶段的分析结果进行确认和更新，第三阶段完成全面的目标系统评估。

思　考　题

1.简述武器毁伤效能的概念。

2.说明试验条件下的毁伤评估、战场条件下的毁伤评估，以及毁伤效能分析之间的关系。

3.简述武器装备生命力的概念。

4.举例说明你对易损性空间层次化划分方法的理解。

5.利用目标的总杀伤概率计算公式，说明“命中即毁伤”和“发现即毁伤”的含义。

6.简述目标毁伤特征分类。

参 考 文 献

[1] 尹建平,王志军.弹药学[M].北京:北京理工大学出版社,2014.

[2] 王儒策.弹药工程[M].北京:北京理工大学出版社,2002.

[3] 崔秉贵.目标毁伤工程计算[M].北京:北京理工大学出版社,1995.

[4] 王凤英,刘天生.毁伤理论与技术[M].北京:北京理工大学出版社,2009.

[5] 焦晓娟.AHEAD弹对典型目标毁伤计算的计算机模拟与仿真[D].南京:南京理工大学,2002.

[6] JAMES G D, CHARLES E S. Battle Damage Assessment the Ground Truth[J]. Joint Force Quarterly, 2005(37):59-64.

[7] 谢美华,李明山,田占东.基于数值模拟的机场跑道毁伤评估指标计算[J].弹道学报,2008,20(2):70-73.

[8] 隋树元,王树山.终点效应学[M].北京:国防工业出版社,2000.

[9] DEITZ P H, OZOLINS A. Computer Simulations of the Abrams Live-Fire Field Testing[R]. BRL-MR-3755, 1989.

[10] Roach L K. A Methodology for Battle Damage Repair (BDR) Analysis[R]. Army Research Laboratory, ARL-TR-330, 1994.

[11] Walbert J N. The Mathematical Structure of the Vulnerability Spaces[R]. Army Research Laboratory, ARL-TR-634, 1994.

[12] 王海福,卢湘江,冯顺山.降阶态易损性分析方法及其实施[J].北京理工大学学报,2002,2(2):214-216.

[13] 黄寒砚,王正明,袁震宇,等.跑道失效率计算模型与计算精度分析[J].系统仿真学报,2007,19(12):2661-2664.

[14] 梁敏,杨骅飞.机场封锁与反封锁对抗中的封锁效能计算模型[J].探测与控制学报,2003,25(2):50-54.

[15] 李守仁.可靠性工程[M].哈尔滨:哈尔滨船舶工程学院出版社,1991.

[16] 施鹏.常规弹体对混凝土侵彻的试验研究和数值模拟[D].南京:解放军理工大学,2001.

[17] 方秦,柳锦春.地下防护结构[M].北京:中国水利水电出版社,2010.

[18] 张国伟,徐立新,张秀艳,终点效应及靶场实验[M].北京:北京理工大学出版社,2009.

[19] 张蔚峰.爆炸式反应装甲的等效靶研究[D].南京:南京理工大学,2003.

[20] 郭仕贵,陈云龙.目标等效原理及应用[J].工程装备论证与试验,2003,3:24-26.

[21] 庄钊文,黎湘,李彦鹏,等.自动目标识别效果评估技术[M].北京:国防工业出版,2006.

[22] 张天序.成像自动目标识别[M].武汉:湖北科学技术出版社,2005.

[23] 钱伟长.穿甲力学[M].北京:国防工业出版社,1985.

[24] 赵国志.穿甲工程力学[M].北京:兵器工业出版社,1992.

[25] 张国伟.终点效应及其应用技术[M].北京:国防工业出版社,2006.

[26] 张路.基于多元统计分析的遥感影像变化检测方法研究[D].武汉:武汉大学,2004.

[27] 张晓东.遥感目标变化检测[M].武汉:武汉大学出版社,2015.